ビジネスを変える「ゲームニクス」

立命館大学教授
サイトウ・アキヒロ

本書の内容は著者独自の調査によるもので、
掲載されている各製品発売メーカーの公式の見解ではありません。
また、この内容に関して各メーカーへのお問い合わせはご遠慮ください。

「ビジネスを変えるゲームニクス」発刊にあたり

　「ゲームニクス」とは、世界中の子供から大人までを魅了させてきた、日本のゲーム産業の「人を夢中にさせる方法論」である。そのノウハウを、ゲーム制作のみならず、他の分野にも応用してもらうために本書を企画した。

　それまでのゲーム関連の雑誌や評論書などは、「ゲームがいかに面白か」ということに触れられてはいても、あくまでも感情論が中心で、そのメカニズムを詳細に解説している書籍はほとんどなかった。一方、思わず熱中させてしまう現象のみがクローズアップされてしまい、世間一般のゲームに対する批評は芳しいものではなかった。

　私は長年ゲーム制作に関わりながら、こうした状況を残念に思いつつ、この優秀な（それも日本特有の）ノウハウを他分野に応用できるのではないかと考えていた。そこでまとめたものが「ゲームニクス」である。その詳細は後述するが、本書を読み解くポイントは「ソフトウエア」と「おもてなしの心」にある。

　自動車やテレビ、デジタル機器など、これまでの日本は、主に「ハードウエア」の力で世界的な成功をおさめてきた。だが、ハードウエアは成熟期に入り、進化したハードウエアは膨大なソフトウエア処理を可能にした。これからは、人々がハードウエアを快適に使いこなすためのソフトウエアが、ますます求められる。

　本来、日本は繊細で緻密な職人技をもつ「ソフトウエア」の国である。そして、あうんの呼吸に代表されるように、相手の感情を察する豊かな「おもてなしの心」を持っている。日本のゲームによる世界的な成功は、この二つを融合させることによって「思わず夢中になる」ノウハウを生み出したことによる。

　ゲームはユーザーの「行為（アクション）」に対して、必ず「反応（リアクション）」を返さなければならない。この「インタラクティブ」というメディアにおいて、日本のおもてなしの心が非常に効果的に作用したのである。

　ゲームニクスを実践することに、特別な勉強もスキルも必要ではない。日本人であれば誰でも持っているセンスを十分に発揮すればよい。本書が、日本のものづくりを発展させる一助になれば、著者としてこれほどうれしいことはない。

立命館大学 映像学部教授
サイトウ・アキヒロ

目次

003		はじめに
005	**序章**	**なぜゲームのノウハウが家電や教育、デジタル機器に必要なのか**
011	**1章**	**ゲームニクス成立の過程　〜ソフトで世界を制覇する〜**
012		1 ● ゲームが米国文化から日本文化に塗り替えられる
017		2 ● ゲームニクス理論成立の文化的背景
024		3 ● ゲームニクス理論の他分野への応用
030		4 ● ゲームニクス理論は世界で通用する
031	**2章**	**ゲームニクス理論**
032		1 ● ゲームニクスとはなにか
035		2 ● ゲームニクス理論の詳細
036		● 原則1　直感的で快適なインタフェース
082		● 原則2　マニュアル不用のユーザビリティー
112		● 原則3　はまる演出
174		● 原則4　段階的な学習効果
208		● 原則5　仮想世界と現実世界のリンク
241	**3章**	**ゲームニクス応用**
242		1 ● スマホ・アプリ応用
250		2 ● タブレット応用
259		3 ● リハビリ・ヘルスケア応用
267		4 ● 教育・学習機器応用
287		あとがき

ビジネスを変える「**ゲームニクス**」

序章

なぜゲームのノウハウが家電や教育、
デジタル機器に必要なのか

序章 なぜゲームのノウハウが家電や教育、デジタル機器に必要なのか

「世界中を夢中にさせてきたゲーム開発のノウハウは、家電や教育をはじめとするあらゆる分野、あらゆるデジタル機器の開発においても有用である」

　テレビやビデオ、エアコン、電子レンジなど、AV製品から白物家電にいたるまで、私たちの日々の暮らしは、さまざまなデジタル家電に囲まれている。しかもテレビはテレビ、電話は電話、カメラはカメラといった、それぞれの製品機能が独立していた時代から、今やテレビも電話もカメラも一つの機器でこと足りる時代になっている。

　そのため、これまで機能一辺倒だった製品開発が曲がり角を迎えている。高性能で多機能な商品開発は当たり前。そのうえで、多彩な機能を誰でも簡単に使いこなせる、利用者に優しい商品開発が求められるようになってきた。

　しかし、多くのエンジニアはこれまで、製品開発を行う際に「性能（スペック）」面に注力する一方で、「使いやすさ」については、あまり気にかけてこなかった。また利用者自身も、「使いやすさ」をそこまで意識せずに、商品を選んできた。

　背景には、製品がそこまで複雑ではなかったことがあるだろう。利用者の側にも製品を使いこなすだけの余裕があった。利用者は最先端の技術を所有する喜びを感じながら、丁寧にマニュアルを読み、時間をかけて一つの製品を使いこなしていく。その過程自体に楽しさを感じ取ることができたのだ。

　しかし、日常生活のデジタル化が急速に進む現代社会で、製品ごとに付属する大量のマニュアルを読みこなすことは非常に困難である。一方でマニュアルに頼ることなく、利用者に製品を使いこなしてもらうことは、簡単なようで非常に難しい。そこで参考になるのが、ゲームの開発ノウハウである。

　もっぱら遊ぶことを目的として作られているゲームの開発ノウハウが、なぜ他の分野でも有用なのだろうか。そもそも、本当にマニュアルに頼らない商品開発が必要なのだろうか。具体例を挙げながら説明していこう。

　右の写真は、任天堂の家庭用ゲーム機、Wiiで使用するWiiリモコンと一般的なテレビのリモコンである。Wiiリモコンに対してテレビ用リモコンでは、ボタン数の多さが際立っている。これだけたくさんのボタンがあると、ひと目見ただけでどんな機能があるのか分からないし、その使い方を理解するのも困難だ。到底使いこなす気になれないのは明らかだろう。

テレビのリモコン（左）とWiiリモコン（右）

デジタル家電や携帯電話などを購入すると、厚いマニュアルが何冊も入っている。懇切丁寧に解説してくれるのは良いのだが、あまりにも膨大なために、いったい何人がきちんと読む気になるだろうか。はじめにマニュアルを斜め読みしたら、後は実機に触れながら、細かい使い方をためす人が大半ではないだろうか。その結果、便利な機能が多数備わっていても、存在に気がつかない人が多数いるのである。

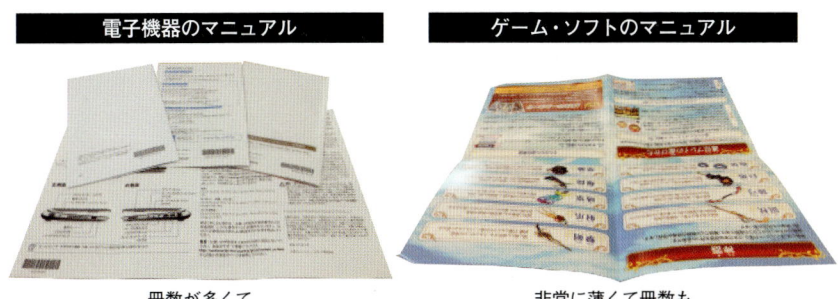

電子機器のマニュアル　　　　　ゲーム・ソフトのマニュアル

冊数が多くて読む気にならない　　非常に薄くて冊数も少ないので読みやすい

一般的な電子機器と比較して、ゲーム・ソフトのマニュアルは非常に薄くて簡素だ
（出典：日経エレクトロニクス2012年6月11日号p.96図5）

　街中に出てみよう。銀行や信用金庫などに置かれているATM（現金自動預け払い機）のメニュー画面には、ATMで利用できるサービス内容がすべて表示される。しかし、利用者の使用頻度が最も高い「お引出し」「お振込」などの項目とともに、「ローン申込」「ご返済」「資料請求」など、使用頻度の低い項目まで同様な形式で一斉に表示されてしまう。そのため利用者が目的の項目を探しにくい構造になっているのだ。デジタル機器の操作に総じて不慣れな高齢者が操作に戸惑ってしまうのは、まさにこれが原因だろう。その結果、ATMの前にしばしば長い行列ができてしまう。

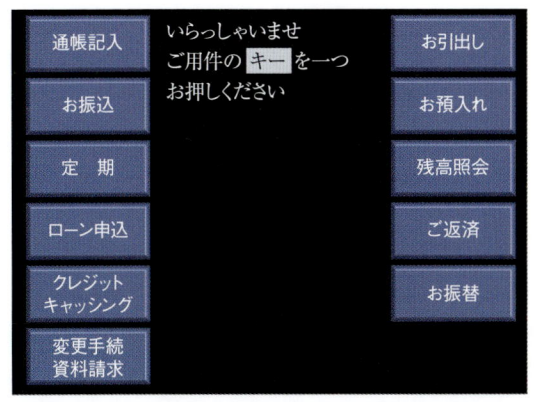

ATMの画面のイメージ図

今度は現代社会には欠かせない、インターネット（Webページ）のデザインについて見ていく。必要な情報を瞬時に探し出せる検索サイトは極めて便利なサービスである。しかし、ここでもサイトの設計あるいはデザインによって、前掲のリモコンと同様のことが起こってしまう。シンプルな画面デザインになっているものと、利用者によりたくさんの情報を見せようと、一度に大量の文字や絵を表示するサイトを比較してみる。前者の好例はGoogle社のWebサイトで、検索したい言葉の入力欄が一目瞭然だが、後者は入力欄の場所が非常に分かりにくい。もし私の母が、初めて「検索」をしようと思ったとき、いったいどちらのサイトを使うようになるだろうか。その答えは考えるまでもない。

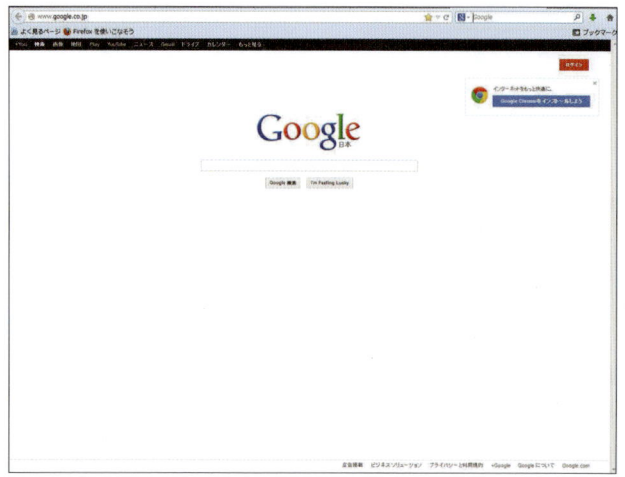

Google社の検索サイト

　また、Webページの中には重要な情報がページの下部に配置されているものがある。このようなページでは、ブラウザの端にあるスクロールバーをドラッグしたり、タッチパネルをスライドさせたりしないと、その項目が画面内に表示されないため、利用者が見落としがちだ。さらに、広告や多数の情報を一度に盛り込んだ複雑なデザインのサイトでは、文字情報・ボタン・バナー広告などの要素を一目で判断することが難しい。区別するためには、その都度マウスカーソルを移動しなければならず、結果として利用者に不便さを感じさせてしまう。

　最後に薄型テレビとWiiのメニュー画面を考えてみよう。どちらのメニューのほうがより分かりやすい、あるいは見やすいデザインになっているだろうか。そして、どちらのほうがワクワクするようなデザインになっているだろうか。これまでの例をふまえれば、あらゆる面でWiiのメニューデザインのほうが勝っていることが分かるだろう。

Wiiのメニュー（出典：日経エレクトロニクス2012年7月9日号p.105図6）

　コンピュータ用語のひとつにインタラクティブ（Interactive）がある。「対話」「双方向性」といった意味で、筆者はこれを、行為（Action）に対して、反応（Reaction）が返される状況と定義している。

　テレビゲームとはコントローラー（外部機器や動作検知装置）を使って画面を自由に操作する遊びである。ゲームは、このアクションとリアクションの連続で構成されている。そのためゲーム開発の現場では、画面情報をいかに的確に利用者に伝達し、コントローラーからフィードバックを受けるか、すなわち情報の循環をいかにストレスなく行わせるかが、最も重要視されている。

　一方、デジタル家電もそのほとんどが、機器を介して利用者とインタラクティブな関係を構築する。つまり、インタラクティブという意味では、ゲームも家電も変わらない。これこそが、冒頭で述べた「ゲーム開発のノウハウは、家電や教育をはじめとするあらゆる分野、あるいはデジタル機器の開発においても有用である」という言葉の根拠なのである。

　ここで、ゲーム制作において最も重要な要素を3つ挙げてみる。

1. マニュアルを読まなくても誰でも操作が覚えられてプレーできてしまう。
- 子供は買ってきたゲームはすぐ始めてしまいマニュアルなど読んではくれない。

2. いつの間にか攻略法を見つけ、クリアできてしまう。
- 簡単なルールの理解から始まって、最終的には複雑な攻略方法を見つけ出し、クリアしてしまう。

3. 長時間にわたり夢中になってしまう。
- クリアまでたどり着いてもらうには、もともと飽きっぽい子供に何百時間という間、ゲームに夢中になってもらわないといけない。

　以上の3点を実現するための方法論が、本書がテーマとして掲げる「ゲームニクス」なのである。

序章

なぜゲームのノウハウが家電や教育、デジタル機器に必要なのか

これまでに、世界中を席巻する日本発のゲームの魅力や秘密を多くの人が探ろうと試みてきた。その一方で子供がいったんゲームを始めると、長時間夢中になってしまうことがしばしば問題視されてきた。もっとも、メディアの記事や研究論文などの考察では、「キャラクターがよい」「ストーリーが人を引き込む」「世界観で魅了」などといった視点から語られているものが大半である。しかし、これらの要素は映画や小説でもよく語られる要素であり、ゲームだけが特に優れているわけではない。それだけであれば、日本の映画や小説は世界的な規模でもっと成功しているはずである。

日本のゲームでは、上記の3点を実現するために長い時間をかけて試行錯誤が繰り返され、その結晶として緻密な作り込みがされてきた。その結果として蓄積されたものこそが「ゲームニクス」というノウハウなのである。

以下、第一章では「ゲームニクス」がいかにして成立してきたのか、その過程を説明する。続く第二章では、その理論を具体的な例とともに解説する。さらに第三章ではゲームニクスを応用した事例を基に、ゲームニクスを導入するための具体的な処方箋について述べていく。

ビジネスを変える「ゲームニクス」

1章

ゲームニクス成立の過程
〜ソフトで世界を制覇する〜

1 ゲームが米国文化から日本文化に塗り替えられる

日本にはもの作りに関する長い歴史がある。これまでにも、さまざまな技術が誕生してきた。しかし、それが長じて日本発の産業へと昇華した例はそれほど多くはない。しかも、そのほとんどはハードウエア産業であり、ソフトウエア産業といえばなおさらだ。その数少ない成功事例こそが、まさにゲーム産業である。

一般的には、任天堂が1983年に発売した家庭用ゲーム機「ファミコン」ことファミリーコンピュータがきっかけで、一大産業が誕生したイメージが持たれているようである。しかしこれはまったくの誤りで、ある日突然ファミコンが登場して成功を収めたわけではない。なぜなら、元々ゲーム産業あるいはゲーム文化の発祥地は日本ではなく米国だったからである。

では、米国発祥の文化を模倣するところから始まった日本のゲーム産業が、世界市場を席巻するまでになったのは何故なのか。さらにはゲーム機が多数存在していた市場で、どうしてファミコンが突出した成功を収めたのだろうか。

1977年に米国のアタリ社から発売された家庭用ゲーム機、Video Computer System＜通称：VCS・別名：ATARI 2600＞は驚異的なセールスを記録した。ピーク時の1982年には全米の家庭普及率で約33パーセントを記録し、約20億ドルの市場規模を誇っていた。ところが、翌83年に崩壊をはじめ、親会社であるワーナー社の株価が43パーセントも急落する事件が起きてしまう。これは「Game Crash of 1983」（日本では「アタリショック」）などと呼ばれ、これを機に米国のゲーム市場は氷河期を迎えることになる。

アタリVCS（1977年）

米国のゲーム産業の隆盛を受けて、日本でもゲーム産業が誕生した。米国のゲーム機を輸入販売するだけでなく、玩具メーカーが独自に開発した国内商品もすぐに登場した。任天堂もそのうちの1社であるが、当初から参入していたわけではない。アーケードゲーム機としては当時のタイトーやナムコが、家庭用ゲーム機では「カセットビジョン」のエポック社が、その先鋒となっていた。

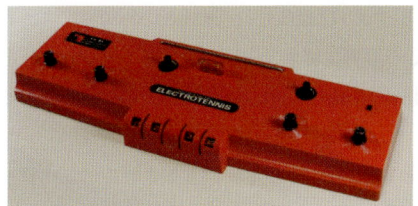 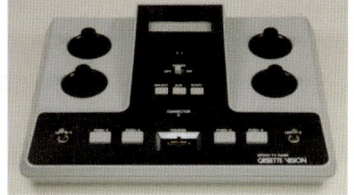

エポック社のテレビテニス（左）は日本初の家庭用テレビゲーム機である。右はエポック社のカセット交換式ゲーム機「カセットビジョン」

　では、なぜ後発である任天堂が後に世界中を席巻する一大メーカーへと成長を遂げたのであろうか。

　米ゲーム市場の急速な縮小にはさまざまな要因が関係しているが、任天堂は、その主因を「安易で粗悪なゲームが大量に流通したことで、ユーザーの信頼を失い、ゲーム離れを引き起こした」と判断した。そこで、ゲームの品質を維持する仕組みとして社内に設けたのが、のちに「スーパーマリオクラブ」と呼ばれる独自の審査機構である。子供から高齢者までのユーザー代表が集められ、発売前のゲームを客観的に評価して点数を付けていく仕組みで、その点数が基準値を超えなければ、どんなに費用と時間を投じたゲームでも発売を見合わせるほどであった。そしてある時期から任天堂社内のゲームソフトだけではなく、サードパーティーと呼ばれる他社のゲームソフトも、審査の対象となっていった。

　「よいゲームとは何なのか」という審査基準も当初は手探りだったが、時間をかけて検討する中で、その操作性が非常に重要な要素であることが分かってくる。いくらゲームが面白くても、操作性が悪いとゲームがおもしろくなる前に、ユーザーが飽きてしまうのだ。2000年当時の評価表を見ると、ゲーム性と操作性が同じ配点となっていることからもその姿勢が見えてくる。このようにゲームの内容と共に、操作性が優れていなければ高得点を獲得できないため、双方の要素が同期するように試行錯誤が行われていく。

　こうして任天堂はスーパーマリオクラブを通じて、作り手であるゲーム・クリエーターの自己満足的なエゴを排し、徹底的にユーザーの意見を取り込む制作体制を強固なものにしていく。ゲームはクリエーターの感性と想いを注ぎこんで作る「作品」ではなく、ユーザーが主体となる「製品」であるという姿勢のもとに、品質保持の客観性を徹底して追求していったのである。

　人を夢中にさせるゲームニクスは、このようなユーザー視点でゲームを評価し、優れた操作性を作り出す過程で生まれたノウハウである。ファミコンからスーパーファミコンに到る世界規模の爆発的なブームは、このノウハウ確立の歴史でもある。人がゲームに集中し、熱中するのは、何もそこに得体の知れない魔物が潜んでいるわけではない。ユーザーを夢中にさせるために、緻密に計算された仕組みを作り手側が盛り込んだ結果なのだ。

　1983年に日本で誕生したファミコンは、こうした品質管理の仕組みが功を奏し、1986年に米国でNES（Nintendo Entertainment System）という名称で発売されるとたちまちブー

ムになる。もちろん米国でもスーパーマリオクラブは組織され、米国人の利用者によって審査されることになる。ソフトの粗製乱造で一度死に絶えた米国のゲーム市場が、再び急拡大していった裏側には、徹底した利用者目線による、すぐれた操作性の集積と発達があったのである。

　「子どもから大人まで、初心者からゲームマニアまで、日本に限らず世界中のユーザーが熱中するノウハウ」。

　この、日本のゲームを世界的な産業へと発展させた「人を夢中にさせる」ノウハウを、理論体系化したものがゲームニクスである。

note 1

米国のゲーム市場を牽引したゲーム機

　前述のように米国の家庭用ゲーム市場の立役者となったVCSだが、カセット交換式ゲーム機自体は前年の1976年に他社から発売されていた。フェアチャイルドセミコンダクター社が発売した「Video Entertainment System」(略称：VES、後にチャンネルFと改名)である。コントローラーの形状が独特で、片手でスティックを握り、利き手で上部のスティックを動かすようになっている。

　アタリ社のVCSの成功を受けて登場したのが、1980年にマテル社から発売された「Intellivision」(日本名はインテレビジョン)である。コントローラー下部の円形部がファミコンの十字キーに相当し、複雑な操作に対応できるようにテンキー状のボタンが9個用意され、コントローラーの左右側面にもサブボタンが付いていた。形状、操作感共にスマートフォンとよく似ている。写真ではボタン部分にオーバーレイと呼ばれるフィルターが被せられているが、このフィルターによって個々のゲームが必要とするボタン以外が隠され、操作性が高められている。

　続いて1982年には、コレコ社(コネチカット・レザー・カンパニーの略)が「ColecoVision」を発売した。開発間もない任天堂の「ドンキーコング」の移植版を同梱して発売したところ、その後(同作の)アーケードでの人気を受けてヒット商品になった。VCSも1980年発売のタイトー「スペースインベーダー」や、1981年発売のナムコ「パックマン」が爆発的なヒット要因になっており、ゲームにおける日本パワーがこの時点ですでに発揮されていたこともここで触れておきたい。コントローラーの形状と操作性は「Intellivision」を受け継いでいる。

Intellivision
（1980年）

ColecoVision
（1982年）

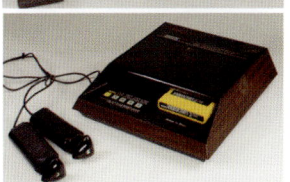

Video Entertainment System/
Channel F（1976年）

　1979年にミントン・ブラッドリー社から発売された「マイクロビジョン」は、世界初のカセット交換式携帯型ゲーム機である。任天堂「ゲームボーイ」の発売は1989年で、それより10年も前に持ち運びのできるゲーム機が発売されたことは驚くべきことである（ただし本体はかなり大きい）。本体でなくゲームソフトが収録されたカセットの方にCPUが搭載されているのが特徴で、本体に6個の操作ボタンが配置され、下部のパドル部分で操作する。ゲームごとに必要としない操作ボタンをカバーで隠せるようになっている点は「Intellivision」と同じ方式である。

　ここではファミリーコンピュータ以前の代表的なゲーム機を取り上げた。このようにファミコン発売以前から、相応のゲーム機市場が存在していたことが分かる。ただしコントローラーや操作性はどれも似通っており、「十字キーと2つのボタン」というファミコンのコントローラーがいかに画期的であったかも理解できる。

note 2

精細な調整が可能になったことで日本のゲームは世界に飛躍する

　今日のゲームはプログラム言語で作られているが、初期のゲームは多数のICチップの組み合わせで、ハードウエアとして作られていた。そのため、一度仕様を決めて組み立ててしまうと、ちょっとした変更にもかなりの手間がかかった。

　やがてCPUを基板に搭載することで、ソフトウエアとしてゲームを作れるようになる。社会現象を巻き起こした「スペースインベーダー」は、その国産初期のタイトルである。制作者の西角友宏氏は、当時輸入したゲームのROMに収められたプログラムを解析して、その原理を習得。アセンブラ言語で「スペースインベーダー」を制作している。

　プログラム言語で作ったゲームであれば、敵のスピードや弾の発射頻度などが容易に変更できるため、キャラの挙動や思考の微妙な調整が可能となった。これによりゲームの品質は一気に上がっていく。その結果「スペースインベーダー」は日本国内だけでなく、世界で大ヒットを記録。ゲーム制作の過程で、繊細で微妙な調整

が可能になったことが、日本ゲームが大きく躍進する要因となった。

note 3

「そそぐ愛」ではなく「ささげる愛」

　もの作りの現場では「どれだけ作品に思いを込めたか」「自分の時間をいかに犠牲にしてきたか」が話題になることがよくある。クリエーターは作品で自分が「注いできた愛」を熱く主張することで、それが良質な作品であることを間接的に主張するのだ。

　たしかに映画などのエンターテインメントの世界では、クリエーターのそそぐ「愛の量＝作品の質や完成度」といった図式で語られることが多い。しかし利便性の追求や、快適な時間や環境の提供といったゲームニクスを実践するために必要なことは「そそぐ愛」ではなく「ささげる愛」である。

　映画はリニア（一方通行）なメディアである。作品の世界観はあくまでも物語の主人公が住む世界であり、ユーザーはその主人公の体験に自分を重ね合わせることしかできない。言いかえれば世界の完成度が上がるほど、引き込まれる度合いも強くなり、主人公への共感度も高まっていく。反面その完成度の高さゆえ好き嫌いも生まれる。共感できない人には「どうも自分には理解できない」と拒否されてしまう。

　一方インタラクティブ（双方向）なメディアでは、ユーザー自身が主人公となる。そのため、世界観もユーザーに寄り添うものでなければならない。自己主張が強い世界観では、ユーザーが主人公として入り込む余地が狭くなり、気持ち良く参加できないからである。このように映画とゲームは一見似ているようで、方向性がまったく違っている。

　ゲームに限らず家電の機能競争やデザイン重視のWebサービスなど、愛を注いだことで満足している技術者やクリエーターも多いのではないだろうか。

　男女を問わずあらゆる世代、人種に受け入れられる作品を志向するには、クリエーターのエゴをおさえ、多様なニーズに耳を傾けて、繊細かつ丁寧に作り込んでいく必要がある。どれだけ自分の愛をそそぐかではなく、いかに愛をささげるか。これがゲームニクス実践の最大のポイントになる。

---

keyword ▶▶▶ 「そそぐ愛」と「ささげる愛」

　必要なのは思いの主張（制作者のエゴ）ではなく、利用者視点に基づいた、見返りを求めない作り込みである。

　制作者はどうしてもミクロな視点になりがちであるが、適切な判断を行うには、制作物を冷静に見つめるマクロな視点が不可欠だ。

2　ゲームニクス理論成立の文化的背景

　面白いゲームは、マニュアルを読まなくても直感的に操作できるように作られている。複雑な内容でも、操作方法をユーザーに押し付けずに、簡単なルールの理解から始まって、徐々に習熟していけるようになっている。

　利用者がゲームに長時間集中し、はまってしまうのは、ゲームという不思議な魔物がいるわけではない。思わず熱中してしまうように作られているからであり、この夢中にさせる方法論がゲームニクスである。

　ではなぜゲームニクスが日本製のゲームで発展を遂げたのであろうか。そこには日本古来の二つの伝統文化と深い関係がある。

　一つは、茶の湯に代表されるような、さりげない他者への気遣いや配慮といった、日本人の誰もが持っている「もてなしの文化」である。

　もうひとつは、俳句に代表されるような、あえて限られた制約をすることで、さまざまなイメージを付与していく「制限による工夫の文化」である。

　ゲームニクスとは、この「もてなしの文化」と「制限による工夫の文化」の結晶である。はじめにゲームニクスにおける「もてなしの文化」の影響を考えてみよう。

　例えばゲームでは、「ユーザーはきっとこういう操作をするに違いない」と考え、ボタン操作を分かりやすく設定する。

　「この場面では道具の使用法が分からなくなるだろう」と予想される場合は、押しつけがましくない、さりげないヘルプメッセージを表示する。

　「ユーザーが途中で目標を見失ってしまうかもしれない」と思えば、ユーザーに気付かれないように、それとなく次の目的を提示することもある。

　「たとえ操作が分かりやすくても、毎回単調だと飽きてしまう」と判断された時は、操作自体が楽しくなるように、動きや音響効果の工夫を盛り込むことで、ボタンを押しているだけでも楽しくなるようにする。

茶室に行くまでの露地の岐路に置かれている関守石（せきもりいし）。
米国であれば矢印や通行止めの標識を立てるのに対し、敷石に石を置くことで、来客にさり気なく通行止めの意味を示している。客にとっても、関守石のさりげない意図に気付いたことで、「私は粋である」という満足感も得られる。このような仕組みは「もてなしの文化」の好例である。（出典：日経エレクトロニクス2012年5月14日号p.96図3）

1章　ゲームニクス成立の過程 〜ソフトで世界を制覇する〜

ビジネスを変える「ゲームニクス」

このように、ゲームにはユーザーの関心を惹きつけ、意欲を刺激しながら、誰もが楽しくプレーし続けられる仕組みが数多く盛り込まれている。ゲームニクスの根幹にあるものは、ユーザーの思考や行動を常に先回りしながら、押し付けがましくないように、さり気なくサポートするノウハウなのである。これは日本人の心の底辺に流れている「もてなしの文化」、和の心そのものである。この文化は、アクションに対して必ず何らかのリアクションを返すことが求められる、インタラクティブなコンテンツづくりに非常に有効に作用している。

　ゲームニクスと関係する、もう一つの日本文化は「制限による工夫」である。

　最近の家電にはボタンがたくさん付いている。多機能であることはいいことなのだが、逆に使わない機能がたくさんあることや、機能を使いこなせていないことに対して、多くの人が不満やストレスを感じている。

　ゲームの場合は反対である。入力手段が限られた機器で多彩な操作を実現するために、高度で直感的なユーザー・インターフェース（UI）の実現を目指している。冒頭のWiiリモコンの例でも明らかなように、ゲーム用のコントローラーは家電に比べてボタンの数がはるかに少ない。それにもかかわらず、ゲームキャラクターにさまざまなアクションをさせたり、会話をさせたり、何かを考えさせたりと、多様な行動を直感的に行えるように配慮されている。

　これら一つひとつの動作全てに異なったボタンを割り当てると、ボタンだらけのリモコンになってしまう。しかし、ファミコンのコントローラーを思い出してもらえば分かるように、シンプルさが保たれている。ニンテンドーDSやWii以降の任天堂の家庭用ゲーム機も、こうした設計思想が基本にある。iPhoneでは、ボタンすら不要になっている。

　これは、俳句や能、生け花、浮世絵などに通ずる。俳句はあえて字数を制限することで、読み手のイメージを膨らませる文学である。茶室に関しては、装飾を極力省いて質素にすることで豊かさを求め、能では人の多様な感情を面とシンプルな振る舞いに集約させている。生け花では雄大な自然を、床の間という小空間に圧縮している。浮世絵も版画においては特有の制約と色数の制限が、世界に類を見ない表現を生み出し、印象派をはじめ、世界中に影響を与えてきた。

　こうした制限によってイメージを多様化する試みこそ、日本人の想いであり、伝統文化の根幹をなすものと言える。

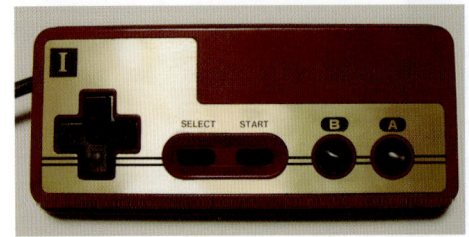

ファミリーコンピュータのコントローラー
（出典：日経エレクトロニクス2012年5月14日号p.96図4）

　ゲームニクスとは、このふたつの日本の特性を長年かけて熟成させて「快適で面白い」というもの作りに昇華させてきた結晶である。

もっとも、現在までに発売された、古今東西の家庭用ゲーム機の種類は実に300種類以上にものぼる。日本だけでも、さまざまな企業がゲーム機を発売してきた。これだけの競合商品の中で、なぜ任天堂のゲームが世界のトップに立てたのであろうか。その理由を知る手掛かりになるのが、任天堂本社がある京都の伝統文化である。
　仮に、ある商品をより魅力的なものにすることを考えてみよう。

ATARI 2600

TV-JACK2500 バンダイ

INTLLIVISION

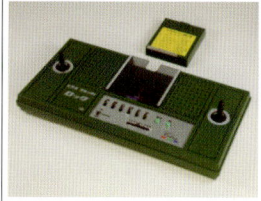
ビデオカセッティ・ロック タカトク

ビジコン 東芝

クリエイトビジョン チェリコ

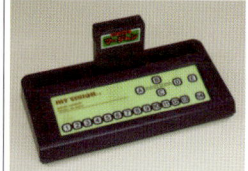
マイビジョン 関東電子

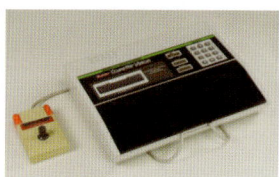
スーパーカセットビジョン エポック社

ゲームパソコンm5 タカラ

セガ・マスターシステム セガ

PCエンジンDUO NEC

マックスマシーン コモドール

昔のゲーム機の例

019

東京（江戸あるいは武家）に根ざした文化には、

- 日光東照宮（立派な建物）
- 歌舞伎（ケレンミある表現）
- 特異な形の鎧兜（個人の主張）

などにみられるように、粋という感性を駆使しながらも、見た目に分かりやすい派手なデザインにして、「どうだ！」とばかりに他人に自慢する傾向が強い。要するに分かりやすいアピールである。東京に本社を置く会社にもその傾向はあり、「世界初」「最先端」「高機能」「特許」といったキーワードで世界に発信しようとする。それは一目で比較ができるカタログスペック上の勝負である。ローカルな文化に依存しないため、文化が異なる海外の市場でも理解されやすかったのである。

一方、公家文化を背景にもつ京都では、

- 桂離宮の桂棚（黒檀、紫檀、朱檀といった海外輸入の高価な部材の使用）
- 琳派の表現（極端な単純化とパターン化）
- 蒔絵の留守模様（登場人物の消去による暗喩）

など、一見しただけでは気が付かないようなさり気ない演出が施され、その理解には高度な教養と知識が必要とされる。公家の表現は自分の教養が反映できた時点で完結しており、広く多数の人に理解してもらおうとする志向性はない。こうした表現は文化特性に強く帰属しており、世界的な一般性はない。使用者にしてもすぐは分からないが、長く使い込むことによって初めてその良さが理解できる類のものである。江戸中期を代表とする画家の一人、尾形光琳が江戸に下った際、その特異な表現を理解してもらえず、ほどなく京都に戻ったエピソードなどからも、志向の違いを見ることができる。

これをゲームに置き換えれば、前者は最新の高性能ハードを駆使して高解像度でリアルかつ派手なグラフィックスを前面に押し出した製品（ハード志向）。後者は余分なものをそぎ落として深堀しつつ、「さりげなさ」や「シンプルさ」、そして易しさ（優しさ）を重視した製品（ソフト志向）と言えるだろう。

京都は千年以上にわたる「もてなしの文化」の伝統を持ち、同じ京都で誕生した任天堂は、それを色濃く引き継いでいる。インタラクティブの最大の特徴である「リアクション」の際に、この「おもてなしの感性」が自然と反映され、そのノウハウが高度に発達していったことは間違いない。ゲームが持つ「インタラクティブ性」という本質と、日本の伝統文化（京都）の持つ「もてなしの文化」は非常に相性が良かったのである。

アーケードゲーム分野、家庭用ゲーム機分野の双方で後発だったにもかかわらず、任天堂が世界に飛躍していった理由がここにある。

以上のことから、国産ゲームの世界的な飛躍の裏には極めて日本的な価値観である「もてなしの文化」が存在することが分かる。

日本には客人を迎え入れて快適な時間を提供するためには、相手にそれと気付かれてはならないという伝統的な価値観がある。ゲームでも同じで、これ見よがしに歓待しようという押し付けがましい演出は、逆にユーザーの利便性を損なわせてしまうことにつながってしまう。

つまりゲームニクスとは極めて日本的な感性の集大成であり、古くから日本人が持つ独特の感性が世界の人々を魅了し、ゲームを世界的な産業に押し上げたと言える。文学、音楽、映画など、これまで日本のソフトは海外市場で高い評価を得ることは難しかった。その背景には言語をはじめとした、日本文化が高い壁となって立ちふさがっていた。しかしこの障壁が、ことゲームに関しては有利に働いたのだ。

日本は江戸時代まで茶道や歌舞伎、浮世絵を筆頭に、ソフトパワーを重視してきた。しかし明治維新によって欧米の産業革命の技術に驚愕した日本人は、一気にハードウエア志向に頭を切り替えて発展を遂げてきた。

日本の工業製品のパワーが著しく下がった現代においては、その成功体験から脱却することが求められている。そこで求められるのは、日本本来のソフト重視のモノづくりの再評価だ。そうすることで世界に対して再度、製品革命を起こすことができる。それは日本人本来の伝統で勝負できる分野であり、その好例が日本のゲーム産業の発展なのだ。

note 4

ゲームの歴史はインターフェースの歴史

ファミコンが成功した理由の一つに、そのコントローラーが非常に優れていた点がある。ファミコンは米国の「Intellivision」(1980年) や「ColecoVision」(1982年) を参考に設計されたが、それぞれのコントローラーには当時ゲーム機で主流になりつつあったテンキー状のボタンがついていた。このテンキーそれぞれに対して、ゲーム毎に独自の操作を割り振るというもので、当時すでに複雑化の兆しをみせていたゲーム内容に対応するため、ハード設計もボタンを増やすという方向性に向かっており、ここまでは家電のリモコンと同様の道を進んでいたのである。

「ColecoVision」

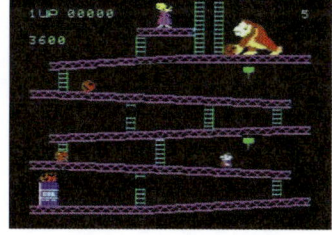

ファミコンと同時期に日本で発売されていたゲーム機も、このテンキー付きのコントローラーを含め、パドルやジョイスティックといった、それまでの入力デバイス

の概念から抜け切れないでいた。しかし「ゲーム&ウォッチ」の経験により採用された、コンパクトで、かつ指の感覚だけで直感的に操作できる十字ボタンとA/Bボタンという独自のコントローラーは、これまでのコントローラーを駆逐し、家庭用ゲーム機の標準になった。また制作コストが安価だったことも利点で、競合商品よりも低い価格に設定できた一因になり、ゲーム機の普及に大きく貢献した。

1983年のさまざまなゲーム機とコントローラーの形状

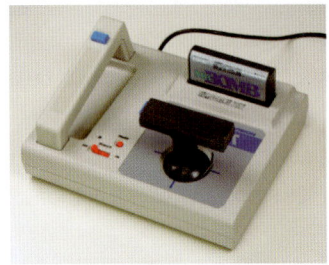

「TVボーイ」(1983年、学研)

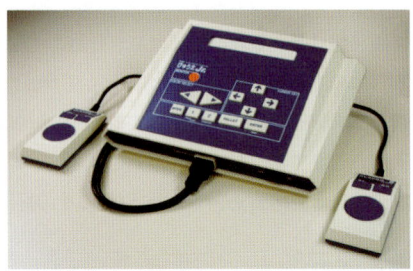

「ぴゅう太Jr」(1983年、トミー)

「ARCADIA」(1983年、バンダイ)

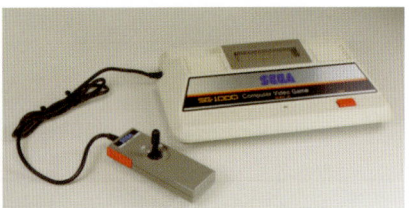

「SG-1000」(1983年、セガ・エンタープライゼス)

「PV-1000」(1983年、カシオ)

「ファミリーコンピュータ」(1983年、任天堂)

　初期のファミコンソフトはアーケードゲームからの移植が中心で、ゲーム内容もシンプルだった。しかし、ファミコンが売れ続けるにつれ、ゲーム開発者は、より複雑でバラエティに富んだゲームソフトを作り出す必要性に迫られていく。

　そこで、ボタン数の少ないコントローラーで複雑な操作を直感的に行わせるため、さまざまなUIの革新が、ソフトウエア主導で行われていった。

note 5

ハードの進化とゲームの面白さがシンクロしていた時代

　ゲームも、ハードの進化とゲームの面白さがつながっていた時代がある。ファミコンからスーパーファミコンまでゲーム業界をリードしていた任天堂も、NEC「PCエンジン」から始まった大容量CDメディアと、ソニー・コンピュータエンタテインメント（SCE）の「プレイステーション」のリアルタイム3D表示によって、その牙城が崩されていく。

　それまでのゲームは、表現としては非常に単純化されたもので、世界観としての具体性は薄かった。ゲーム黎明期は対象が子供であったため、世界観もあまり必要とされてこなかったのである。しかし時代が進むと共にユーザーは高校生、大学生と成長して、それだけでは満足しなくなってくる。目の肥えたユーザーたちは、「本当はもっとすごい世界が広がっている」と、ゲームで遊びながら、そのイメージを自分で補ってきたのである。

　90年代後半になると、メディアの大容量化とハードウエアの演算処理能力の向上により、具体的な世界観を提供可能になった。これまでの表現に満足できなかったユーザーも全世界に広がっていた。これにより、プレイステーションは一気に全世界でユーザー数を伸ばしていく。

　しかし、こうしたハード進化による表現の多様性は、プレイステーション2以降になると飽和する。ゲームの複雑化が進みすぎたことで、一般ユーザーには難しくなってしまい、マニア以外はゲーム離れを起こし始める。ここでゲーム本来の本質である「遊び」や「驚き」が問われるようになる。

　こうした中で、改めてユーザー需要を作りだしたのが、「ニンテンドーDS」であり、「Wii」である。その後の世界的なユーザーの反応をみれば、結果は明らかだろう。これは機能競争の飽和によって低迷している現在の家電業界に、そのままあてはまるのではないだろうか。

3　ゲームニクス理論の他分野への応用

　序章で「インタラクティブという意味では、ゲームも家電も同じである」と述べた。そのため日本のゲーム産業が育んだインターフェースのノウハウ、すなわちゲームニクスは家電をはじめ、ゲーム以外のメディアにも応用が可能だ。

　またゲームが持つ段階的な学習効果や、意欲を持続させる方法論は、家電のみならず、Webサービスや教育、電子出版やヘルスケアなどの分野にも適用できる。

　インタラクティブ性（双方向性）を要求するものであれば、どのようなものでもゲーム制作のノウハウを生かせる。多くの電子機器が、双方向性を求めているからだ。

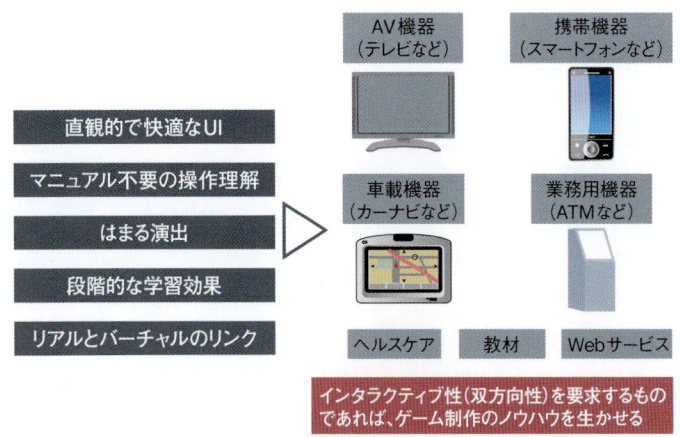

（出典：日経エレクトロニクス2012年5月14日号p.97図5を基に作成）

　現代ではデジタル家電に対して、実に半数近くの人が「デジタル家電に不満・ストレスを感じる」と答えている[注]。1台の機器に機能を盛り込み過ぎるがゆえに、実際には使われない機能がたくさんあるという、いわば多機能化に対するストレスが原因だ。最先端技術を取り入れればユーザーが納得し、満足を得られるという図式はもはや成り立たないのである。

　ユーザーが自分で使いこなせないような機器やインフラがいらないのであれば、ニーズはいったいどこにあるのであろうか。「スーパーマリオブラザーズ」のクリエーターである宮本茂氏は以前に以下のような趣旨の発言をしている。

　なぜ任天堂の製品が世界で売れているのか？
「触って居心地がいいから。何度も触りたいような製品だから」
「それは突き詰めていくとインタラクティブということ自体が楽しいということ」
（任天堂株式会社専務取締役情報開発本部長 宮本茂氏の発言）

注）ブランド総合研究所の調査（2009年10月～2010年9月）による。対象となった家電は薄型テレビ、Blu-ray Disc/DVDレコーダー、パソコン、携帯電話、デジタルカメラの5品。

このように、宮本氏はゲームの内容がおもしろいというよりも、インタラクティブ＝対話性そのものが楽しいからであると語っている。
　メーカーによる機能競争で先端機能は飽和状態となり、ユーザーが使いこなせない機能など最初から必要ないという時代。それは日本家電業界の低迷を見れば明らかである。一方ハードウエアの進化に伴い、ソフトの処理能力は劇的に向上している。今後、我々が目指すものはハードウエアの機能競争に勝つことではなく、ソフトを重視したおもてなしのもの作りなのである。
　これまで日本の工業製品は、主として安さ、速さ、大量生産をセールスポイントとして発展を遂げてきた。機器の性能を極限まで追求し、過剰なまでの機能の追加による、カタログスペック上の競争を繰り広げている。しかし高度成長の要因となった、安価で優秀なハードの提供という優位性は、今や他のアジア諸国に譲ってしまったのが現状だ。
　これから日本が海外に対して優位性を持てる分野は、快適なUIというソフト提供の部分になるだろう。日本人なら誰もが持っている「優しさ」を「使いやすさ」に変換して、気持ちよい、使い続けたいという快適性を実現し、日本ならでのもてなしという文化の提供を、新しい時代のセールスポイントにすべきである。UIを重視して、ハードとソフトの徹底的なシナジーを追求すれば、世界に比類ないユビキタス（ubiquitous）環境を提供できるのではないだろうか。
　これらは仕様書に書けるようなものではない。目に見えないきめ細かなノウハウであるがゆえに、海外では容易に真似することもできない。文化的な背景が異なるため、このようなもの作りができるのは、世界広しといえども日本だけであろう。まだまだ、日本のデジタル製品は世界のトップに立てる可能性を大いに秘めている。
　それでは今後のデジタル技術の変革を俯瞰しながら、ソフトウエアという視点で求められるポイントを指摘してみよう。

1：あらゆる機器がブラウザでリンクするサービスに必要な「直感的な世界観」

　スクリプト言語「JavaScript」関連の機能が大幅に強化されたHTML5の普及により、OSに縛られないブラウザ上でのアプリケーション展開が可能となる。ブラウザでリッチかつ動的なソフトが動くということは、文字は本や新聞で、ゲームはゲーム機で、テレビ番組はテレビでというように、それぞれのアプリケーションをそれぞれの機器で楽しんでいた環境が時代遅れとなり、ブラウザという統一のプラットフォーム上で楽しむ時代が到来したことを意味する。スマートフォン、タブレット、パソコン、テレビ、といった各機器がブラウザでリンクし、機器を越えてアプリケーションが展開されるようになるのだ。すでに通信会社を含め、家電業界はここに焦点を合わせたサービスの提供を視野に入れ始めている。全てのアプリケーションがブラウザでリンクするということは、「クラウド上でアプリケーションを共有する」ということでもある。ここでは、各機器がシームレスに連携し、ユーザーが迷うことなく操作できる「直感的な世界観」を提供することが、重要になる。

2：誰もがクラウドでデータを共有して楽しめる環境の提供

　娘の運動会をビデオカメラで撮影したらクラウド上に保存。遠方に住んでいるおじちゃん、おばあちゃんが、データをクラウド経由でリビングのテレビに映す。こうした「スマート家電」を使いこなす生活イメージが提示されて久しい。

　こうした利用シーンを業界標準にしようとした場合、全世代のユーザーが等しく使えるクラウドサービスを構築しなければならない。しかし、現状の「クラウドサービス」がそうなっているとは言い難い。いざ撮影しながらリアルタイムで映像をクラウドに保存しようとすると、とたんに「クラウドに保存するにはどうすれば良いか」「屋外でインターネットに接続するにはどうしたら良いか」などの手間が発生する。

　高齢者にとっても「テレビをインターネットにつなぎ、クラウドサービスにアクセスする」「クラウド上のデータを再生する」などの作業が必要だ。このように「難しい」「面倒くさい」「分かりにくい」という印象を少しでも与えてしまうと、そのサービスがストレスの原因になり、せっかく便利な機能であっても利用しないという状況になる。

　つまり、こうした家電のスマート化とクラウド化がもたらす生活イメージにこそ、誰でも理解できて、簡単に使いこなせるソフトの提供が必要なのである。そこで欠かせないのがゲームニクスのノウハウである。

　そもそも一般的なユーザーにとって、クラウドという概念は必要ない。「撮影しているビデオカメラから、おじいちゃんの家のテレビへ直接データを送信している」という考え方を基にして、UIを構築した方が、シンプルで直感的なサービスを提供できる。

　クラウドサービスのイメージ図は大抵の場合、クラウドを頂点に置くピラミッド型や、クラウドを中心にそこから各機器へ矢印が伸びているようなデザインで書かれているが、より「シンプル」で「直感的」なインターフェースを作り上げる為には、「クラウドという世界の中に各機器が存在し、機器間で矢印が行き交っている」というイメージでサービスを構築した方が、ずっと分かりやすい。

よく見るクラウドのイメージ図

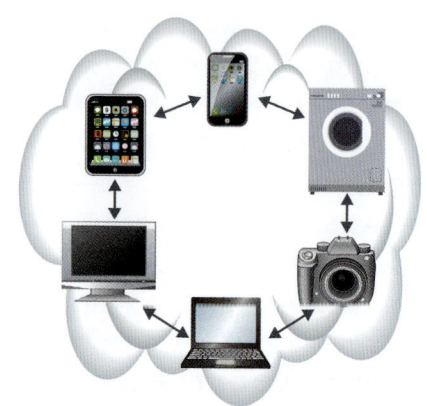
直感的なインターフェイスに必要なイメージ図

さらに、その機器間のデータ移動を文字表示で説明するのではなく、「キャラクターが、機器から機器へデータを届けてくれる」というグラフィカルな表現にすれば、そのサービスはより「直感的」で「触っていて楽しい」ものに仕上がる。このようなグラフィカルで直感的な世界観をいかに構築するかが、今後のクラウドサービス、そして、スマート化時代のプラットフォームに最も重要となる。

「クラウドサービス」という概念自体がユーザーの視点に立ったものではなく、提供側のエゴであり、技術の押し売りであると気付くべきである。

3：パブリックとパーソナルの切り分けという視点

韓国家電メーカー大手のSamsung Electornics社は、2011年1月のCES（世界最大級の家電見本市）の基調講演で、スマートテレビとタブレット、スマートフォン、そしてケーブルテレビ網が連携することを発表した。Samsung社のスマートテレビを購入した利用者は、特別なセットトップボックス（以下、STB）を利用することなく、インターネット経由でさまざまなコンテンツにアクセスでき、テレビ番組や番組表が見られるようになる。番組表は手元のスマートフォンやタブレットにも表示され、手元の機器で番組を選択できる。

このように正面にはテレビ、手元には操作や文字入力といった、UIとしての役割を果たすタブレット端末やスマートフォンがある視聴形態を「セカンド・スクリーン」と呼ぶ。このセカンド・スクリーンはアプリケーション面でも、UI面でも、非常に新しい可能性を秘めている。

セカンド・スクリーンという概念は、スマートテレビとタブレット端末/スマートフォンの組み合わせにのみ当てはまるものではない。この概念は「パブリックな機器」と「パーソナルな機器」の組み合わせによる相乗効果と言い換えることができ、他の端末同士でも応用できる考え方なのである。

スマートテレビは、いくらスマート化したとはいえ、基本的にはテレビという機器であることに変わりはない。そのため家庭のリビングに設置され、家族全員で共有されることを意味する。このように「大勢が同時に体験できる機器」、また「第三者も容易に見られる機器」を「公共性を兼ね備えた機器＝パブリック機器」とする。

一方スマートフォンのような、元々私的利用の為に作られている機器は、完全に第三者をシャットアウトした状態で利用できる。このように「自分一人しか体験することができない機器」を「個人的な機器＝パーソナル機器」としよう。

同じようにアプリケーションやコンテンツにも「パブリック」と「パーソナル」の概念が当てはめられる。今日、TwitterやFacebookのタイムラインを画面端に表示する機能を持ったスマートテレビも存在する。しかしパブリック機器であるテレビで、自分のTwitterタイムラインを他人に見せたい視聴者はわずかだろう。みんなが同時に楽しめるテレビ番組のようなアプリケーションは、パブリック機器には有効である。

一方で、TwitterやFacebookのようなアプリケーションはパーソナル機器で展開してこそ、最も効果を発揮する。ここを取り違えると、サービスの利便性は著しく低下してしまう。

タブレットは、故スティーブ・ジョブズ氏がiPad発表のプレゼンテーションでソファーに座りながらその特性をアピールしたように、個人が雑誌などを読む感覚で操作する機器である。しかし「平ら」で「画面が大きい」タブレットは、上記のようにパブリック機器にも成り得る。このようにタブレットはパーソナル機器とパブリック機器の両方の特性を兼ね備えている。

　詳細については後述するが、ゲームニクスでは機器の操作性を重視する。機器の特徴を理解しなければ、操作性がよい快適なソフトウエアを実現できないからである。これと同じように、各機器を横断してソフトウエアが展開される時代を迎えた今、パブリックとパーソナルの切り分けという視点もまた、重要になっている。

　もともとテレビは、それ自体がマス向けのメディアであるため、個人に向けたコンテンツを、個人が望む時間帯に配信できない。逆にスマートフォンの場合、機器自体は個人のものなので、個人が好きなコンテンツを好きな時間に楽しむことができる。その反面、画面が小さいため「大勢でコンテンツを楽しむこと」には適さない。ここで求められるのが、それぞれを補完するソフトウエアの提供だ。

　いまやテレビの重要なコンテンツになったショッピング番組だが、いざ買うとなると電話での申し込みが一般的である。テレビに直接アクセスして購入手続きをさせると、周りの人に何を購入しているか分かってしまうため、躊躇されることも考えられる。そこで番組と連動したアプリにスマートフォンでアクセスし、テレビを見ながら手元で購入の手続きができれば、快適な購入体験ができるはずだ。これなどはパブリック機器とパーソナル機器の連携をソフトウエアで実現する好例となる。

　現状のテレビの場合、テレビを見ながら番組予約をしようとすると、テレビ画面上に予約画面が重なってしまい、番組視聴の障害となる。ましてや他人が観ている状態で、自分の都合で予約作業するのは問題だ。そこでタブレット上に予約画面を表示し、そこで予約指示をして、最終的な結果だけをテレビに送れるようにすれば、他人の視聴を邪魔することもない。これは、カラオケでの曲の予約方法に似ている。

　それぞれの機器だけではなく、各機器の操作性の特徴と使用環境を慎重に特定し、きめ細やかなソフトを提供することの重要性がここにある。

　iPhoneとiPadの普及に成功したアップル社は、次にスマートテレビを投入し、iTunesを基本とした各機器の連携サービスをめざしていると噂されている。日本でもスマートテレビを普及させるために、総務省と放送局、通信会社、家電メーカーが共同で、日本独自の国際規格を開発する動きもみられる。しかし、それぞれが快適に連携するソフトウエア環境を考慮せず、単なる技術のみに特化した内容であれば、まったく意味をなさない。ぜひとも本書を参考にして、利用者目線の繊細なもの作りで国際基準を提案してほしい。

note 6

　ゲームニクスの他分野への応用は既に始まっており、ゲーム制作のノウハウを生かした家電やWebサービスなどが出てきている。例えば、筆者はクラリオンと共同でカーナビの開発に取り組んだ。2010年6月に発売された「NX710/110」である。操作性向上に加えて、CO_2排出量を抑える「エコ運転」を促す機能に関心を持ってもらうために、ゲーム由来の「分かりやすさ」と「楽しさ」を盛り込んだ。

　またベネッセコーポレーションと共に、ニンテンドーDS用学習ソフトウエア「得点力学習DS/中1～中3」を開発した。ゲームの思わず夢中になる仕組みを取り入れ、学習効果を高めるのが狙いだ。ほかにも電子機器やWebサービスなどにゲーム制作のノウハウを適用するため、多くの企業と開発に取り組んでいる。

カーナビ「NX710/110」の画面

「得点力学習DS」シリーズ

（出典：日経エレクトロニクス2012年5月14日号p.97図6）

note 7

経営トップの判断でしか作れないもの

　操作そのものがワクワクするような感覚を備えた製品、すなわちインタラクティブな製品作りには、ハードウエアとソフトウエアの緻密な連携が必要となる。そして、それこそが今、求められている製品であることは、これまでにも述べている。では、そのような製品は、どうすれば作り出せるのだろうか？

　これまで日本は電子立国などと呼ばれたように、ハードウエア偏重の製品作りによって経済発展を続けてきた。その成功体験ゆえに、ソフトウエアの革新であらゆるメディアが統合される時代になった今、日本はその波に完全に乗り遅れている。

　もともとハードウエアとソフトウエアの文化と技術の志向は、まったく別のベクトルを向いている。現場レベルで互いに摺り合わせることは不可能といってもよいほどだ。現場から生まれるアイデアの持ち寄りで設計すると、互いに責任を回避する体質を生むという弊害も生まれてくる。

　そこで問われてくるのが経営トップのもの作り哲学である。指向性の違う両者を同じベクトルに向かわせられるのは、その企業のトップしかいない。

iPhoneやiPadは、故スティーブ・ジョブズ氏のワンマンともいえるもの作りの哲学が貫かれており、彼のアート作品だといえる。その反面、もしこれらのプロジェクトで失敗していたら、彼はさんざんに叩かれていたであろう。「スティーブ・ジョブズが悪い」と。「この製品はこうあるべきである」という覚悟と想いがあって初めて、ハードウエアとソフトウエアが融合した「手触り感のよい」プロダクトが完成するのだ。

インタラクティブメディアにとって日本のおもてなし文化が非常に有効であることは、ゲームメディアの成功が証明している。ゲームニクスを反映した製品づくりには、雇われ社長のことなかれ主義ではなく、厳然とした経営トップの哲学が問われている。

4　ゲームニクス理論は世界で通用する

「十字型の十字キーで選択を行う」「コントローラーの外側のボタン（Aボタン）が決定で、内側のボタン（Bボタン）がキャンセル」「上から下や、左から右に選択決定を行う」「ゲームの始めにチュートリアル（解説）ステージを用意する」。これらはいずれも日本で生まれた操作上の文法であり、ゲームニクスの方法論である。こうした方法論にもとづいて作られたゲームを、世界中のユーザーは30年以上ににわたって楽しんできた。そのため、これらは世界標準として定着している。このようにゲームニクスは決して日本ローカルなものではなく、世界で通用するノウハウであることも大きな特徴である。

次章からは、ゲームニクス理論の基本的な説明と、過去に登場したゲームで、ゲームニクスがどのように取り入れられてきたか、実践例を多数挙げて解説する。

ビジネスを変える「ゲームニクス」

2章

ゲームニクス理論

1　ゲームニクスとはなにか

ストレスを与えることがゲームの絶対条件

　ゲームには常に乗り越えなければならない課題が提示されている。「敵を倒せ」「弾を避けろ」「高得点をねらえ」「アイテムを見つけろ」などと、常にユーザーに障害を提示しつづけるのがゲームである。そしてその障害を克服すると、それに見合った快感や達成感が得られるようになっている。心理学的にゲームの本質をとらえれば、ゲームは「緊張感と快感を得られることを前提に、あえてストレス状態が作り出されている」環境である。

　このようにゲームとは「ユーザーにストレスを与えることが前提」のメディアであり、ストレスと、報酬という快感を交互に発生させることが、ゲームデザインの要になる。言い換えれば、ゲームとはユーザーにストレスを与えることが必要条件なのである。

　このことは逆に、ユーザーに対してゲーム以外のことでストレスを感じさせてはいけないことを示唆している。「思ったように動かせない」といった操作性の悪さや、「何をしたらよいか分からない」といった目標設定の不備があると、その時点ですでにユーザーにストレスが溜まっている。ここで、さらに障害というさらなるストレスを提示すると、ユーザーはそのストレスに耐え切れずに、ゲームを早々に放棄してしまうのだ。

　そこで日本のゲーム開発者は、呼吸をするときに空気の存在自体をまったく気にしないのと同じように、ユーザーに対してコントローラーの存在を意識させない配慮を積み重ねていった。さらに長時間の操作に耐えられるように、ボタンを押しているだけでも（インタラクティブ自体が）楽しいというところにまで昇華させていったのだ。

　多くの作り手がこのような工夫を重ねた結果、テレビゲームのユーザー・インターフェース（UI）は高度に発達し、世界的に類のない優れたUIデザインの方法論が確立したのである。

ゲームニクスの2大要素

　ゲームニクスを構築するうえで基本になる要素は以下の2つである。

1. 「直感的」「本能的」に操作ができる
   - すぐ始められる
   - マニュアルなしでもすぐに遊べる操作性

2. 複雑な内容を段階的に理解し、思わず夢中になる
   - 常に目標をもって前進している
   - 簡単な仕様理解から、複雑な使用法を押し付けでなく理解させる学習効果
   - もっとやり込んでみたくなる、熱中させるための仕掛け

すなわち、上記の意図するところは
「1」は分かりやすく、
「2」がやり込みたくなる仕掛け
になる。

ゲームニクス理論5原則

　ゲームニクスは以上の2要素を元に以下の5原則に分類され、それぞれの原則のもとに詳細なノウハウがある。

1：直感的で快適なインタフェース
- 入力デバイスの操作性に合わせた画面デザインと操作の約束ごと
- アクセシビリティーの良い操作感
  - →画面を見ただけで理解できる構成と演出

2：マニュアル不用のユーザビリティー
- 操作を誘導する画面情報の提示
- マニュアルを製品に組み込みストレスなく提示する方法論
  - →必要なときに必要な情報を押しつけでなく提示する

3：はまる演出
- 無意識にはまる効果のゲームテンポとシーンリズムの方法論
- 発見する喜びや意欲を持続させる方法論
  - →思わず夢中にさせてしまうノウハウ

4：段階的な学習効果
- 意欲を持続させる目標設定
- 押し付けでない学習効果の導入
  - →楽しく長時間ゲームをしてもらうためのノウハウ

5：仮想世界と現実世界のリンク
- 現実（リアル）世界を仮想（バーチャル）世界に取り込むノウハウ
- 仮想的なゲーム世界で現実世界の要素を利用するノウハウ
  - →実生活とのネットワーク連携で、今までにない利便性と感動を提供

1と2は、アクセシビリティー（操作しやすさ）とユーザビリティー（ユーザー本位）、という快適な操作感であり、

3と4は、思わずはまって、目標を持って集中する というソフトウエアに夢中になってしまうことであり、
5は、実生活における快適性の拡張 を意味する。

　1と2に関しては、家電やATMといった分野に、3と4に関しては学習や訓練、リハビリといった分野に応用できる。そして、5については、それらを実生活と結び付けることで、利便性と感動を高められる。

note 1

ユニバーサルデザイン、アフォーダンスとゲームニクス

　UIの世界には「ユニバーサルデザイン」「アフォーダンス」といった概念が存在している。こうした先行研究とゲームニクス理論との最大の違いは「時間軸」である。これまでの概念は「どんな人でも公平に使える」「誰でも使い方がわかる」といった点が重視されているが、あくまでも「今、どう使うのか」というアクセシビリティーに焦点が当てられており、「使っているうちに、思わず夢中になっていく」といった、ユーザビリティーの視点からみた「長く使いこなしていく」という概念についてはほとんど考慮されていない。

　ゲーム作りでは、ユーザーの関心を惹きつけ、意欲を刺激しながら、誰もが楽しくプレーし続けられる仕組みを導入しなければならない。UIはそれを提供するための手段として進化していった。具体的には、ユーザーの行動を予測してボタンを配置したり、さりげなくヘルプメニューを表示したり、それとなく次の目的を示したり……。一見複雑なゲームでも、思わず夢中になってしまうのは、こうした配慮が精緻にほどこされていたからであり、その結果として日本のゲームは感動とともに、世界に受け入れられていったのである。

2　ゲームニクス理論の詳細

原則1
直感的で快適な
インタフェース

p.036

原則2
マニュアル不用の
ユーザビリティー

p.082

原則3
はまる演出

p.112

原則4
段階的な
学習効果

p.174

原則5
仮想世界と
現実世界のリンク

p.208

原則1
直感的で快適なインタフェース

原則1-A 操作と入力の基本理論
1. 画面デザイン時の注意点
2. 決定とキャンセルの統一
3. 階層構造の徹底
4. 画面デザインの原則
5. メニューや各パーツの形状管理
6. 階層とメニューの色管理
7. 映像や音の変化の活用
8. 文章表示の原則

原則1-B 入力デバイスの特性に対応したUI設計
1. 十字キーとボタン
2. マウス
3. スティック
4. ペンタッチ入力
5. 指タッチ入力
6. モーションセンサ
7. その他のデバイス
8. 過去のデバイスの再考と研究

●原則1　直感的で快適なインターフェース

　ゲームニクスでは、画面内の情報自体がユーザーに操作方法を連想させ、実際の操作もその予想と同じであるということを「直感的」と定義している。

　これは「メンタルモデル」と「概念モデル」の一致を意味する。「メンタルモデル（mental model）」とは対象システムにたいして「こうするんだろうな」と心の中で捉えること。「概念モデル（conceptual model）」は実際にそのシステムに触れることによって「こうなんだ」と認識されることである。ゲームニクスでは両者の差異が小さいほど、直感的だと定義する。

　これは「アクセシビリティーの向上」すなわち、「このボタンを押せば、この機能が実行される」というルールを徹底させることで、実現できる[注]。こうしたボタンと機能の関係性を明確にする手法が、原則1のノウハウである。

注）「アクセシビリティー」というと高齢者や障害者が支障なく使用できること、という意味合いで使われることが多いが、本来は高齢者や障害者を含む「誰もが」さまざまな製品やサービスを支障なく利用できることを意味している。

　前述したように、ゲームとはユーザーに対してストレスを与えることが前提のメディアである。そのため、ユーザーが操作性にストレスを覚えるようなデザインにしてしまうと、ゲーム本来のストレスに耐えられずに、ゲームに集中することができなくなる。つまり、原則1の「直感的で快適なインタフェース」を実現できないと、原則3の「はまる演出」や、原則4の「段階的な学習効果」のノウハウを導入しても、意味をなさなくなる。

　直感的な操作を実現するために必要なことは、コンテンツとユーザーの信頼感を高めることであり、そのために必要なポイントを2つ挙げる。

　一つは、各ボタンの役割を固定すること。それぞれのボタンの役割を固定することで、操作に対するユーザーの信頼度が高まり、「このボタンを押せばこうなる」という操作の見通しをユーザーが立てやすくなる。万が一プレー中に操作に迷ってしまった場合にも、「このボタンを押せば大丈夫」という安心感をユーザーに提供できる。

　一方、ボタンの信頼度が低いと、ユーザーは何をすればいいのかがわからずに混乱してしまう。一度操作に迷ってしまうと不安な気持ちが増大し、意欲が大きく下がって途中で投げ出してしまう。ユーザーの思った通りに操作が出来ないということがたった一度でも起こっただけで、その製品に対するユーザーの信頼が一気になくなることを筆者は何度も経験してきた。

　もう一つのポイントは、ユーザーに複雑だと感じさせないようにすることである。毎日、何度も体験するようなゲームの場合は、ユーザーに飽きられないようにするために、多数の機能を盛り込まざるを得ない場合が多い。近年の多機能な家電も同じである。

そのような場合、「何度もボタンを押して何階層も下で求める操作にたどりつくよりも、一回のボタン操作で実行できた方が分かりやすい」と考えがちである。しかし、それは間違いである。機能が数種類しかないような製品であればそれでよいが、多機能な製品ではボタンが多くなってしまうだけである。階層が深くても操作が快適で理解しやすければ問題はない。

それどころかゲームニクスを駆使して操作性を向上させれば、ボタンを押してテンポよく進んでいく行為そのものがユーザーの快感に変わる。いくら階層が浅くてもUIが難解な方が問題である。

ヒューマンファクター研究では、行為に対して処理することを「負荷（ロード）」という。人間の「負荷」には「認知」「視覚」「運動」の3種類あり、これを心的消耗の多い順に並べると「認知」＞「視覚」＞「運動」になる。操作に悩んだり（認知）、該当するアイコンを探したり（視覚）するよりも、迷わずボタンを押す（運動）だけの方が、はるかに負荷が小さい。

こうして、コンテンツとユーザーの信頼感を高めるだけでなく、入力デバイスと操作性の関係性を考慮する必要がある。これは、見落とされがちな点だ。UIというと、画面内のデザインや操作時の演出に集約されがちである。しかし、インタラクティブ性を高めるには、人と画面のインターフェースになる入力デバイスの役割は大きい。操作方法を設計する場合には、入力デバイスの特徴もきちんと理解していなければならない。入力デバイスそのものも、UIの重要な要素である。このため、入力デバイスの特性はゲームのデザインをも決定付けると言っても過言ではない。

この他、TVやスマートフォン、タブレットといった画像を表示する機器の画面のアスペクト比や解像度、利用形態の3点も、UIを設計する上で重要な要素である。

---

keyword ▶▶▶ ボタンの役割を固定してUIデザインと連動させる

全体の操作性の快適さを演出するため、ユーザーに「このボタンを押せば大丈夫」という心理状態になってもらうことが重要

---

note 2

ハードウエアの入力形態がソフトウエアのUIを決める

家電でも、Webでも、スマートフォン用アプリでも、「心地よい手触り感」を演出するためには、ハードウエアとソフトウエアの連携が不可欠である。

最良の製品を生み出すためには、ハードウエアの設計とソフトウエアデザインが最初から綿密に連携することが必須であるが、最初からハードウエアを作り直すよりも、ソフトウエアをハードウエアの特性に合わせて作り込む方が、現実的である。

そしてそれを実践するためには、「デバイスの入力特性はソフトウエアのデザインを規定する」ということ理解することから始まる。

RPGの人気作「ドラゴンクエスト」シリーズが上下左右に並んだメニューを選択する「コマンド選択方式」を採用しているのは、ファミコンの入力が十字キーだからであることは一章で解説した。入力デバイスに適したUIであることが、それまでなじみの薄かったRPGというゲームをヒットさせた大きな要因のひとつであったことは間違いない。

同じような例は、フィーチャーフォン向けに提供されたグリーの大ヒット作「釣り☆スタ」にも見て取れる。フィーチャーフォンは、まず「片手で操作するもの」である。次にボタンが多く、十字キーの入力も指の感覚だけで操作することができない。このため、操作のたびにボタンの位置を目で確認する必要がある。

一方、ファミコンでの操作法は、両手（左手で十字キー、右手でボタン選択）を使うことが前提になっている。ボタンも少なく、指の腹で触った感触だけで十字キーの入力を判別できる構造になっており、操作時にコントローラーに目を向ける必要がない。これで画面に集中できる。

フィーチャーフォンにおける操作特性を考慮してユーザーを画面に集中させるには、片手の親指で特定のボタンをタイミング良く押す方法が適していた。これを実現したのが「釣り☆スタ」であった。

このように、操作して気持ちの良い「手触り感」をソフトウエアで実現するためには、はじめにハードウエアの入力形態を正確に把握しなければならない。

「釣り☆スタ」（写真：グリー）

原則1では直感的で快適なインターフェースを実現するために、以下の2点についてまとめてある。

A：操作と入力の基本理論
B：入力デバイスの特性に応じたUI設計の原則

原則1-A　操作と入力の基本理論

「ポン」の商業的な成功の要因は、コインを投入すれば誰でもすぐに遊べるという、アーケードゲームに必要不可欠であった直感的で分かりやすい操作を実現できていたからである。

一方、オデッセイをはじめとする家庭用ゲーム機は、多彩なゲーム内容と長時間遊ばせるという狙いを持っていたが、直感的に遊べるというゲームニクス要素はまったくなかった。またルールの厳守や対戦結果のスコア採点をユーザーに委ねていたため、「戦略以外の面倒な事は機械が行う」というテレビゲームが持つ特徴の一つを備えていなかったことも、普及しなかった一因だと考えられる。

しかし、後のアタリVCS以降、アーケード用として発売したゲームを移植したソフトが増加したことによって、家庭用ゲーム機においても、少ないボタンで、多彩な内容を直感的に理解できるUIデザインが求められるようになっていった。以後、多数発売された家庭用ゲーム機でその試行錯誤が行われ、その集大成となったのがファミリーコンピュータである。ファミリーコンピュータの十字キーとボタンという優秀な入力デバイスによって、さまざまなジャンルのゲームを家庭用ゲーム機に取り込んでいった。こうして、家庭用ゲーム機のユーザー・インターフェースは、長い歴史を経て多様になり、直感的な操作法を確立していった。

本項（1-A）では、すべての入力デバイスに共通する、直感的なインターフェースを実現させるために必要な要件をまとめた。

① 画面デザイン時の注意点
② 決定とキャンセルの統一
③ 階層構造の徹底
④ 画面デザインの原則
⑤ メニューや各パーツの形状管理
⑥ 階層とメニューの色管理
⑦ 映像や音の変化の活用
⑧ 文章表示の原則

note 3

まったくヒットしなかった業務用ゲーム1号

「COMPUTER SPACE」(Nutting Associates/1971年)

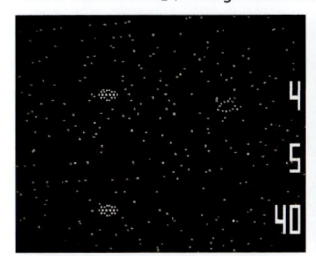

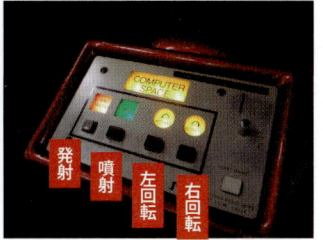

ミサイル発射、自機の移動(ロケット噴射)、自機の右旋回、自機の左旋回、を4つのボタンで操作する。操作方法を直感的に理解しにくい(例えば自機の回転にパドルを割り当てたほうが分かりやすい)。

大ヒットした業務用ゲーム2号 「PONG」(ATARI/1972年)

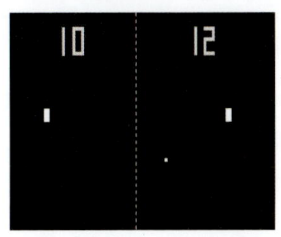

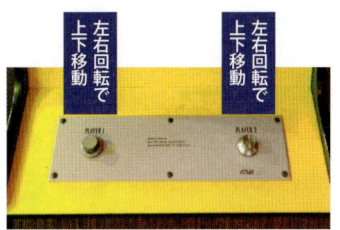

左右のパドル(ダイヤル型コントローラー)を回すと、左右それぞれのバーが上下に移動する。一目でわかる優れた操作性である。

note 4

世界初の家庭用ゲーム機「オデッセイ」(Magnavox/1972年)

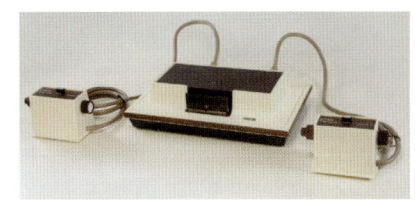

コントローラーの左に2つ、右に1つのパドル(ダイヤル型コントローラー)があり、操作が複雑であった。またマニュアルレスや目標設定といったゲームニクス的な要素が皆無だった。なお、向かって左のパドルは、大きなパドルと小さなパドルが組み合わさっている。

1-A-① 画面デザイン時の注意点

画面デザインにおいて注意すべき事項は、以下の10点に集約される。

a. 高い・低い、左・右など、思考の流れと実際の操作の「知覚のズレ」に気を付ける
b. 複雑な操作体系を、いかに直感的にわかるようにするかを考慮する。ただし、シンプルと使いやすさは、必ずしも同義ではない
c. 「画面からのシンプルな情報」と、ユーザーが「こうするんだろうな」と解釈する感覚を一致させ、「情報の循環性」を高める
d. ゲームの設計段階で、ユーザーへのフィードバックをコントロールするための「操作情報」と、状況を伝えるための「状況情報」の2種類に分けて整理する
e. 個々の「操作情報」は、基本要素に分解し、その要素に合わせてコントローラーのボタンを割り当てる
f. 「状況情報」は、主に「残ライフ」「照準」「残弾」「所持アイテム」「スコア」「経験値」「マップ(レーダー)」の7種である
g. 画面内の情報を少なくするため、「操作情報」「状況情報」は常に表示せず、必要なときに表示する
h. 環境を整備してグラフィカルに提示し、ボタンが押されたときの状況に則した操作をソフトウエア側が自動的に選別して実行する
i. 60フレーム/秒の表示速度を確保して、感覚的な気持ちよさをユーザーに与える
j. メニュー名や各項目の名称は、同じ役割や機能であればコンテンツ内で統一する。かつ、誰にでも分かる名称にする

例えば、照明器具などの家電用スイッチを壁に設置しようにする場合には、上記aの項目を理解していれば下図の右側の絵のように、どのスイッチがどの場所に対応しているのかが直感的にわかるデザインを作り出すことができる。

【図：知覚のズレの例】

(どちらのスイッチなのかがわかりにくい)

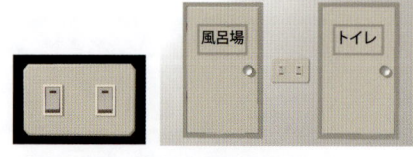

(どちらのスイッチなのかがわかりやすい)
スイッチのONが上の方が(電球は上)よい。
ONの時はスイッチ上部のLEDが点灯するとなお良い。

dに関しては、画面上の情報を「操作情報」と「状況情報」に分けられることを説明している。「操作情報」とは、ユーザーが画面を任意にコントロールするために必要なものを指す。例えば、操作項目を並べた「メニュー」や、ボタンを押した際に生じる結果を示した「操作サポート」の情報である。

「状況情報」は、スコアやユーザーの残り数、所持アイテム数など、ユーザーが状況を判断するためのものである。操作情報と状況情報に分けて情報を提示するように、画面のレイアウトや文字のフォントを設計すれば、ユーザーが直感的に理解しやすい。

【操作情報の例】「ゼルダの伝説 スカイウォードソード」では、画面下部にコントローラーと対応したボタン操作の情報を表示。

【状況情報の例】「マリオカートWii」では、画面左上に所持アイテム、画面右側にコース全体図および現在地点を示す。

Aボタン：剣で攻撃　　Bボタン：爆弾を使用

【画面を分割して表示している状況情報の例】「ゼルダの伝説」の場合は、画面上部に操作情報としてAまたはBボタンを押すと現在使用可能な武器やアイテムを常時表示させる仕組みになっている。

gに関しての例が「New スーパーマリオブラザーズWii」である。マリオの状況に応じて操作方法が微妙に違うため、操作が可能になったときのみ画面上にその操作を誘う情報をアニメーションさせながら提示することで、没入感を高めると共に直感的に理解できるようにしている。

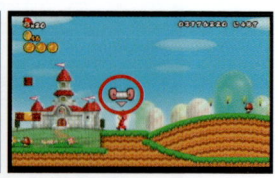

【常時画面に表示せず、操作可能時にのみ表示するgの例1】「NewスーパーマリオブラザーズWii」から。プロペラマリオに変身直後のプロペラジャンプの方法を提示→ リモコンを上下に揺り動かす

【常時画面に表示せず、操作可能時にのみ表示するgの例2】POWブロックに近づいたときに出てくるつかみ方を表示する →リモコン上下揺り動かし＋ボタン

【常時画面に表示せず、操作可能時にのみ表示するgの例3】リフトに乗った直後の動かし方 →リモコンを左右に傾ける

　次に、hの事例について紹介しよう。100円で遊べるアーケードゲームに比べて、数千円もする家庭用ゲームは、1本のゲームのプレー時間が非常に長い。任天堂が開発した「スーパーマリオブラザーズ」（以下、スーパーマリオ）は、長時間続けて遊ぶことを念頭に作られたゲームだったので、それまでのアーケードゲームよりも多様なアクションが必要になった。そのため、少ないボタンでこの多様なアクションを実現するための大量のアイデアが盛り込まれている。

　ゲーム中で、マリオは歩く、走る、しゃがむ、すべる、泳ぐ、ジャンプする、蹴る、アイテムを取る、つたや梯子を昇降する、ファイアを発射するなどのアクションを行う。後のシリーズ作品になると、空を飛ぶ、回転する、つかむ、モノを投げる、話す、看板を読む、選択する、使用するといったアクションも加わる。

これを直感的に操作させるために、まずマリオのアクションを体系化し、移動関係を十字ボタン、メインのアクションをAボタン、サブのアクションをBボタンに割り振った。このとき、例えば十字ボタンの下を押すと「しゃがむ」、といった、操作とアクションの関係性を分かりやすくした[注]。

注）小孫康平著「ビデオゲームに関する心理学的研究」(出版：風間書房)によれば、「スーパーマリオブラザーズ」において、「ジャンプ:Aボタン」であり、「十字キー上:つたを登る」でしかないのにもかかわらず、崖から落ちそうになった時にAボタンより先に無意識に上入力をしたり、Aボタンを押してジャンプしたが土管を飛び越えられそうにない時に上入力したり、Aボタンと一緒に上入力を同時に押したり、という被験者が多かったという。もちろん、どの被験者もマリオのジャンプはAであることは認識しているはずである。これも知覚と操作を一致させることの重要性を示している。

続いて、マリオが置かれた環境に応じて、ボタンを押したときに最適なアクションが自動的に実行されるように設計した。例えば、十字キーの右を押しただけだと歩き、Bボタンを組み合わせると走行（ダッシュ）するようにした（組み合わせによる自動変換）。

Aボタンを押すと、地上ではジャンプするが、水中では浮かび上がる（環境変化による自動変換）。パワーアップした「ファイアマリオ」状態でBボタンを押せば、ファイアを発射する（操作キャラの状況による自動変換）。

複数ボタンの組み合わせや状況変化による自動変換によって、ユーザーは最小限のボタン操作で、複雑なアクションを自由自在に繰り出せるようになった。作り手側にとっても、さまざまな仕掛けをゲームに盛り込めるようになった。

このように、スーパーマリオでは、eの「基本要素ごと」に分解した操作、およびfの内容に合致した操作を見事に実現していることが分かる。もちろん「メンタルモデル」と「概念モデル」の一致を実践していることは言うまでもない。

ボタンの役割固定と、最適なコマンドの自動選択は、ゲームのUIを設計する上で基本的な考え方である。麻雀ゲームで当たり牌を自動で選択するなどは、その一例である。

【hの例：シチュエーション変化の例】

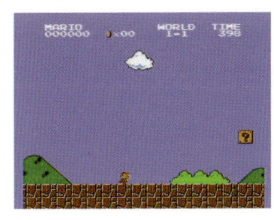

ボタンの組み合わせ例
十字キーの右ボタン+Bボタン
＝ダッシュ

マイキャラ状況で変化する例
ファイアマリオ変身時にBボタン
＝ファイアボール

環境によって変化する例
水中でAボタン
＝泳ぐ

1-A-② 決定とキャンセルの統一

ゲームを進行させるための決定や、その決定をキャンセルする、という操作法を統一することは、最優先すべき事項である。ゲーム全体を通じて、どの場面でも共通する設計をする

ことが、ユーザーの信頼感を高める。その大前提として必要なことが、決定とキャンセルの統一である。

a. 統一感がある画面デザインにする（1-A-④の「画面デザインの原則」参照）
b. aで決めたデザインを基に、「決定」と「キャンセル」の規則を決める
c. bの決定に関しては、後述する1-A-⑤,⑥,⑦を考慮し、操作方法が直感的に分かるようにする

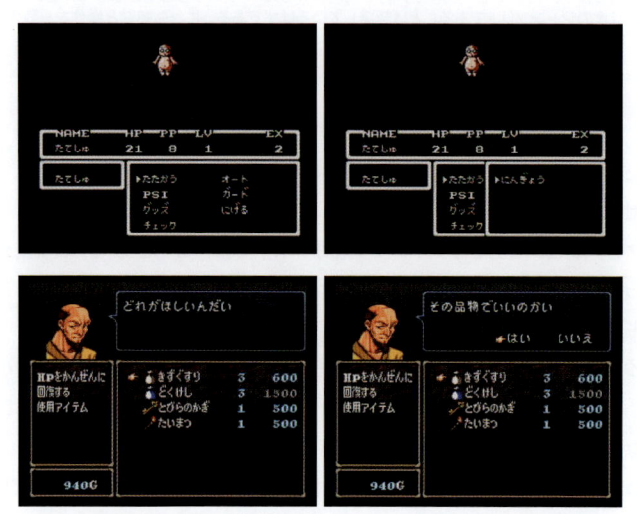

【例】「MOTHER」（上側2点）や「ファイアーエムブレム トラキア776」（下側2点）などのように、ほとんどのゲームでは決定とキャンセルの操作が統一されている。

1-A-③ 階層構造の徹底

　1-A-②で設計した、決定、キャンセルの操作規則を基に、トップメニューを頂点にする階層（ツリー）構造を設計する。決定の操作を1回実行するたびに1階層ずつ深く進み、キャンセルの操作を1回すると1階層だけ上に戻る構成を、いかなる場面でも徹底する。例えば、Wiiでは各アプリケーションを選択した後に移動する下の階層でも、トップページと同じ印象になるように、ボタンを長方形に統一している。

【例】Wiiのメニュー画面のデザイン

【例】「大乱闘スマッシュブラザーズX」は、トップメニュー画面（写真左）から各モード選択までの決定、およびキャンセル操作時のボタンが統一されている。また第2階層の各メニューボタンの色は、すべてトップメニューで選んだものと同じ色でデザインされている。よって、右の写真はトップメニューで「ひとりで」を選択した後の画面であることがすぐにわかる。

　一方、スマートフォンは階層が変わるごとにアイコンの形などが変わる場合がある。トップ画面では、各アプリケーションの方形アイコンを選択させるが、階層が下る（アプリケーション選択後のメニュー選択時）と、リストがずらりと表示され、見た目が変わる。ゲームニクスの観点では、これは避けるべき階層設計である[注]。

スマートフォンでは、各アプリケーションの方形アイコンを選択させるが、アプリケーションを選択すると見た目が変わる。

注）ただし、iPhoneは画面デザインのルールを定め、HIG（Human Interface Guideline）として操作の一貫性を保つようにしている。HIGでは画面種類を、フラットページ/タブバー/ツリー構造の3種類と定義しており、上の例では左がフラットページ、中央がツリー構造、右がタブバーになる。

a. Aボタンは決定、Bボタンはキャンセルという規則を徹底してたうえで、それを基に理解できる階層構造を取り入れる。階層が深くなることを恐れてはならず、ボタン操作後のアニメーションや効果音でリズム感を演出して、連続操作の快適性を追求する
b. 推奨する階層数は3〜4階層。憶えやすくて使い勝手もよい
c. 階層構造の構築には、対象にするアプリケーションの論理（ロジック）を反映させる

d. 上の階層には、何度も使う基本的な項目を配置する。下の階層ほど使用頻度の低い項目を配置する
e. 1回の決定ごとに1階層ずつ深くなり、1回のキャンセルごとに1階層分だけ戻す構成を鉄則にする
f. もしcの規則を崩す場合は、ユーザーの利便性が優先されていることを明確に提示して納得感のあるものにする
g. 階層が深くなった場合は「ホームボタン」を設置し、一気にトップに戻れるようにする
h. 「ホームボタン」採用する場合、位置、形、サイズ、色、などを利用し、特別であることを明確にする
i. 階層が下がるごとに、アイコンの大きさは同等か小さくする
j. 画面のスクロールがある場合(スマートフォンなど)、縦方向のスクロールと、横方向のスクロールは明確に意味を分け、アプリケーション内の論理を反映させる

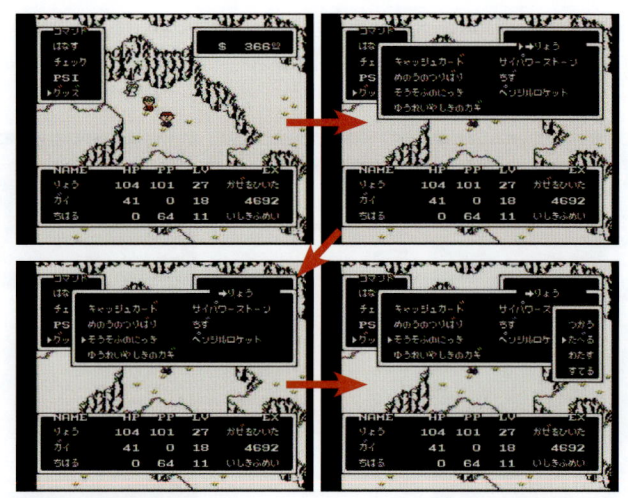

【例】RPG「MOTHER」より。メインメニューからツール(アイテム)を使用するまでの実行手順、および階層構造の例。

1-A-④ 画面デザインの原則

ここで提示する項目は、どの機器でも共通する画面デザインの重要事項である。大別すると、五つになる。

第1に、ユーザーが本来の操作のために画面に集中していても、自分の置かれた状況が分かるように、情報を整理して画面内に配置すること。そのためには情報の視認性、大きさや色に配慮しなければならない。当然ながらゲームそのものに集中させるには、画面に表示する情報はシンプルな方がよい。家電などのUIの場合は、情報自体が操作対象であることも多いので項目数は少ないが、情報の集約と表現の方法への配慮という点では、同じである。

第2に、人は過去の経験や自分の予測に基づいて画面を見るという特性に配慮すること。

横書きの文章は左上から右下に書かれる場合が多いので、画面上のメニュー配置も左上から右下に見られることを前提として配置する。解説などの文章は下部に置くのが望ましい。

　第3に、操作の現状（操作全体の内、完了まであとどれくらいであるか）を示すこと。こうすれば、ユーザーの意識が散漫になっても「現在位置」をユーザーがすぐに確認できるので意欲を持続させられる。ただし、画面のスクロールはユーザーの意識が途切れてしまうので極力使わない。これは家電のUIでも同様である。

　第4に、情報を詰め込みすぎないこと。表示する内容を絞って、必要なときに必要な情報を段階的に開示する。その結果として、操作回数が増えることを恐れてはいけない。提供する情報に関しては、1-A-②と③を基に整理して、直感的に理解しやすい階層構造を構築する。操作回数が増えて階層が深くなっても、アニメーションや効果音を付与して快適な操作リズムを実現すれば、ユーザーにとって快適な操作になる。

　第5に、項目数を四つに絞ること。人が一度に認識できるのは四つまでとされているからだ。どうしても五つ以上になる場合は、同じカテゴリーの項目を近づけ、他のカテゴリーの項目と離す処理を施す。

note 5

　段階的開示を提唱したのはJohn M. Kellerで、ATTENTION（注意）・RELEVANCE（関連性）・CONFIDENCE（自信）・SATISFACTION（満足感）の頭文字を取ってARCS（アークス）モデルという動機づけを定義した。段階的開示はこのARCSモデルの一環で、必要としている情報のみを段階的に提供していった方が学習意欲が持続するとしている。

　John M. Keller 1987 : Development & use of the ARCS model of instructional design : Journal of Instructional Development 10

note 6

　ジョージ・A・ミラーは1956年の発表で一度に処理できる数は5から9（7±2）とし、長いこと信じられてきたが、アラン・バッドリーやネルソン・コーワンなどの最新の研究では4とされている

- George A. Miller 1956 : The magical number seven, plus or minus two : Some limits on our capacity for processing information : Psychological Review 63:81-97
- Alan D. Baddeley 1986 : Working Memory : New York Oxford University Press
- Nelson Cowan 2001 : The magical number 4 in short-term memory : Behavioral & Brain Sciences 24

例えば、以下のようにすればよい。

■■　　■■　　■■　　■■

■が8個あるが、4対に見えるはずである。

　人は記憶を補うために情報をグループ化して識別する。次から次へと入ってくる情報を素早く理解できるのは、この識別方法を利用しているからだ。こうした人間の特性を利用した表示方法が、チャンク処理である。チャンクとは「まとまり」を意味する。電話番号を03-1234-5678などと表記するのも、チャンク処理の一種である。

　なお、操作性の向上や快感増幅のために必要な要素として「色」と「効果音・音楽」によるノウハウを定義している。しかし、見え方や聞こえ方はユーザーによって異なるので、あくまでもサポートとして位置付け、操作判断の前提条件にしてはいけない。

a. 画面内の情報を極力少なくする
b. 操作に集中していても、常に各メニューやステイタス情報が分かるように配置や色に配慮する
c. 情報項目の起点は基本的に左上とし、操作の順に従ってから右下に向かうように配置する。また重要なものは上部、あるいは中央部に配置する。（左右方向に配置が必要なければ上から下に向けて配置する）
d. 上側には基本的に全体の進行を示すものを配置
（タブレットでは画面の下に配置してもよい）
e. 中間には選択ボタンを配置
f. 下側にはテキスト、ページめくりボタン、最終決定ボタンを配置する。例えば、最終決定ボタンは右下に配置するのが一般的である
g. 画面をスクロールさせず、できる限り一画面内に情報を収める
h. Aボタンは決定、Bボタンはキャンセルの操作を徹底してた上で、それを基に理解可能なメニューの階層構造にし、段階的に情報を開示していく。このとき、階層が深くなることを恐れてはならず、ボタン操作後のアニメーションや効果音でリズム感を演出して操作の快適性を追求する
i. デザインと操作方法をグラフィカルに一定に保つ。例えば、丸形アイコンは基本操作に関するもの、方形アイコンは解説に関するもの、と設定したならば、全てのシーンにおいてそれを徹底する。上部から下部への操作の流れを決めたのであれば、全てのシーンにおいてその流れを徹底する
j. 形と色を工夫して操作感を統一する
k. 外見が似ているアイコンやボタンは作らない
l. ページめくりや移動などがある場合は、それを示す（あるいは暗示させる）アイコンを表示する
m. 押せるボタンを立体化したり、陰影を付けたりして、「押せる感」を演出する
n. 一画面内のボタンは多くて四つまでにする。それよりも数を多くしたい場合はチャン

ク処理を施して、チャンクが四つ以内に収まるようにする
o. 同じカテゴリーのボタン同士を寄せて、他のボタンとの距離を取ることで整理する
p. ボタンが多数になる場合は、同じカテゴリーボタンをひとつに畳み、必要に応じて展開する仕組みにする
q. ボタンが多い場合はカテゴリーごとにボタンの形状を変える
r. ホーム画面に関しては、ボタンだけの処理であれば四つ以上にしてもよいが、整然と並ぶデザインを志向し、他の情報を排する
s. 色と音は操作の前提条件としてはいけない
t. 縦列と横列とでは意味の違うもの（例：縦は「使う」などの行動群、横は「薬」などのアイテム群など）を配置すると、多くの要素を一画面内に収めても直感的に理解しやすくなる
u. メニューの上下左右における、ループ有・無は用途に応じて慎重に設定していく

アイテムに関するメニューのグループ　　マップと各種データ参照に関するグループ

©CAPCOM CO., LTD. 1996 ALL RIGHTS RESERVED.
【例】「バイオハザード」のメニュー画面から。所持アイテムを調べるコマンド、全体マップなどを確認するメニュー欄を別のカテゴリーに分け、配置場所や形状・表記（日本語と英語）もそれぞれ変えている。

【例】Wiiのメニュー画面では右端に矢印が表示され、隣に画面があることを示している。iPhoneでは、メニューの一部をあえて見せることで、続きがあることユーザーに暗示している。

縦列と横列の例

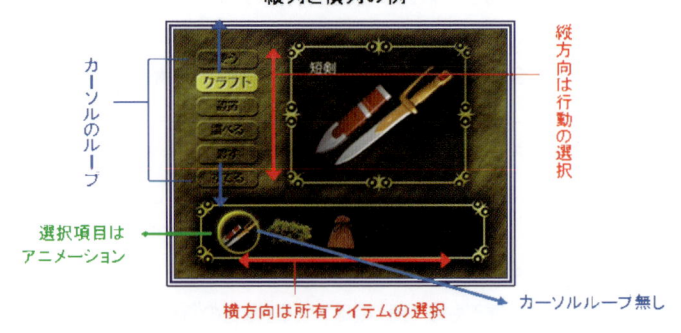

- カーソルのループ
- 選択項目はアニメーション
- 横方向は所有アイテムの選択
- 縦方向は行動の選択
- カーソルループ無し

1-A-⑤ メニューや各パーツの形状管理

　メニューの配置とともに、その形状を工夫することも直感的な操作理解を高めるのに有効である。それぞれの機能や重要度などに応じて形状を変えるなど、視覚的にも分かりやすいデザインにするのが好ましい。また、入手したアイテムを画面内で表示する場合、ゲーム中に登場するアイテムの外観と同じにする。

a. メニューやボタンは方形が一般的
b. メニューやボタンにその機能の文字を載せて表現する
c. 押せるボタンと、単なる情報を区別できるデザインにする
d. 重要なものほどメニューやボタンを大きくする
e. トップメニューとサブメニューは形状（もしくは色）でその違いを明確にする
f. 指タッチの場合、トップメニューは指を連想させるために、方形でもなるべく角を丸めたデザインにするとよい
g. 正方形の場合は文字を載せることが難しいので、グラフィックアイコンにする
h. 方形のボタンが一般的ではあるが、丸形や三角形なども検討する
i. トップメニューはグラフィックアイコン、サブメニューは方形の文字ボタンなどと使い分けると視覚的に理解しやすくなる
j. ボタンが多い場合はカテゴリーごとにボタンの形状を変える
k. 文字による画面情報は機能が似ていればデザインも同じにする
l. 画面内に登場するアイテムを情報化する場合は形状を同じにする

【例】「Newスーパーマリオブラザーズ Wii」では、ゲーム上のコインおよびスターコインのデザインと画面上のアイコンデザインは同じ。

1-A-⑥　階層とメニューの色管理

　メニューの配置や形状だけでなく、その色のデザインもよく考えて決めるべきである。色を変えることによって、他のメニューとの区別や重要度の違いなどが理解しやすくなるなどの効果を得られる。

　1-A-①で「知覚のズレ」について解説したが、色に関しても同様に気を付ける。「炎」は「暖色」であり、「氷」は「寒色」である。「進む」は「緑」であり「危険」は「赤」である。

a. アプリケーション全般のテーマカラーを設定するのが望ましい
b. アプリケーション内のステージによってカラーを設定するのが望ましい
c. 決定したステージカラーに合わせて、トップメニューのボタンの色もそれに合わせると視認性が高まる
d. 色による知覚のズレに気を付ける
e. 赤はキャンセルや特殊ボタン、指示ボタンに割り振るのが一般的である
f. グレー系は全ステージに関係するメニューやボタンに使用するのが望ましい
g. ステージの階層ごとに同色系列で変化させるとよりわかりやすい

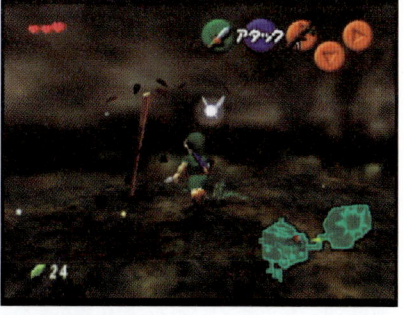

【例】「ゼルダの伝説 時のオカリナ」では、画面上部に表示される実行可能なアクションと、それに対応したボタンの色を同じにすることでユーザーに対して使用するボタンを理解させる手助けをしている。

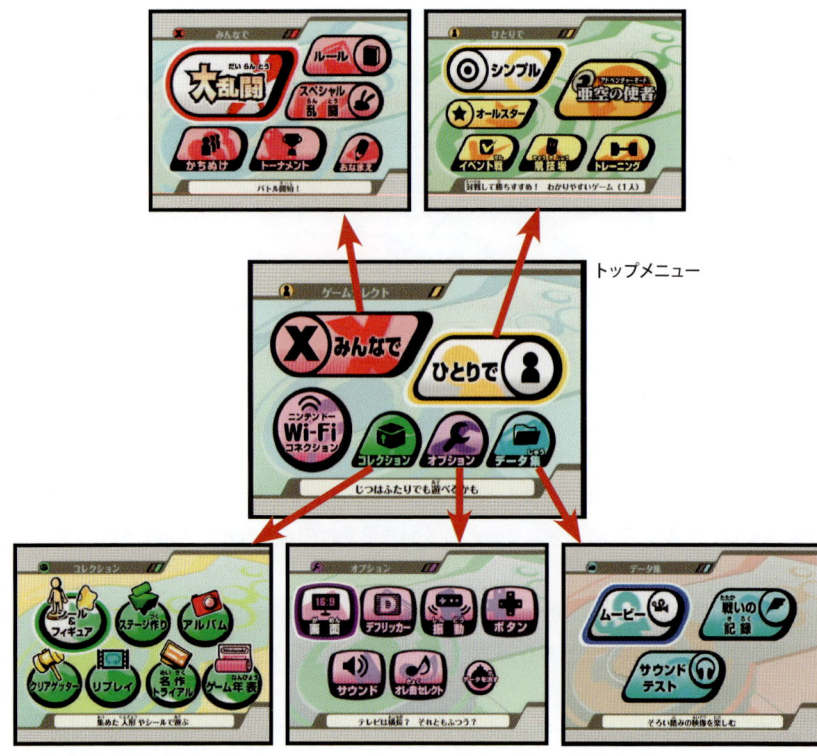

【例】「大乱闘スマッシュブラザーズX」から。トップメニューの各項目のボタンの色と、メニュー選択後の下層部のメニューボタンの色が統一されている。またトップメニューでは、ユーザーが最も遊ぶ頻度が高い「みんなで」「ひとりで」のボタンが他に比べてサイズが大きくなっている。

1-A-⑦　映像や音の変化の活用

　ユーザーに現状を提示する手段は、メニューやアイコン、ボタンなどの情報だけではない。映像や音の変化で伝えられる。

　例えば、キャラクターが左向きから右向きに変化すれば、「右が入力された」と認識させられる。キャラクターの服装が変われば「性格が変化した」、戦っているキャラクターが倒れそうな状態に変化すれば、「やられそうである」という情報を提示できる。

　キャラクターだけでなく、アイテムの映像を変化させることでさまざまな情報をユーザーに提示できる。例えば、操作しているキャラクターが自動車に近づくと自動車のドアが点滅して「この車は運転することができる」といった内容をユーザーに教えられる。

　ゲーム内の背景にひときわ大きな樹が立っていたり、特徴的な建物があったりすれば、それを目印に自分の現在地を認識させることができる。ライフバーが減って危険かどうかを知らせるだけでなく、ライフが少なくなるに従って青→黄→赤と色が変化すれば、より視認性が増す。ダメージを受けた時に表示する数字が大きいほど、数字のサイズが大きければ分かりやすい。

魔法で起こる落雷の規模と効果の段階を、雷のビジュアルの違いで表現すれば分かりやすいし、敵から受けるダメージの量を飛び散る血の量で表現すれば、これも分かりやすくなる。

　映像だけでなく、音声の変化も、ユーザーに自分の置かれた状況を説明するのに便利だ。例えばスーパーマリオにおいて、コインを取得した時に「チャリン」と気持ちの良い効果音が鳴れば「良いこと」が起きたと提示できる。そしてコインが100枚揃って1UPする時は「チャリリーン」さらに爽快な効果音が鳴るので、「いつもと違う良い結果」が出たという情報を提示できる。制限時間に近づくとBGMの曲調が変わり、「そろそろタイムアップが近い」という情報を知らせられる。

　このような情報提供の仕方は、画面上の情報を物理的に減らせるだけでなく、ゲームの世界観への没入感を高める効果もあるので、使用すればするほど効果がある。

a. 画面内の情報を減らして没入感を高める方法を検討する
b. キャラクターの変化で状況を提示
c. アイテムやドアの変化で状況を提示
d. 効果音（SE）の変化で状況を提示
e. 音楽（BGM）の変化で状況を提示
f. 画面上の環境変化で状況を提示
g. 画面に表示する情報の変化で認知性を高める
h. 効果表現（ビジュアルエフェクト）の変化で状況を提示
i. b〜hの組み合わせによる効果的な情報提供
j. 音が消されることもあるので、聞かないと成立しないような情報には使用しない

通常画面　　　　　　　店に入ったところ

©SEGA
【例】アクションRPG「ワンダーボーイ モンスターランド」から。マップ上にときどき出てくるアイテムを売っている店に入ると、敵のキャラクターやマップの背景などを一時消去して買い物だけに専念できるようにしている。

『ボンジャック』Ⓒコーエーテクモゲームス All rights reserved.
【bcdの例】アクションゲーム「ボンジャック」から。たまに出現するパワーボール（円形のPマーク）を取ると、画面内の敵キャラクターが一定時間コインに変化し、これを取ると得点がアップする。パワーボール出現中はBGMが変化し、これを取るとさらにノリのいい曲へと変わるようになっているので、ユーザーが敵の攻撃をかわしながらアイテムを取り、コインを集めることに成功したときの快感・達成感をさらに高めてくれる。

ⒸCAPCOM CO., LTD. 2005, 2006,
ⒸCAPCOM U.S.A., INC. 2005, 2006 ALL RIGHTS RESERVED.
【bの例】アクションゲーム「魔界村」では、初めは主人公が鎧を装備しているが一度敵の攻撃を受けると壊れて裸になってしまう。このシンプルな演出によって、再度攻撃を受けたら今度は即ミスになることが直感的にわかる。

©CAPCOM CO., LTD. 2005, 2006,
©CAPCOM U.S.A., INC. 2005, 2006 ALL RIGHTS RESERVED.
【gの例】「ファイナルファイト」では、敵の攻撃を受けてダメージを受けると、画面上部の体力を示すゲージが減少（赤色部分が増える）仕組みになっている。また、ユーザーが同じ場所で長時間じっとしていると効果音とともに進行方向を示すマークが表示され、ユーザーに対して道に迷わせないようにする効果もある。

【fghの例】RPG「MOTHER2」より。戦闘中に味方パーティの誰かが敵の攻撃を受けて風邪をひいた状態になると、風邪をひいたキャラクターのステータスウインドウ周辺の色が変わり、毎ターン終了時にダメージを受けてHP（体力）が減ってしまう。さらに、戦闘終了後も一定時間が経過するごとにHPが少しずつ減少し、同時に画面全体を一瞬赤く光らせてユーザーが現在は不利な状態になっていることを知らせてくれる。

1-A-⑧　文章表示の原則

　電子機器の画面に表示される文字は、画面が光を発している上に、常に再描画（リフレッシュ）しているため、紙に書かれた文字よりも読みにくい。さらに携帯機器であれば動きながら読むことも多いので、画面全体が常に揺れている。

　このため、紙よりも慎重に文章の表示方法を考える必要がある。文字を大きくすることも大事だが、画面内で表示している文章がウインドウ内で完結していることが最も重要である。紙はページの行き来が簡単なのに対して、クリックやタップでページをめくる行為は、心理的な負担をともなうからだ。

　人が文字を読むときの視点は、文字に沿って移動しているわけではなく、短い単位でジャ

ンプしながら読んでいる。そこで、短い文章で細かく区切ると、読みやすくなる。その他にも文字表示する際のノウハウがあるのだが、それは3-Aで詳しく説明する。

a. 読んでもらいたい文字を大きくする
b. 読みやすいフォントを選択する。ゴシックの方が明朝よりも読みやすい
c. 背景色と文字はコントラストが出るようにする
d. 文章は、句読点を多めに使って短く区切ることを心掛ける
e. ウインドウ内での文章は必ず完結させて読み切れるようにする
f. Webページなどで大量の文字を表示する場合、読みやすくするならカラム処理をせず、好印象を与えたいならマルチカラム処理をする

©SEGA
The use of real player names and likenesses is authorized by FIFPro and it's member associations. adidas, the adidas logo, FEVERNOVA and the trigon logo are trade marks which are owned by the adidas-Salomon Group, used with permission.
【例】「J.LEAGUEプロサッカークラブをつくろう！3」より。選手や監督、コーチなどのキャラクターがしゃべるセリフに関しては、そのすべてがウインドウに納まるようになっている。

【例】カラムとは文章幅（列）のことである。

> あいうえおかきくけこ、さしすせそたちつてと、なにぬねのはひふへほ。
> まみむめも、やゆよわをん、あいうえおかきこけこ、さしすせそたちつてと、なにぬねの
> はひふへほ、まみむめも、やゆよわをん、あいうえおかきこけこ、さしすせそたちつてと、
> なにぬねのはひふへほ。まみむめも、やゆよわをん、あいうえおかきこけこ。

以上が、カラム処理がない状態。

> あいうえおかきくけこさ　　おかきこけこさしすせそ　　くけこさしすせそたちつ
> しすせそたちつてとなに　　たちつてとなにぬねのは　　てとなにぬねのはひふへ
> ぬねのはひふへほまみむ　　ひふへほまみむめもやゆ　　ほ。まみむめもやゆよわ
> めも、やゆよわん、いうえ　　よわをん、あいうえおかき　　をんあいうえおかきくけ

以上が、マルチカラム処理をした例。

原則1-B　入力デバイスの特性に対応したUI設計

　UIというと、画面上におけるデザインや操作感と考えがちだが、アクションに対してリアクションが返ってくるインタラクティブな機器のUIとは、画面内の世界とユーザーがやりとりする全ての方法が含まれる。ゲーム機のコントローラーや、パソコンのキーボードやマウス、スマートフォンといったハードウエアそのものも、UIの構成要素と考えなければいけない。

　それら入力デバイスの特性を理解しないでゲームをデザインしてしまうと、ユーザーにとってゲームコンセプトそのものがストレスとなってしまう。そのため、インタラクティブ性が著しく低下する。操作感にリズムがあって、快適でかつ面白い操作を実現するためには、デバイスの特性を充分に把握しておかなければならない。入力デバイス自体を新たに作り出すことは、今までにない、独創性に満ちたゲームを生み出す可能性を高める。

　どの入力デバイスにも共通するのは、基本的にUIに関しては、操作の慣例に従って設計することである。どのデバイスにも操作に関しておおよその慣例が存在するので、その慣例から逸脱した操作は直観性を低下させる。

　本項では代表的な入力デバイスの例を取り上げ、その長所と短所を示しながら、それらに合わせたUIの設計を定義していく。

　なお、カメラや加速度センサ、ジャイロ・センサ、GPSも入力デバイスの一種だが、これらは原則5-Cの「ライフログの活用」で取り上げる。

　入力デバイス特性の理解と、その特性を対応したUI設計のポイントは以下の8項目で、それぞれに操作性やそれに基づいたレイアウトに関する項目をまとめてある。

① 十字キーとボタン
② マウス
③ スティック
④ ペンタッチ入力
⑤ 指タッチ入力
⑥ モーションセンサ
⑦ その他の入力デバイス
⑧ 過去のデバイスの再考と研究

---

keyword ▶▶▶ 入力デバイスがすべてを左右する

・ゲームデザインは入力デバイスに左右される
・入力デバイスの特性を理解することは、快適なゲームデザインへの第一歩である

1-B-① 十字キーとボタン

　ファミリーコンピュータが発売された1980年前半の時代は、ゲーム業界の黎明期であったために、少ない数のボタンで遊べるシンプルな内容であった。しかし、ゲームの進化とともに、十字キーとボタンによる操作方法は複雑化していく。ただし、ハードウエアそのものが新しくなったわけではないので、しばらくの間、少ないボタンで多様な機能を実現するための操作方法がいろいろ工夫された。その結果、複雑な機能であってもシンプルな入力デバイスで、かつストレスを与えない操作を実現するためのノウハウが数多く蓄積された。

©NBGI　パックマン　十字キーだけ

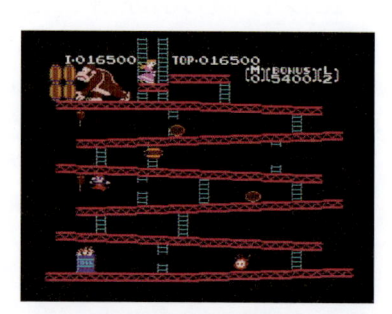

ドンキーコング　十字キー＋1ボタン（ジャンプ）

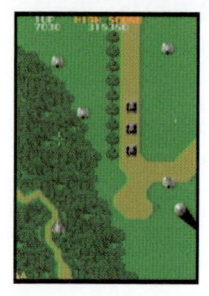

©NBGI
ゼビウス　十字キー＋2ボタン
（ザッパーとブラスター）

スーパーマリオブラザーズ　十字キーとボタンの組み合わせで複雑なアクション

　ファミリーコンピュータ用ソフトの場合、多くのゲームにおいて、十字キーでキャラクターやカーソルを上下左右に移動させ、Aボタンでメニューや行動の決定、Bボタンでキャンセルという操作方法がプロトコル（約束事）になっている。この操作体系は、ファミリーコンピュータの発売から30年近く経過した現在でも、ゲーム業界のスタンダードとして定着している。ファミリーコンピュータの登場以降、ゲーム機の世代交代とともにコントローラーについたボタンの数は徐々に増えていったが、基本的なプロトコルは今も同じである。

note 7

コントローラーの複雑化その1

　据置型ゲーム機はモデルチェンジを続けながら、コントローラーを複雑化させていった。これには内的要因と外的要因がある。

　内的要因には、コントローラーのボタン数を増やすことで、より複雑なゲームを作れることがある。ファミコンのボタン数では複雑なゲーム操作に限界があると考えた任天堂は、スーパーファミコン（1990年）の開発で操作ボタンを4つ増やした。X、YボタンとL、Rボタンである。A、B、X、Yボタンを前面に配置し、ファミコンでは使用していなかった左右の人差し指を効果的に利用できるように、L、Rボタンを上部に配置した。

　Xボタンはメニューボタン、Yボタンは補助ボタンとして使われる場合が多い。L,Rボタン（ショルダーボタン）はドライブゲームなどで、左右への動きを加味する場合に多用された。このボタン配置は、以後のゲームコントローラーにも共通して見られる。

　外的要因としては、アーケードゲームの移植を容易にすることがある。セガはメガドライブ（1988年、セガ・エンタープライゼス）の設計にあたり、コントローラーにA、B、Cの3ボタンを配置した。これは当時アーケードゲームでジョイスティック＋3ボタンの操作が主流になっていたからである。

　さらにメガドライブ2（1993年、セガ・エンタープライゼス）ではA、B、C、X、Y、Zの6ボタンを配置した。背景には当時アーケードゲームで人気のあった格闘ゲーム「ストリートファイターII」（1991年、カプコン）が、ジョイスティック＋6ボタンの操作系だったことがある。

まず、十字キーとボタンによる操作の基本特性を下記に示す。

a. 十字キーは上下左右の的確な移動に適している
b. 十字キーは斜め方向への移動には適していない
c. 十字キーは、自由曲線を描くことには適していない
d. 十字キーは長い距離の移動に適していないため、画面全体を自由に横断するような入力には適さない
e. キャラクターによる（CUI: Character User Interface[注]）文字の入力にも適してはいない
f. ボタンは、外側に配置された方を「決定」、内側の方を「キャンセル」に割り当てる
g. コントローラーの肩部分に配置したボタンは左右のスクロール、回転メニューなどに向いている

注）CUI: Character User Interfaceとは、キーボードを用いて入力するインタフェースのことで、アイコンなどのグラフィックを操作する、GUI（Graphical User Interface）と区別する際に用いられる。マイクロソフトのかつてのディスクオペレーションシステム（MS-DOS）はCUIであり、WindowsはGUIである。

続いて、十字キーとボタンに適した画面レイアウトについて、下記に示す。

a. 基本は1-A-①のa,b,c,dに準ずる
b. 十字キーは、カーソルなどを上下左右にひとつずつ移動させるのに適しているので、それに即した画面レイアウトにする
c. bを意識した操作デザインにおいては、距離の離れたボタンを連続して入力させるような操作は好ましくない
d. 一つのボタンに多くの機能を割り当てるので、「決定」ボタンが「キャンセル」ボタンにとって代わる場面では、その旨のダイアログを出す

「MOTHER」がコマンド選択方式なのは十字キーだから

『信長の野望・全国版』©コーエーテクモゲームス All rights reserved.
【例】ファミリーコンピュータ版「信長の野望・全国版」から。ゲーム開始時の初期設置をすべて入力した後に、「すべてよろしいですか」と確認するメニューが存在する。なお、本作の場合は決定がA、キャンセルがBボタンの代わりに十字キーの左がY（Yes）、右がN（No）を示す入力に統一されている。

note 8
十字キーで行動を決めるというインターフェース

　ファミコンではじめて発売されたRPG「ドラゴンクエスト」は、当時パソコンで流行していた「ウルティマ」や「ウィザードリィ」シリーズをベースに、日本的なアレンジを加えて開発されている。中でもパソコンに比べて圧倒的に狭い画面で、いかに優れたUIを設計するかが鍵となった。

写真左が「MOTHER」、右が「ファイアーエムブレム トラキア776」。いずれも十字キー入力によるコマンド選択方式を採用した例である。

　そこでPCのアドベンチャーゲームなどで使用されていたコマンド選択システムを参考に、メニューウインドウと組みあわせて使うUIが考案された。普段はメニューウインドウを閉じておき、必要に応じて開いて表示させ、十字ボタンでコマンドを選択して実行するというものである。

　ゲーム中のさまざまな行為は、グループごとにツリー化され、次々にウインドウを開いて選択するようになっている。ウインドウを開いたり、行為を選択したりするのはAボタン。行為をキャンセルしたり、一つ前のメニューに戻ったりする場合はBボタンだ。メニュー配列も十字ボタンで選びやすいように、縦横でレイアウトされている。

　またキャラクターのレベルなどのサブ情報ウインドウは、一定時間操作を中断すると自動的に開き、何かボタンを押すと消えるようにプログラムされた。

　「ドラゴンクエスト」シリーズは大ヒットし、以後ほとんどのゲームで「十字ボタンに相当する選択ボタンでメニュー項目を選択し、Aに相当するボタンで決定、Bに相当するボタンでキャンセル」という操作が定着した。

note 9

ゲーム＆ウオッチが十字キーを生んだ

　十字キーは任天堂の発明であるが、携帯電話や家電のリモコンなどにも応用されている非常に優秀な入力デバイスであり、ファミリーコンピュータがヒットした要因の一つでもある。十字キーの誕生は、1980年代に世界で大ヒットした「ゲーム＆ウオッチ」が大きく関係している。

　「ゲーム＆ウオッチ」は液晶による携帯ゲーム機で、カセット交換式ではなかった。そのため、ゲーム内容に応じてボタンの数や形状、配置を変えるなど、ゲーム内容とUIの整合性を作品ごとに追求した。任天堂にとって「ゲーム＆ウオッチ」は、携帯性を要求される小型の機器でのゲームデザインを実験・実証していく場になった。それまでのパドルやジョイスティックといった大型筐体向けの入力デバイスとは一線を画すものを誕生させた。その結果として、手のひらに収まるほど小さく、遊びやすくて、かつ汎用性が高い「十字ボタン」が発明され、後にファミコンで採用されることになる。

　ゲーム＆ウオッチにおける入力デバイスの思考錯誤のおおまかな流れを、次ページで取り上げてみた。ボタンの数や左右の配置配分、縦長ボタンと横長ボタン、ボタンと横長ボタン、十字ボタンではなく十字に配置したボタンなど、さまざまな試行錯誤が行われていたことが分かる。「ゲーム＆ウオッチ」は大ヒットし、ファミコン開発の原資になったうえ、ゲームデザインのノウハウの蓄積も進んだ。「ゲーム＆ウオッチ」は国内販売が終了した後も、海外向けに91年まで開発が続いた。

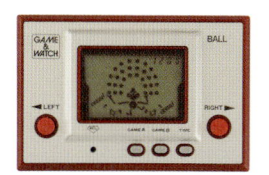

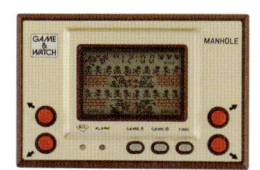

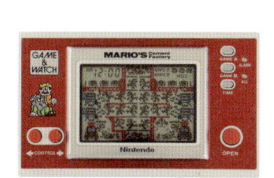

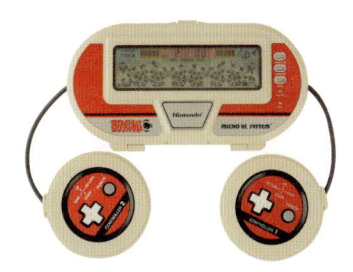

上段左「ボール」(1980年4月発売)、上段中「マンホール」(1981年1月発売)、上段右「ドンキーコング」(1982年6月発売)
中段左「ドンキーコングJR.」(1982年10月発売)、中段中「ミッキー＆ドナルド」(1982年11月発売)、中段右「マリオブラザーズ」(1983年3月発売)
下段左「マリオズセメントファクトリー」(1983年6月発売)、下段中「スピットボールスパーキー」(1984年2月発売)、下段右「ボクシング」(1984年7月発売)

1-B-② マウス

　マウスは、カーソルをA地点からB地点へ瞬時に移動させることに適した入力デバイスであり、その対象ポイントが小さくても正確に捕捉することが可能である。画面上のA地点をドラッグしてオブジェクトを捕捉し、ドロップで素早くB地点に移動するような操作にも向いているが、正確な自由曲線を描く場合には適さない。

　いわゆるFPS（First Person Shooting）やガンシューティングゲームにおいて使用される銃を模した入力デバイスも、画面内の狙いを定めた1点を示すという意味では、マウスの一種といえる。

　以上がマウスの基本特性だが、ゲームニクスとして注目するマウスの最大の特徴は「マウスオーバー」である。マウス操作でポインタをボタンに重ねると、動的な変化でさまざまな内容を表現できる。例えば、ボタンを押すことで起動する機能の説明をポップアップで表示できる。これで、ボタンを押す前に、押した結果が分かるので、マニュアルを不要にしやすい。

　マウス操作の基本特性をまとめると、下記のようになる。

a. 多数の地点を瞬時に移動して正確に入力することに適している
b. ドラッグでオブジェクトを捕捉してからドロップで素早く移動させることに適している
c. 正確な自由曲線を描くことには適していない
d. 文字入力に適してはいない
e. ホイールを使用した入力は快適であるため、ホイールを意識した上下選択を導入した画面デザインが望ましい。ただし、画面全体のスクロールにホイールは使用してはいけない
f. マウスオーバー時にアイコンを変化させて、次の操作を誘う演出（オーバーレイヘルプ）は積極的に導入する

　以下は、マウスオーバーによるオーバーレイヘルプの例である。

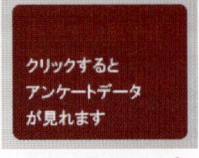

カーソルを移動させてボタンにポインタを合わせると、このような演出でボタンを変化させ、左クリック後の結果を文字表示すればさらに効果は高い（右クリック後の結果も表示すれば用途はさらに広がる）。

続いて、マウスに適した画面デザインについて、下記する。
a. 基本は1-A-④のa,b,c,d,e,f,gに準ずる
b. ボタンやメニューが離れていても操作は容易である
c. 左クリックと右クリックの操作規則を決めると利便性が向上する
（例えば右クリックは常にヘルプになる、など）

©NBGI
【例】ガンシューティングゲーム「ガンバレット」のメニュー選択画面。本作はガンコントローラーを使用してプレイすることを前提に作られているので、メニューを選択するときは選びたいボタンをガンで撃って決定する。ガンコントローラーも全方向移動に適しているので、写真のようにボタンが重なっていたり立体的な奥行きのある並び方をしていたり、ボタン同士が遠く離れていたり、上下・左右に非対称な状態に置かれていても簡単に選ぶことが可能。

note 10

マウス操作のゲーム機への取り込み

　マウスとキーボードはPC用ゲーム向けの入力デバイスで、1980年代中盤から普及した。これによりマウス操作を前提としたゲームが作られるようになり、家庭用ゲームへの移植時に問題が生じた。

　その代表例として、画面上の任意の箇所をクリックして進めていくアドベンチャーゲームの「MYST」（1993年、Cyan社）、都市計画型のシミュレーションの「シムシティ」（1989年、マクシス社）、神の視点でゲームを進める「ポピュラス」（1989年、ブルフロッグ社）などがある。

　1990年代以降は、FPS、リアルタイムシミュレーション（RTS）、オンラインRPGなどがPCゲームのジャンルとしてヒットした。これらは家庭用ゲームへの移植時に、十字ボタンやアナログスティックでカーソルを移動させるようにした他、ゲーム機

によっては専用マウスが発売されることもあった。コントローラーのボタン操作でカーソル移動を支援するなどの取り組みもあったが、総じて大きな成功には至らなかった。

　だが、FPSの「Halo」（2001年、マイクロソフト社）のように成功した事例がある。

　それまでのFPSは立体的で奥行きのあるステージ構造の中で、ジャンプなどを繰り返して移動・攻撃するものが多かった。これが「Halo」では平面的なデザインが多用された。敵キャラクターを異星人とし、より丸みを帯びたフォルムにした。キャラクターの動きもそれほど素速くなく、アナログスティックでも狙いを付けやすくなっている。その一方で、AIアルゴリズムの進化で、敵キャラクターの動きを複雑化させており、ゲームに深みをもたらした。

　RTSではマウスドラッグによる範囲指定を、ボタンの押し込みで代用した「ピクミン」（2001年、任天堂）の例がある。オンラインRPGではアイコンを並べて簡易チャットを行えるようにした「ファンタシースターオンライン」（2000年、セガ）などの例がある。

1-B-③　スティック

　ここでいうスティックとは、レバーを使用して方向を入力する、いわゆるジョイスティックのことである。

　なお、本書では2方向、4方向、8方向のデジタル入力方式のデバイスをジョイスティックと定義し、全周囲入力やスティック部の傾きが検知可能なデバイスはアナログスティックという名称で定義する。

　ジョイスティックは、欧米のアーケードゲームで発展してきたものであり、その背景にはナイフとフォークを使用してきた腕の文化があると推察できる（ファミコンの十字キーは箸を使う指の文化の発想）。ジョイスティックは、激しい入力に耐えうる土台の固定を必要とする。アタリのVCSはこれを家庭用に持ち込んだが、本体部分を左手で支える必要があり、操作性が良いとは言えなかった。

まず、ジョイスティック操作の基本特性を下記に示す。
a. 上下左右斜めの各方向に正確に入力することに適する
b. シューティング、アクションなどの正確な入力を必要とするゲームに向いている
c. 斜め方向への入力は十字キーより適している
d. 土台が固定されていない場合は、操作性が著しく低下する
e. 両手で持って操作することには向いていない
f. 他の入力デバイスに比べて広い操作スペースが必要で、かつスティックの強度も求められる

ジョイスティック操作に適した画面デザインは以下の通りである。
a. 基本は1-A-④のa,b,c,d,eに準ずる
b. 円を描くようなメニュー配置が可能
c. 斜め方向の入力が容易

ジョイスティックは固定スタイルが望ましい。固定式とした場合は操作確保のための広いスペースを要する。手持ちの操作には向いていない。

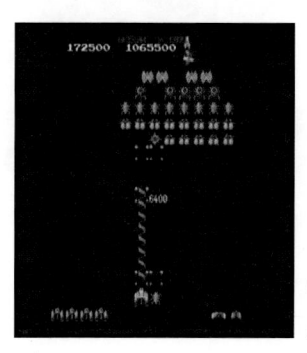

©NBGI
【例】シューティングゲームの「ギャプラス」。
全方向の正確な入力に向いている。

次に、アナログスティック操作の基本特性を下記に示す。
a. 上下左右や斜めの方向にとらわれず、全方向に入力できるという点ではマウスの特性に似ている
b. 方向入力も可能なので、十字キーの特性も備えている
c. 奥行きのある（3D）空間を、360度直感的に自由に動かすのに適する
d. ジョイスティックとは異なり、固定する必要はないので両手での操作が可能
e. 指に込める力を細かく制御して操作するため、スティック部をゴム素材などにして握りやすくするとよい
f. 他の入力デバイスに比べて広い操作スペースが必要で、かつスティックの強度も必要である
g. A地点からB地点への素早い移動は、マウスほど容易ではない

h. 十字キーやジョイスティックと比較すると、上下左右や斜めの正確な入力に適していない
i. 正確な自由曲線を描きにくい

アナログスティックに適した画面デザインは以下の通り。
a. 基本は1-A-④のa,b,c,d,eに準ずる
b. 奥行きあるメニュー配置が可能
c. 斜め方向の入力が比較的容易なので、円や斜めなどのメニューデザインで新規性を狙える
d. 繊細かつ確実な入力には向いていないので、誤入力を前提としたデザインにしなければならない
e. 画面内のメニューなどのボタンのサイズは大きいほうがよい。サイズが小さい場合は、画面内のカーソルがボタンにある程度近づいたときに、カーソルが自動的にボタンに吸い付くなどの処理が必要

アナログスティックは3D空間を直感的に操作でき、十字キーの利点とマウスの利点をほどよく持っている。

【cの例】ニンテンドー64用ソフト「マリオパーティ2」のゲーム選択画面。円形に並んだメニューアイコンをアナログスティックで選択する。

ジョイスティックに関しては、この他、さまざまな種類がある。例えば、ひねるなどの特殊な操作ができる部分を備えるものがある。

note 11

3D空間の操作をどう実現するのか

　2次元のテレビ画面で奥行きのある3次元映像を再現する試みは、ビデオゲームの初期の頃から存在していた。ポリゴンを用いた3Dゲームの第1号は、アーケードゲームの「I, Robot」(1983年、アタリ社)である。

　その後アーケードゲームで「バーチャファイター」(1993年、セガ・エンタープライゼス)、「リッジレーサー」(1993年、ナムコ)など、さまざまな3Dゲームがリリースされるようになった。これらはセガサターン(1994年、セガ・エンタープライゼス)、プレイステーション(1994年、SCE)に移植され、家庭用ゲームでも3Dゲーム

を楽しめるようになった。

　以上のようにコンピュータグラフィックスの進化と共に、映像はいち早く3D対応になったが、コントローラーの形状は十字ボタン方式を引き継いでいた。これに対してNINTENDO64（1996年、任天堂）は、3D空間を直感的に操作できる入力デバイスを採用した。コントローラーにアナログスティック（3Dスティック）を搭載し、スティックの傾きと奥行きを同期させることで、立体的で奥行きがある空間をストレスなく探索できるようになった。

　加えて、3D空間内で衝突判定を効果的に伝えるために、コントローラーに振動機能を搭載した。NINTENDO64の拡張デバイスとして「振動パック」（1997年、任天堂）が発売された。

　アナログスティックと振動機能の組み合わせは、プレイステーションで拡張コントローラー「デュアルショック」（1997年、SCE）が発売されるなど他社も追随し、これ以降のゲームコントローラーの標準となった。

　アナログスティックの数もプレイステーション向けの「アナログジョイスティック」（1996年、SCE）から2個搭載されるようになり、ここからゲームコントローラーの標準になっている。これにより、フライトシミュレータやFPSなど、主にPCゲームで進化した、より複雑な操作が必要なゲームの移植が容易になった。

　ゲームのUIが入力側も出力側も3Dに対応したことで、ゲームデザインにも大きな影響を及ぼした。その事例を紹介しよう。

　3D空間は2D空間に比べて、正確な状況を掴みにくい。特に立体的な表現が可能になったことで、空間内の物体の「高さ」が分かりにくくなる。

　そこで「スーパーマリオ64」（1996年、任天堂）では、マリオがジャンプすると地面に擬似的な影を表示して、着地点の目安にさせている。この「影による高さの表現」は、これ以外にもさまざまなゲームで用いられている。

　アナログスティックでは、十字ボタンに比べて入力の自由度が増した一方で、細かな操作が難しくなった。そのため3Dゲームでは、より「曖昧な操作」を前提としたゲームデザインが必要になった。

　一例としてテニスゲームなどでは、3Dゲーム化によって、操作の正確さを競うよりも、読み合いで勝敗が決まるようになった。一方で、シューティングゲームなど、操作の正確さを重要視するゲームでは、グラフィックは3Dでも操作は十字ボタンやジョイスティックにする場合もあった。

1-B-④　ペンタッチ入力

　ペンを使ったタッチ入力（以下、ペンタッチ入力）は、画面内で正確な曲線を自由に描くことや曲線的にキャラクターを動かすこと、文字入力などに向いている。だが、画面内の特定の位置を正確に選択することには適さない。つまり、ペンタッチ入力は、マウスとは対称

的な入力方法である。タッチした時の強弱を検知することで、強い、弱い、払う、こする、なでる、叩くなどの入力が可能になる。

以下が、ペンタッチ操作の基本特性である。
a. 自由で正確な自由曲線を描くのに適している
b. 叩く動作が可能
c. 払う動作が可能
d. こする、なでる動作が可能
e. 押したままの移動が可能
f. それぞれの操作において、強弱の判断が可能
g. ペンを押している時間を検知できる。このとき、ユーザーに時間経過を伝えるために、画面上のアニメーションや効果音を用いる。例えば、押す時間が長くなるほど、タッチしたペン先から波紋が徐々に広がっていくように見せると、分かりやすい
h. 慣れてくると、a～fを組み合わせた連続操作を使用することもできる。これはユーザーが上達したことを自分自身で認識できるので、ストレスと快感のバランス（3-B参照）や習熟度に応じて内容を変える（4-D参照）に利用できる
i. あいまいな入力に適している。ただし、プログラム側で、その入力範囲をどう規定するのかが重要

上記特性を踏まえたペンタッチ入力に適した画面デザインは以下の通り。基本的にはマウス入力と同じだが、正確なポイントの指定には向いていないのでボタンを大きくする必要がある。

a. 基本は1-A-④のa,b,c,d,eに準ずる
b. マウスと違いボタンのサイズを大きくする。特に、低年齢層や高年齢層のユーザーに向けたゲームの場合、最も重要な項目である

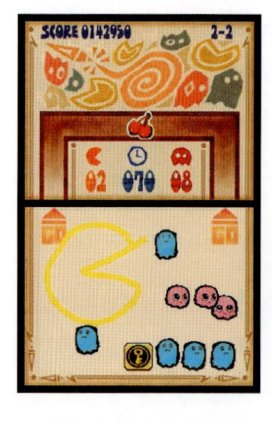

©NBGI
【例】ニンテンドーDS用ゲーム「パックピクス」は、タッチペンを使って線画のキャラクターを描いたり動かしたりして楽しむアクションゲームになっている。

【例】ニンテンドーDS版「ゼルダの伝説 夢幻の砂時計」から。敵を攻撃する場合は、敵の出現位置をタッチする。敵のいる方向に払う（スライド）動作をすると、主人公のキャラクターが剣を振る。また、マップ画面に対して、メモを書き込める。

1-B-⑤ 指タッチ入力

指を使ったタッチ入力（以下、指タッチ入力）は、iPhoneの普及によって急速に広まった。ペンタッチ入力と基本的には同じであるが、指で直接画面に触れるので、入力するときの感情移入の度合いがペンタッチ入力よりも強い。言い換えれば、「自分で操作している」という感覚が強く、ユーザーは操作すればするほど、どんどんと楽しくなる。

感情移入しやすいため、ユーザーは操作感に関して、ペンタッチ入力以上に敏感になる。そこで、より人間の「肌感覚」に近い対応が必要になる。例えば、操作の入力方向を先読みしたり、入力後に慣性によって動作を継続させたりする。

この他、指タッチ入力では、ボタンの大きさをペンタッチ入力用よりも大きくしなくてはならない。素早い連続操作に向いていないので、こする、なでるといった繊細な入力は難しい。指タッチ入力は、指で画面が隠れる恐れがあるので、その対応が必要である。

iPhoneではマルチタッチが可能だ。これによりフリック（はじく）、タップ（軽く叩く）、ピンチ（つまむ）などの操作を可能にしている。このような、複数の指を同時に使った入力方法は、技術の進展とともに多様化する可能性がある。

以下に、指タッチ入力の基本特性を記した。

a. 指を使うので肌感覚に近い入力方法である
b. ペンタッチより微妙な動きの要求が可能
c. ペンタッチのb,c,d,e,f,gのような動作が可能
d. 「押し込む」などの感覚を演出できる
e. 押しながら払う（フリック）動作が可能
f. 指で引っ張る感覚の動作が可能
g. ペンタッチ同様a〜fの連続操作が可能だが、素早い入力には向いていない。なお、これはストレスと快感のバランス（3-B参照）や、段階的に難易度を上げる（4-B参照）に利用できる
h. ペン入力よりも、「あいまいな入力」に適している
i. 指の入力角度の微妙な変化を検知できる
j. 肌感覚に近いため、指の動きから次の動きを先読みして対応すべき
k. 肌感覚に近いため、払うなどの行為に対しては、慣性で動くといった物理演算処理が必要
l. 利き手の複数の指で拡大・縮小、マルチタッチなどが可能
m. 機器の持ち方にもよるが、両手の複数の指で入力可能
n. マルチタッチ操作は操作性が良くないので、複数の指を利用するlやmの操作を基本操作に割り当ててはいけない。ショートカット的な操作に割り当てる
o. 複数のボタンを同時に押すと、正しく検知できない恐れがあるので、その場合に備えてソフト側で対策が必要
p. 指でタッチした瞬間に、反応用のアニメを画面上に表示しても、ユーザーから見えな

い場合があるので、指で押す時と指を離す時の両方で反応用のアニメを導入するかどうか検討する

　指タッチ入力の上記特徴を踏まえた画面デザインの方法は、基本的にはペンタッチ入力と同じである。ただし、ボタンのサイズを大きくする必要がある。
　指タッチ入力は、スマートフォンとタブレット端末で普及しているが、スマートフォンとタブレット端末では大きさが異なるので、持ち方も違う。結果として、ユーザーが利用している際の指や腕の位置が、スマートフォンとタブレット端末で変わってしまう。このため、スマートフォンとタブレット端末の画面デザインを同一のものにしてはいけない。
　スマートフォンの場合は移動時に使用することが多いため、画面は常に揺れている。このため、画面の見え方や指の揺れに特に注意を払わなければならない。画面内のソフトウエア・ボタンを大きくし、かつボタン同士の間隔を充分に空ける。
　間隔を狭くせざるを得ない場合は、指が揺れても正しく操作できるように、入力の検知領域はボタンより狭くする。一方で、ボタンを小さくせざるを得ない場合は、ボタンよりも入力の検知領域を広くする。なお、ディスプレイの精細度によって、ボタンの大きさも変化する点を留意してほしい。
　スマートフォンなどの片手で操作する機器の場合、ユーザーの利き手への配慮が必要である。ボタンを横長にすれば、右利きでも左利きでも押しやすくなる。

　以下が、指タッチ入力向けの画面デザインの方法をまとめたものである。
a. 基本は1-A-④のa,b,c,d,eに準ずる
b. メニュー内容は、スクロールさせなくてもすべて見えるように画面内に収める必要がある。多数のメニューが並んで存在する場合にのみ、スクロールを使用する
c. ボタンのサイズは、ペンタッチ入力以上に大きくする
d. 指による誤動作を避けるためボタンとボタンの間隔に留意する
e. ボタンの大きさと入力の検知領域を一致させる必要はない
f. トップメニューとサブメニューとでは、それぞれのレイアウト構造を変えて、直感的にその違いが分かるようにする。例えば、トップメニューでは方形アイコンを画面中央に均等に並べ、サブメニューでは方形アイコンを左側に縦に並べる
g. 片手で操作する機器は、ユーザーの利き手を考慮する
h. 指で画面が隠れる可能性も考慮する
i. スマートフォンとタブレットは大きさが違うので、画面デザインも変えなくてはならない

©SEGA
【iの例】アーケード用麻雀ゲーム「MJ」シリーズはすべてタッチパネルで操作可能。不要な牌を捨てたり、リーチなどを宣言する際は牌やアイコンに触れるだけで簡単に操作ができるので、初心者でも麻雀のルールさえ知っていればすぐにプレイすることができるのと同時に、牌を切ったときの音と操作のリズムが程よくマッチしてテンポよく遊ぶことが可能。(写真は「MJ5 EVOLUTION」)

1-B-⑥　モーションセンサ

　モーションセンサとは、加速度センサや角速度（ジャイロ）センサ、地磁気センサ（電子コンパス）を指す。Wiiをはじめ、さまざまな家庭用ゲーム機に搭載されている。最近では、Kinectに搭載された、深度データを取得できる距離画像センサを利用する場合が増えている。

　モーションセンサは、二つの大きな変化をゲームにもたらした。一つは、3次元的な画面デザインが可能になったこと。今までは、平面的なデザインに限られたが、例えば3Dポリゴンのような立体的な空間にメニューボタンを配置できるようになった。これにより、数多くのボタン類を選んで入力可能になった。

　もう一つは、老若男女、初心者や上級者にかかわらず、直感的に入力できるようになったこと。モーションセンサによって、身体の動きを検出できるからである。言い換えれば、ユーザーは、身体とゲームの一体感を得やすい。そのため、没入感という点では一番優れた入力デバイスである。操作に特別な技術を必要としないことから、高齢者のリハビリ運動や子供向けの疑似体験型アトラクションなどへ応用できる。

　ただし、留意すべき点が三つある。第1に、Wiiのように、手にコントローラーを持つ方法と、Kinectのように、手に何も持たない方法で、返せるリアクションに大きな違いがあること。前者では、コントローラーからの「振動」や「音」などでリアクションを返せるのに対して、後者では、映像の変化でしか、リアクションを返せない。

　第2に、十字キーやボタンなどを使うよりも、操作が「おおまか」になりやすいこと。このため、「●●ごっこ」のようなゲームになりやすく、多様なゲームジャンルに適用しにくい。

　第3に、操作に個人差が生まれやすいこと。例えば、同じ文字でも人によって筆跡が異なるように、「振り下ろす」という動作ひとつとっても、大人と子どもでは振り下ろす距離も加速度も異なる。このため、誤操作が起きる可能性が高まる。

　そこで、モーションセンサを導入するにあたり、「必要な入力操作を限定させること」と、「ユーザーの意図をくみ取って、適切なアクションを起こすこと」が重要になる。これは、ゲーム以外のUIでも広く応用可能な考え方である。

　モーションセンサが取得したおおまかな入力データをソフトウエア側で補完し、ユーザーに快適に操作してもらうことは容易ではない。人間の感覚的な動作をシステムとして仕様

書に落とし込むのは難しいからだ。そこで、ハード側とソフト側がそれぞれ歩み寄って試行錯誤しながら開発しなければならない。

　モーションセンサを使った、人間の感覚に寄り添うUI実現のためには、今のようなハードとソフトの縦割り構造の開発体制を変える必要がある。以下、モーションセンサを導入するコツなどを紹介するが、モーションセンサは普及してから数年と日が浅く、有効性や可能性を確定できるところまでには至っていない。その点を留意しつつ、読んでいただきたい。なお、手にコントローラを持つWiiや「PlayStation Move」と、手に何も持たないKinectでは、操作特性が異なる。前者はマウス操作に、後者はマウス操作と指タッチ操作に近い。そこで、以下この二つに分けて、設計ノウハウを紹介する。

〈WiiやPlayStation Moveの場合〉
a. 参加意識や没入感が高まる
b. 振動や音などをユーザーにフィードバックできる
c. ゲームを楽しむには、ある程度の大きなディスプレイが必要
d. ディスプレイとユーザーとの間にある程度の距離が必要
e. 多数の地点を瞬時に移動して正確に入力することに適している
f. ドラッグでオブジェクトを捕捉し、ドロップで素早く移動させることに適している
g. c,d,e,fともに仔細な判定は難しい
h. 正確な自由曲線を描くことには適していない
i. CUI文字の入力にも適してはいない
j. 振る、揺らすといった操作が可能
k. 傾ける操作が可能
l. 線を引く操作が可能
m. 手元の微妙な揺れをそのまま画面上に再現しないようにソフトで処理しなくてはならない
n. 画面中のボタン選択時では、カーソルがボタンに吸いつくような処理が必要
o. 多人数で遊ぶ時や、画面を分割する時は、各ユーザーの入力判定に特別な処理が必要
p. 十字キーの操作特性を追加できる（ヌンチャク（Wii），ナビゲーション（PlayStation）と併用の場合）

〈Kinectの場合〉
q. 指の動きなど、Wii, PlayStation Moveよりも詳細な判定が可能
r. Wii、PlayStation Moveよりも広い操作空間が必要
s. コントローラーを持たないので、手元にフィードバックを返せない

上記特性を踏まえた、モーションセンサの画面デザインは以下のようになる。
a. 基本は1-A-④のa,b,c,d,eに準ずる
b. メニュー配置はB-③のアナログスティックの項目のb,c,d,eに準じる
c. 3D空間を生かしたメニュー配置によって、利便性を追求できる
d. 多人数同時プレーの場合、各自のカーソルなどを判断しにくいため、視覚的なサポートが必要である（各自カーソルやキャラクターの色が違うなど）

【例】「ゼルダの伝説 時のオカリナ」から。3Dメニューは、今後主流になる可能性は大きい。

1-B-⑦　その他の入力デバイス

ここまで、汎用性が高く多様な利用法に適用できる入力デバイスを取り上げてきたが、ここからは、用途が限られる入力デバイスについて、その特性のみを紹介する。

●マイク

マイクを使用すると、音声入力が可能になる。音声入力は、ユーザーの感情移入度を高める効果もあり、よりゲームの世界へ没入させやすい。音声入力を実装するには、自然な会話を認識できる高価な入力装置とソフトウエアを要する。そのため、安価なゲーム機の場合はユーザーが入力可能な語彙（ボキャブラリー）をあらかじめ限定しなくてはならない。ただし、インターネットと接続できれば、クラウド側で音声認識処理を行えるので、ゲーム機だけで音声認識する場合よりも、入力可能な語彙が増える。

音声入力の課題は、周囲に人がいるいないにかかわらず、ゲーム画面に対して声を出して話し掛けなくてはならないので、ユーザーが恥ずかしさを覚えやすいことである。そのため、ゲームに夢中にさせて、音声入力を意識せずに使わせるための強い動機づけが求められる。実際ゲーム業界では、音声入力のゲームは実現が非常に難しいジャンルとされてきた。

しかし、アップル社の音声認識検索サービス「Siri」が登場して以来、音声入力の利用が広まっ

ているので、今後は、人目を気にせずに音声入力することが一般化してくるかもしれない。

音声入力は感情移入度が高いので、その対応を機械的にしてはいけない。音声入力を検知したら、必ず音声や効果音などで反応を返さなくてはならない。こうした「架空のコミュニケーション感」を高めないと、心情的に音声入力を継続して利用できなくなる。正しい音声認識だけでなく、ユーザーに寄り添うフィードバックを設計する必要がある。

以下、音声認識技術の特徴を記す。

a. 手を使わないので、簡易的な入力に向いている
b. 短い言葉で入力可能にする
c. 対応語彙が限られているので、その不自然さを感じさせない工夫が必要
d. 感情移入度が高いので、コミュニケーション感のある反応が必要
e. 他人の中で、機械に話しかける不自然さを感じさせない工夫が必要
f. 誰もいないところでひとり話しかけている不自然さを感じさせない工夫が必要

©1996-1999 VIVARIUM Inc. ©SEGA
【例】「シーマン」ではあえて気難しいキャラクターにすることで語彙認識の少なさをカバーしている。

● キーボード

　キーボードは、パソコンにおける一般的な入力デバイスである。言葉の入力に向いていることが、最大の特徴である。初期のRPGゲームやアドベンチャーゲームはコマンド選択方式ではなく、「ぶき/とる」「モンスター/きる」などと文字でコマンドを入力していた。入力ボタン数が多いので多様な入力に対応できる一方、誤入力を起こしやすい欠点がある。また国や地域によって言語が違うので、キーボードの配列も変わる。このため、世界標準の入力デバイスとして利用するのには、限界がある。

a. 多数のボタンがあり、個々に機能を割り当てることができる
b. ボタンを一定の規則で連続して使用することによって、特定の機能を発動させることができる
c. チャットなどを基本とした、ネットワーク対応型のゲームにはほぼ必須である
d. 正確な入力には高い技量を要するので、最も誤入力を起こしやすい
e. 手元を見ないで入力すると誤入力しやすいので、画面をずっと見続けながら入力させることに適さない

©SEGA
【例】「ザ・タイピング・オブ・ザ・デッド」は「誤入力しやすい」という特性をゲーム要素に取り入れたもの。

●ダイヤル型コントローラー

　ダイヤル型のコントローラーは、パドル型のコントローラーを含む。世界で最初にヒットしたゲーム「PONG」（1972年、アタリ社）がパドル型のコントローラーだったので、ゲームといえばパドルというイメージができて、初期のゲームはパドル型が多かったものの、汎用性が低く、ゲームの進化と共に使われなくなった。

　続いて、ダイヤル型で実用的だったのが、ソニーのデジタル手帳クリエの「ジョグダイヤル」や、三菱電機の携帯電話に使われていた「スピードセレクター」で、いずれも片手だけで入力できるのが特徴である。特にソニーのジョグダイヤルは、回転でメニュー選択、そのまま押し込んで決定、となり、その操作感を含めてとても快適だった。残念ながら、フィーチャーフォン用のアプリの全てが、十字キーの操作を必要としていたため、それらのゲームに対応できないダイヤル型は、市場から撤退せざるを得なかった。iPodのスクロール・ホイールも、ダイヤル型コントローラーの一種である。

　携帯機器は、移動しながら使用するものである。iPhoneの構造的な欠点は、両手の操作を要求することである。人は両手で操作すると、どうしてもその作業に集中してしまうので周囲への注意が散漫になり、結果として事故につながりかねない。その点で、ジョグダイヤルなどといった片手で操作できる入力デバイスの再考は、とても重要である。iPodにおいて、ハード型のホイールから、タッチセンサ方式のホイールにリニューアルしたように、その他のジョグダイヤルもタッチセンサ化することで、新しい使い方があると考えている。

以下、ダイヤル型コントローラーの特徴を記す。
a. 片手の操作が可能なため、小型の携帯機器に向く
b. 回転とシンクロするメニュー選択は、縦方向か横方向かどちらかに限られてしまうため、上下左右への展開には工夫が必要である
c. bの理由から画面全体を自由に横断するような入力には適していない
d. ジョグダイヤルと他のボタンとの組み合わせ（Aボタンを押しながら回転・Bボタンを押しながら回転）でその動きに変化をつければ、汎用性は高まる

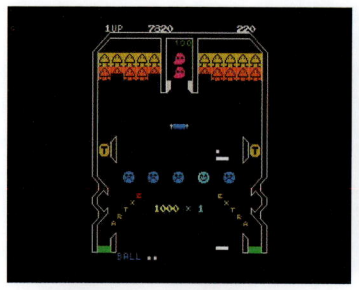

©NBG1
【例】パドル型コントローラーを使用した例。写真左は1979年にアーケードゲームとして発売された「キューティQ」。後に発売されたプレイステーション版「ナムコミュージアムVOL.2」に収録された際は、オリジナルの操作性を再現するためのパドルコントローラー（写真右）も別売りで登場した。

ATARI社のパドル型コントローラー

●トラックボールマウス

　トラックボールマウスはマウスのボール部を逆にして、そのボールを転がすようにして操作するものである。ゲームではアーケードゲーム「フットボール」（1978年、アタリ社）にトラックボールマウスが初めて採用された。選手であるキャラクターを上下左右自由に微妙にコントロールするにはよかったが、移動距離を調整しにくく、ゲーム機では普及しなかった。ただし、手くびを動かさず指だけで細かな操作が可能なので、腕や手を損傷した場合でも、利用できる入力デバイスである。

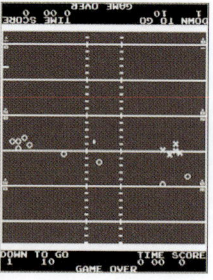

フットボールのマウスコントローラーとゲーム画面　　　トラックボールマウス

●スイッチ

　スイッチはオン・オフの選択のみなので汎用性がなく、インタラクティブな入力デバイスには使われなくなった。世界最古のコンピュータゲームと言われる「Spacewar!」では、コンピュータについていたスイッチで操作していたという。スイッチでは操作しづらいということで、すぐに専用のコントローラーを作ったとのことなので、何か特殊な内容のものでもない限り今後も利用することはないだろう。

1-B-⑧ 過去のデバイスの再考と研究

　ここまで駆け足でゲーム機における入力デバイスの歴史を追ってきたわけだが、その流れの中で消えていったコントローラーもある。その中には、いくつかの特異な入力デバイスがあった。これらは当時あまり活用されることなく消えていったが、現在の技術とソフト開発のノウハウがあれば、面白い活用法があるかもしれない。

　例えば「チャンネルF」のコントローラーでは、左手でスティックを握り、右手でスティック上部に付いたジョイスティック部で方向を入力する。方向入力だけでなく、上から叩くという入力も可能で、手のひらで「ポンッ」と叩いて入力する行為は意外と楽しく、こういった面白さを再考することも重要である。

　これ以外にも、「スーパーカセットビジョン」(1984年、エポック社) のように、(ジョイスティックは別にして) 片手で握りながら人差し指と親指を使いボタン入力するのも最近のコントローラーにはない快感がある。

　ソフトの交換と一緒に入力デバイスも交換してしまう「Microvision」(1979年、Milton Bradley Company社) なども独特な発想と言えるだろう。iPod shuffleやiPod classicのホイール部分は、インテリビジョンコントローラーのリニューアルしたようなものだと考えている。ゲームソフトでも、かつて消えていった入力デバイスを現代によみがえらせて成功している例がある。近年では、ボタンといっしょにパドル型コントローラーも使ってプレイするアーケード用音楽ゲーム「SOUND VOLTEX BOOTH (サウンド ボルテックス ブース)」(2012年、コナミデジタルエンタテインメント) がその一例である。ゲーム業界は、「Wii」や「ニンテンドーDS」の登場で、十字ボタン＋ボタンという操作ルールから脱却できた。そんな現代だからこそ、かつての入力デバイスを再考してみると、新たな発見があるのではないだろうか。

オディッセイ 　　　チャンネルF 　　　ホーム・ポン

コレコビジョン 　　インテレビジョン 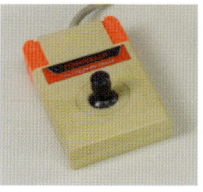　スーパーカセットビジョン 　ぴゅう太

原則2
マニュアル不用のユーザビリティー

原則2-A
操作の誘導方法とルールの暗示

① デザインや音、アニメーションで操作を誘導
② 出現時の表現で操作を誘導
③ 操作に対して反応を与える
④ 画面切り替えのタイミングでルールを伝える
⑤ ショートカットの利用
⑥ ポーズ・セーブ・ロードの利用

原則2-B
マニュアルの組込みとその提示方法

① 基本的な操作方法を最初に提示する
② ステージ初期に基本操作を繰り返し体験させる
③ デモでルールを解説する
④ レベルメニューを用意する
⑤ ヘルプキャラクターの活用
⑥ ヘルプメニューの種類と工夫

●原則2　マニュアル不用のユーザビリティー

　原則1では、直感的な操作を、「画面情報自体がユーザーに操作方法を連想させ、実際の操作もその予想と同じであること」と定義した。原則2は、原則1をサポートしてユーザビリティー（効率的な使いやすさ）を高める手法である。これを「マニュアル不用のユーザビリティー」と名付けた。

　原則2は、端的に言えば、「適切な操作を実行できるようにユーザーを誘導する」「ユーザーを操作に迷わせない」の2点である。ユーザーに対して、ゲーム画面の裏側に隠されたルールやシステムなどを、いかに効率よくユーザーに理解してもらうのかが、原則2におけるポイントとなる。

　この原則2は、家電の操作や業務用機器、そして電子マニュアルまで、エンターテインメント以外の分野に広く応用できる。

　原則2においては、以下の2種類を基本項目として説明する。

A：操作の誘導方法とルールの暗示
B：マニュアルの組込みとその提示方法

原則2-A　操作の誘導方法とルールの暗示

　人は、動くもの、人の顔、食べもの、性に関するもの、危険なもの、音などに本能的に注意を払う。このうち、「動くもの」と「音」に焦点を当てているのが本項目である。UIのユーザビリティー（効率的な使いやすさ）を向上させるために、人間が本能的に注意を払う要素を利用する。これで、ユーザーが適切な操作方法を実行するように誘導する。

　ゲームのみならず、家電、デジタルツール、情報端末など、すべてのコンテンツには「まずここを動かしてほしい」「次にここで使い込んでもらい」「サービスとしてここに注目してもらいたい」「ここでは集中してほしい」といった論理（ロジック）があるはずである。その明確な論理があれば、制作者の意図通りにユーザーを導ける。ゲームニクスを駆使しても誘導できないならば、その論理には無理があると思った方がよい。操作手順に明確な論理がなければ、ユーザーを夢中にさせられない。

　加えて、ユーザーの操作行為に対して、心地良い反応を返し、画面転換でコンテンツ構造の大枠を理解させる。そしてこれらがテンポ良く展開することで、ユーザーエクスペリエンス（操作全体から得られる体験）を快感状態に持ち込むのである。

① デザインや音、アニメーションで操作を誘導
② 出現時の表現で操作を誘導
③ 操作に対して反応を与える
④ 画面切り替えのタイミングでルールを伝える
⑤ ショートカットの利用
⑥ ポーズ・セーブ・ロードの利用

> **keyword ▶▶▶ 明確なロジックがあればユーザーの誘導は可能である**
>
> プログラムで動いている以上、誰が操作しても同じ反応を示すことができる。
> 明確なコンテンツロジックがあれば、誰でも同様に誘導することは可能である

2-A-① デザインや音、アニメーションで操作を誘導

　画面上のメニューやボタンの中で、まず押さなければならないメニューはどれなのか、最終決定となるような重要なボタンはどこなのか、あるいは、うっかり押してはいけないボタンの位置などを、初見でユーザーに理解してもらわなくてはならない。

　つまり、「選択させたい」、「目立たせたい」、「目立たなくしたい」といった制作者側の意図を、ユーザーに暗に提示するのである。

　例えば、「次はこのメニューを選択してもらいたい」という場合、選択してほしい順にメニューをアニメーションで表示させると、その順番通りにユーザーが操作するように誘導できる。加えて、決定またはキャンセルボタンを押した際に、SE（Sound Effect：効果音）を鳴らすことによって、ユーザーの理解を助けることもできる。

　またこれらの場合において1-A-②の「決定とキャンセルの統一」と、ボタン決定およびキャンセル時のアニメや効果音の演出を連動させることで、ユーザーによりその構成と仕組みを理解させることができる。

a. 最終決定など、最も注目してほしいボタンなどは大きさ、色、場所などを工夫して目立つようにする
b. デザインで目立たせることが無理な場合は、点滅などのアニメーションを活用する
c. aとb両方の要素を組み合わせればなおよい
d. Aボタンを押したら次はBボタン、といったように操作の流れを作り、その順にボタンを出現させてユーザーの操作を誘う
e. 操作の流れに沿ってボタンを順々に点灯させて操作順をユーザーに提示する
f. 2種類の点灯方法を駆使する。一つは表示と消滅の繰り返し（点滅）。もう一つは、明暗の繰り返しである。前者は強い主張、後者は弱い主張の場合に用いる

g. 画面上のボタンの点滅と色の意味をうまく紐付ければ、ボタンを選択した後の流れを示すことができる。例えば、決定のようなポジティブな行為の場合はボタンを青色で点滅させ、キャンセルのようなネガティブな行為の場合は、赤色で点滅させる
h. その他のボタン役割とSEの割り振りにも統一感を持たせ、音だけでもユーザーが自分の行為を確認できるようにする

普段は選択できない「？」マークが点滅する

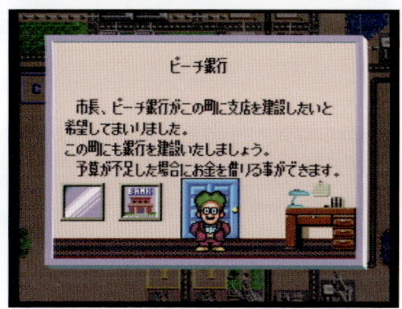

【a,bの例】スーパーファミコン版「シムシティ」では、特別なプレゼントがもらえるイベントが発生すると、メニューアイコンの「？」マークが点滅してユーザーの注目を促す仕組みになっている。

2-A-② 出現時の表現で操作を誘導

　ユーザーに求める操作手順を、アニメーションなどでそのまま再現するように画面に表示させると、ユーザーの動作を誘導することができる。例えば、複数の項目から、ユーザーに最初に選んでほしい項目があるとする。その際、項目が出現する順番を意図的に変える。1番目に選択してほしい項目は、最初に出現させ、後で選択してほしい項目は終わりの方で出現させる。こうしたアニメーションの効果を使えば、初動操作を誘導できる。

　アニメーションの一連の流れにリズムを持たせることで、ユーザーに対して快適さを演出できる。この2-A-②と2-A-④の画面転換時の動きに連動してリズミカルに画面が展開していくことにより、階層が深くなっても気にならないどころか、ボタンを押して画面が展開していく行為そのものが快感となる。

a. 操作の流れと、ボタン出現時の流れを一致させて操作の方向性を示す。基本操作を左から順に右に行うのであれば、キャラクターやアイコンを左から右に流すように出現させて、操作を誘う。同様に、上から順に下に行うのであれば、上から下に流れるように出現させて操作を誘導する
b. 最も重要なボタン（最終決定ボタンなど）は最後に表示する
c. 最も重要ボタンはアニメーションで強調させて表示させる
d. その他のボタンも、出現時は分類ごとに工夫して表示する。代表的なものに、画面外からスクロールして出現させる、フェードインさせる、スクロールとフェードインを組み合わせる、ポップアップさせる、がある
e. 回転しながら出現するなど、dで紹介した方法よりも派手な演出は目障りになりやすいので、あまり使用しない
f. 出現や移動速度は一定にせず、慣性を利用して気持ちよさを演出する
g. 画面転換後のメニューの出し方は、その画面内での操作ルールを提示する機会となる
h. ユーザーに最初に押してもらいたいボタンは、画面内に最後に出現させるなど目立つように提示する
i. ユーザーのミスが発生する可能性がある場合は、その対応を準備する

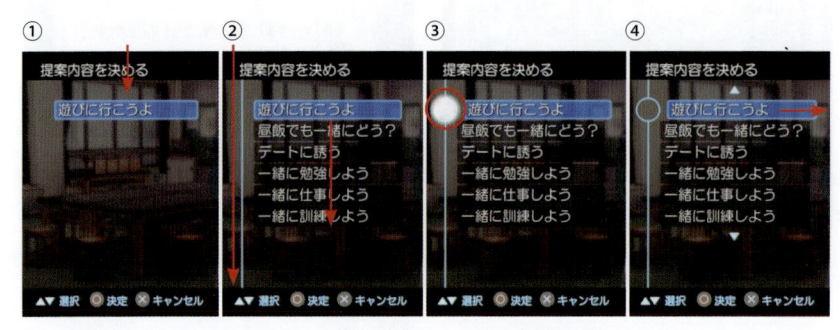

【a,b,cの例】「ガンパレード・オーケストラ」の操作を誘うメニュー表示（写真：SCE）

1. まず、画面上側からメニューのひとつがフレームイン。
2. 次に、そのメニューの下から他のメニューが上から順にスクロールして表示される。同時に選択バーも上から表示される。
3. 続いて、押してもらいたいメニューの左側が光り、同時にそのメニューが少し右にスライドする。
4. 最後に、全てのメニューが表示されたら、上下の選択可能を示す▲▼マークが表示される。

こうした一連の流れでは、上から下にメニューが流れるように表示されることで、このメニューが上下選択であること、お勧めメニューが「遊びに行こうよ」であることを示唆している。最後に、上下に選択する場面だとユーザーに暗に伝えている。加えて、カーソルで選択中のメニューは、青色に変化した上、ゆっくりと明滅し、かつ少し右にスライドして強調している。これで、操作を誘導するだけでなく、選択時にリズムが生まれる。

選択したボタン以外の項目が消える

撃った場所には弾痕のエフェクトも表示される

©NBGI

【例】ガンシューティングゲーム「タイムクライシス」では、メインメニュー画面で選べる3種類のボタンが常時光っている。各メニューを選択するときはセレクトやスタートボタンではなく、ガンコントローラーで選びたいメニューボタンに照準を合わせて撃つことで決定する仕組みになっている。これには、ユーザーにここに注目して選びたい項目を撃ってほしいというメッセージを込めている。メニューを選択すると、それ以外のボタンが消えるアニメーションが見られるので、ユーザーにガンを動かしたという行為による快感ももたらす。

2-A-③ 操作に対して反応を与える

　ユーザーの操作全てに対して、なんらかの反応を示すようにする。反応を返すことで、ユーザーを心地良くしていく。ユーザーに対して「ボタンを押してくれてありがとう」という姿勢をもって、どのような反応にすればいいのか、ひとつひとつ、細心の注意を持って作り込んでいく。ポイントは、操作に快いリズムが生まれるように、反応を設計するとよい。これらが「もてなしの心」である。

note 1

ドラゴンクエストの効果音

　「ドラゴンクエスト」で注目すべき点は、メニュー操作が決定音などのSE（効果音）によって補強された点である。項目選択時にSEを鳴らす演出は、それまでのゲームでも一般的に見られたが、「ドラゴンクエスト」では、これが意図的に作成され、割り振られている。その結果、何万回にも及ぶメニュー操作のストレスを軽減する役割を果たしている。

　今日ではメニューの選択音、決定音、キャンセル音、キャンセルできない場合に鳴らす強決定音、アイテム合成音など、メニュー操作だけで十数種類のSEが用意され、メニューを操作するだけで心地よく感じられるような配慮がなされている。メニューが開いて十字ボタン選択で「決定」「キャンセル」する場合、「キャンセル」を選んで決定するときは、決定でありながらキャンセルのSEを鳴らす。これも効果的なSEの使用方法といえる。

a. ボタン選択や決定時には必ず反応が起きるようにする
b. 決定の操作に関しては、ユーザーの心理状況に応じたアニメーションや効果音にして、ユーザーの心理状況と画面の反応を一致させる
c. 画面やボタン、カーソルの移動などには慣性を付けたりして、気持ちよさを演出する。例えば左から右にボタンがフレームインしてくる場合、定位置に止まる前に少し右に行き過ぎてから戻るようにして止まる。ボタンが拡大しながら出現する場合は、既定の大きさよりも少し大きくなってから規定のサイズになる、といった具合である
d. ボタン入力後のボタンが消えるアニメや、画面の切り替え時の展開などは小気味よくして、感覚的な高揚感を誘うようにする。例えば画面が切り替わる場合、まず画面上のボタンがすべてフレームアウトしてから画面転換して、その画面に必要なボタン類がフレームインしてくる、といった具合である

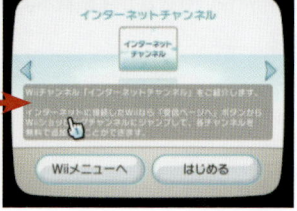

【aの例】Wiiメニューより。アイコンにカーソルを合わせるとアプリケーション名が書かれたバナーが表示され、さらにアイコンをクリックするとズームアップするアニメーションとともに、アプリケーションを実行するかWiiメニューに戻るかの選択画面へと移行する。

ステータス表示が右から出る

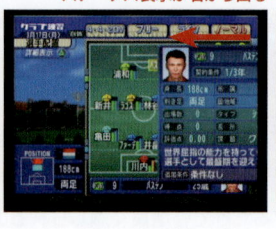

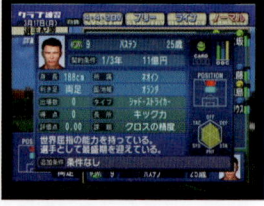

©SEGA
The use of real player names and likenesses is authorized by FIFPro and it's member associations.
adidas, the adidas logo, FEVERNOVA and the trigon logo are trade marks which are owned by the adidas-Salomon Group, used with permission.
【dの例】「J.LEAGUEプロサッカークラブをつくろう!3」より。各メニュー画面において選手名にカーソルを合わせて△ボタンを押すと、画面右から「サッ」というカードをめくったときのような心地よい音とともに、選手の詳細なデータが書かれたステータス表示ウィンドウが現れる。

2-A-④ 画面切り替えのタイミングでルールを伝える

　画面全体（以下、全画面）を切り替えると、ユーザーは「大きく何かが変わった」という印象を持つ。例えば、「次に進んだ」という感覚をユーザーが抱く。これを利用すれば、ゲーム全体のルールや構造をユーザーに暗に伝達できる。ただし、全画面の切り替えを多用すると、ユーザーは常に移動し続けているような感覚に陥って、集中力が低下し、操作を面倒に感じてくる。そこで、類似する操作はまとめてカテゴリーとして分類し、そのカテゴリーが変わるごとに全画面を切り替える。

　例えば、レースゲームを例にして考えてみよう。

　レース開始までに、【1.プレーヤー数の選択→2.車種選択→3.エンジン選択→4.レーサー選択→5.コース選択→6.天気選択→7.レーススタート】の7段階の選択操作が必要だとする。選択するごとに全画面を切り替えた場合、その回数は7回になる。

　これに対し、類似する選択操作を分類してみると、【プレーヤー数の選択】→【自動車関連の選択（車種・エンジン・レーサー）】→【コース関連の選択（コース・天気）】→【レーススタート】と大きな括りでは4つのカテゴリーとなっている。このカテゴリーごとに、画面全体を切り替えれば、4回で済む。

　例えば車関連の選択では車種とエンジン、レーサーを選ぶといった具合だ。同じカテゴリー内では、操作時のフィードバックは、メニューの変化やアイコンの移り変わりだけにとどめ、画面全体を切り替えないようにする。カテゴリーが変わったときに、画面全体を切り替える。

　家電の操作画面や銀行のATMなど、全画面の切り替え回数を調整する配慮がほとんどない。しかし、単に録画するだけ、お金を引き出すだけ、といった時代ではなく、多機能になってしまっている現在、この2-A-①〜④の方法論を使って、操作のサポートともてなしの配慮に力を入れてもらいたい。

a. アプリケーションを大きな「区切り（章立て）」に分ける
b. 画面切り替えは、その「区切り」以外では極力実行しない
c. 各区切り内での画面転換は、画面を構成しているパーツの移動や変化で表現する
d. 仕様やハードの制限などの理由で画面切り替えしか方法がない場合は、デザインや色などを統一して変化の度合いを減らす

第2章　ゲームニクス理論 ● 原則2-A

画面切り替えなしで、全ユーザーが　全ユーザーがキャラクターを選択後、
同時にキャラクターを選択可能　　　ステージ選択画面に切り替わる　　　　ゲーム開始

【例】「大乱闘スマッシュブラザーズX」の大乱闘モードでは、2人以上のユーザーが参加するときでも画面切り替えを行わずにキャラクターを同時に選べるようになっていて、画面の切り替えは全ユーザーが使用キャラクターを決定後、戦うステージの選択画面へと移行するまで一切発生しない。

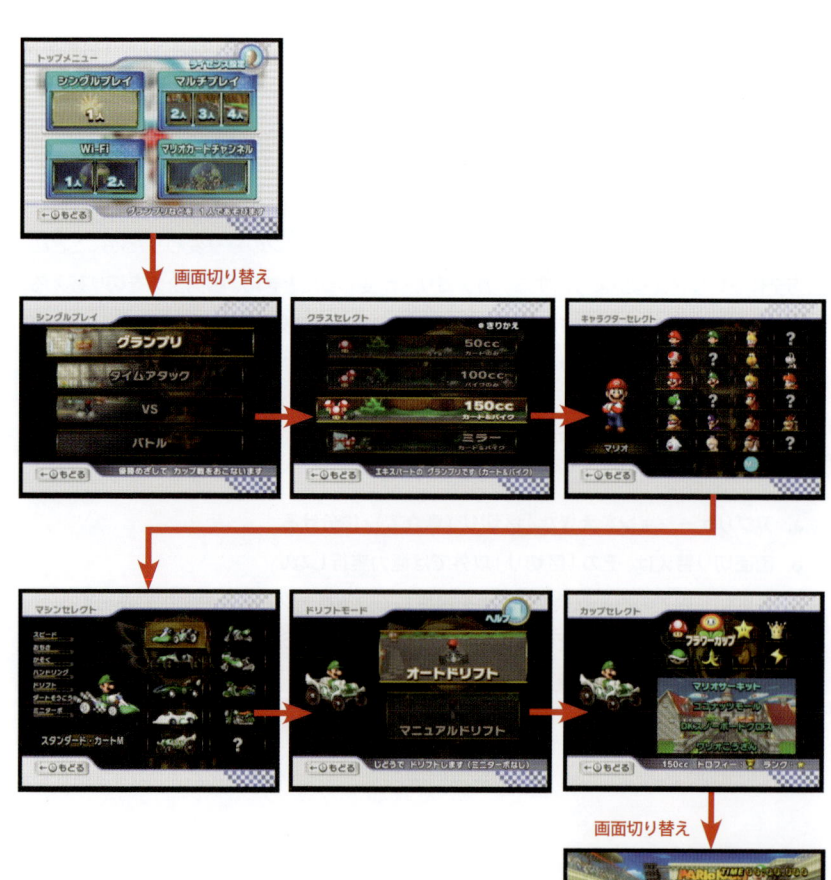

画面切り替え

画面切り替え

【例】「マリオカートWii」より。トップメニューでプレイスタイルを選択して画面を切り替えて、ゲームを始めるまでに設定する各種メニューは、画面を切り換えずにすべて選択できる。画面を切り替えてからレースが始まる。なお、画面の上下にあるフレームのデザインはすべてのメニュー内で統一されている。

ビジネスを変える「ゲームニクス」

090

2-A-⑤ ショートカットの利用

　前述の④で紹介した全画面表示を利用すれば、ユーザーにゲーム内のルールや構造を暗に伝達できるが、メニューの階層や選択肢の数が多くなりやすい。そこで、頻繁に使うものに限りショートカットを使えるようにするのが、有効である。以下が、その留意点である。

a. 何度も挑戦する場合は、慣れた操作に対してショートカットできるような構造にする
b. ただし、あくまでも慣れた人向けなので、最初から使用するにはユーザーが抵抗感をいだくような仕掛け作りが必要である
c. ユーザーがカスタマイズして、自分用に入力ボタンの役割を変更できるようにする

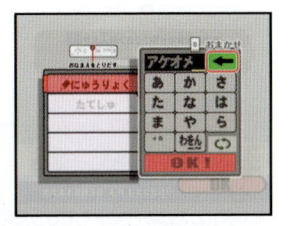

【例】「大乱闘スマッシュブラザーズX」のトーナメント戦では、ユーザー名の登録画面においてBボタンを押すとおまかせ（ランダム）で自動的に名前が表示されるショートカット機能がある。名前を入れるのが面倒、あるいはすぐにゲームを始めたいユーザー向けに有効である。

【例】「ファイアーエムブレム」シリーズでは、通常のセーブコマンドとは別に、本編をプレー中でもデータを素早くセーブしてゲームを中断できる機能がある（写真は「ファイアーエムブレム トラキア776」より）。

2-A-⑥ ポーズ・セーブ・ロードの利用

　メニューの階層や選択肢の数が多くなった場合の対策にはショートカット以外もある。それが、「ポーズ画面」や「セーブ画面」、「ロード画面」の利用である。いずれもコンテンツの流れを止める特殊な画面である。特に、ポーズ画面はプレー中に任意に起動できるので、ポーズを操作の流れの中心に据えて、どの階層にも移行できるように設計できる。例えば、ポーズ画面に、「設定画面」「セーブ・ロード画面」「ミニゲーム」「アイテム画面」「マップ画面」「ヘルプ」などの項目を盛り込み、選択すればそれらの画面に移行する構造を採れる。このため、メニューの階層が深くなりすぎても、ポーズ画面を利用すれば、操作が複雑になりにくい。

セーブ画面やロード画面も、コンテンツの流れがいったん止まるという意味ではポーズ画面と同じだ。ただし、セーブ画面とロード画面は通常の操作の流れの中にあるため、ポーズ画面ほどの汎用性はない。ポーズ・セーブ・ロードを利用する際の留意点は以下の通り。

a. ポーズ画面をコンテンツの中心に据えて各画面に行けるようにすると、ショートカットになり操作性が向上する
b. ポーズ画面からの操作階層は、通常の操作階層とは別に設定できる
c. セーブ/ロード時は、新しい機能の説明やキャラクター紹介など、ゲームに登場した新要素の説明に利用できる

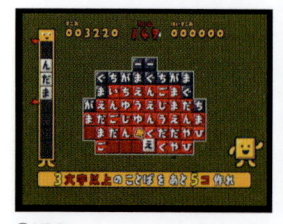

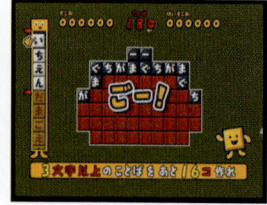

©NBGI
【aの例】「ことばのパズル もじぴったん」では、ポーズをかけると、トップメニューに戻る「トップメニューへ」や、同じステージを最初からやり直す「リトライ」などを選択できる。特にパズルゲームにおいては、途中でクリアできる見込みのない状態になったときに、リトライできるメニューを用意しておくと、非常に便利なショートカット機能になる。

©CAPCOM CO., LTD. 2010 ALL RIGHTS RESERVED.
【bの例】アクションゲーム「ロックマン10 宇宙からの脅威!!」では、ポーズ中に武器を変更したりストックしている体力回復アイテムなどを使用することができる。これによって、敵と戦いながら装備を変えようとして操作に迷ったり、焦ってコントロールミスしたりする可能性がぐっと減る。

©SEGA
【cの例】「ファンタシースター オンライン2」より。マップ切り替え時のロード時間にユーザーを待たせている間に、画面上部に操作ガイドなどのアドバイスが表示される。

原則2-B　マニュアルの組込みとその提示方法

「ゲームはマニュアル不用」としているが、決してマニュアルがないわけではない。マニュアルはコンテンツ内に組み込むのである。

ユーザーが、画面を見ただけで操作方法に迷いを生じない直感的なデザインにすることが重要ではあるが、ただそれだけでは快適な操作を実現することができない。ゲーム、あるいはアプリケーションには必ず明確な独自のルールがあり、そのルールはその作品内でしか通用しない場合があるからである。

そのルールを説明するのがマニュアルだが、これを別の解説書として用意するのは論外である。そこで、ゲームの世界観に準拠し、ユーザーが必要と思われるタイミングで、適宜ストレスのない方法でマニュアルを提示する仕組みを構築する。これで、操作が分からないというユーザーのストレスを軽減する。ゲーム内にマニュアルを上手に組み込むことができれば、操作自体を快感に変えることもできる。

以下、本項ではそのノウハウを述べる。

① 基本的な操作方法を最初に提示する
② ステージ初期に基本操作を繰り返し体験させる
③ デモでルールを解説する
④ レベルメニューを用意する
⑤ ヘルプキャラクターの活用
⑥ ヘルプメニューの種類と工夫

> **keyword ▶▶▶ 敷居が低く、奥が深い**
>
> 初心者からマニアまで、誰でも迷うことなくすぐ始められて、
> 使うほどにその良さが実感できて、より体験したくなるコンテンツの実現

2-B-① 基本的な操作方法を最初に提示する

ユーザーが最初に触れるゲーム・ステージは、そのゲームに慣れるための"最高のお遊び"であると同時に、チュートリアルの役割も兼ねたデザインにすべきである。最初のステージでそのゲームの面白さをユーザーにすべて体験させることで、ユーザーに「もっとやってみたい」と思わせることが、後述する原則3以降の「はまる演出」につながる。

従って、最初のステージの役割は極めて重要であり、コンテンツの成否にかかわる重要な部分になる。その実現手法は、「アクション系」のゲームと、ユーザーが考えながら謎を解いて進めていく「思考系」で異なる。

●アクション系ゲームの場合

a. 基本アクションを整理して定義する
b. ステージ1で基本アクションを必要順に誘発させ、無意識に体験できるステージ構成を作る
c. 基本アクションの体験は、おおむね3分〜8分以内に体験できるようにする
d. ストレスだけではなく、(アイテム入手などの)快感も伴うものとする
e. アクションの発展も感じさせる構成も加える
   (何度かトライするとそれが感じられるようにする)
f. a〜eが完璧にできているかは制作者自身でチェックしない
g. 基本アクション以外のそのゲーム全ての要素を何らかの形で端的に体験させる
h. gを実現するために、最初のステージは最初に作らず、すべての要素が出そろう、ゲーム制作過程の終盤に作る

アクション系の好例がスーパーマリオブラザーズである。以下、同ゲームの第1ステージ(1-1)を例に解説する。

スーパーマリオブラザーズの基本アクションは

1. 敵をよけながら横移動しゴールを目指す
2. ジャンプする
3. ブロックを叩いてアイテムを入手する

の3点。

スタート地点の場面。画面向かって右方向に進むことと、敵に触れるとミスになるゲームであることを示す(基本アクション1理解)。

再スタートして進んでいくと「?」がある。これをジャンプして叩くと「チャリン」と良い感じの音がしてコイン1枚を獲得(基本アクション2理解)。

その先のレンガブロックを叩いたら少し動くが(少し動くことで反応していることを示す)変化はない。

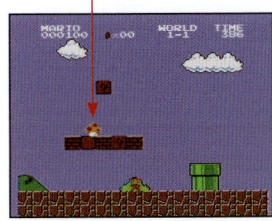

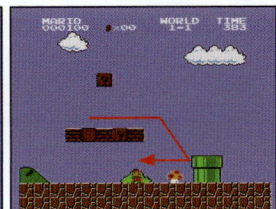

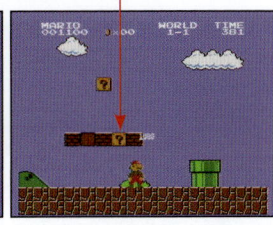

スーパーキノコ ← （左の画像への注釈）

画面上部にも「？」ボックスを置くことで、ブロックの上にも乗れることを自然と理解させる ← （右の画像への注釈）

　そこで次の「？」ボックスを叩くと「スーパーキノコ」が出現。ユーザーが驚いているうちに、動き出したキノコが土管に当たって跳ね返り、自然とこちらに向かってくる。敵か味方かも分からないので、ジャンプで逃げようとする。ジャンプでよけるためには、敵との接触直前でジャンプした方がよい。そこでキノコに当たる直前でジャンプすると、天井が低いのですぐ下に落ちてしまいキノコと接触してしまう。するとスーパーマリオに変身。「？」の隣のブロックを叩くと壊すことができる（基本アクション3理解）。

　こうした一連の操作で、右方向に進むゲームであること、Aボタンでジャンプしてブロックを叩けること、キノコを取るとパワーアップできることなどが、わずか1分ほどの間に分かる。

● 思考系ゲームの場合
　a. 基本行動を整理して定義する
　b. 冒頭のところで基本行動を必要順に誘発させ、無意識に体験できる限定空間を作る
　c. 基本行動の体験は、おおむね5分〜15分以内に体験できるようにする
　d. もちろんここでもストレスだけではなく、（アイテム入手など）快感も伴うものとする
　e. その直後にa〜dの行動の拡大体験を用意しておき、作品世界に引きずり込む
　f. a〜eが完璧にできているかは制作者自身でチェックしない
　g. 基本のゲーム要素全てを何らかの形で端的に体験させる
　h. fを実現するため最初のステージは最初に作らず、すべての要素が出そろってから作る

思考系ゲームの場合は、MOTHERを例に説明する。
MOTHERのマップでの基本アクションは
1.「はなす」を基本に情報を集め
2. アイテムを探して集め
3. アイテムを利用してマップのわなをはずしていく
の3点。
　そこで、チュートリアルとその練習を兼ねたステージを最初に提示する。

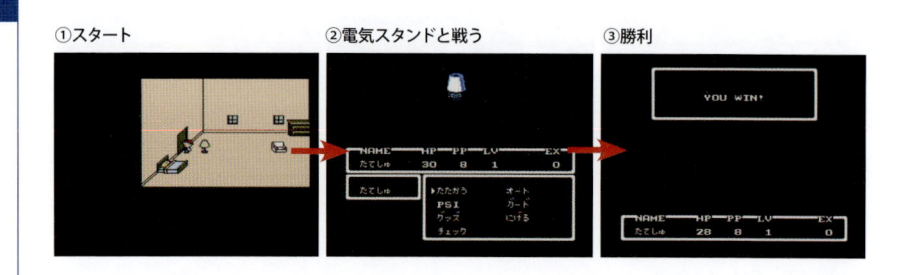

まずは主人公の自宅の部屋からスタート。

①スタート　　　　　②電気スタンドと戦う　　　③勝利

　周囲に誰もいないので、ユーザーは必然的にドアを開いて外へ出ようとするが、突然電気スタンドが動き出して主人公を追いかけてきて強制的に戦闘シーンへと移行する。電気スタンドには「たたかう」コマンドを数回実行するだけで簡単に勝てるので、ここでユーザーは敵と戦うときの基本的な流れを理解できる。

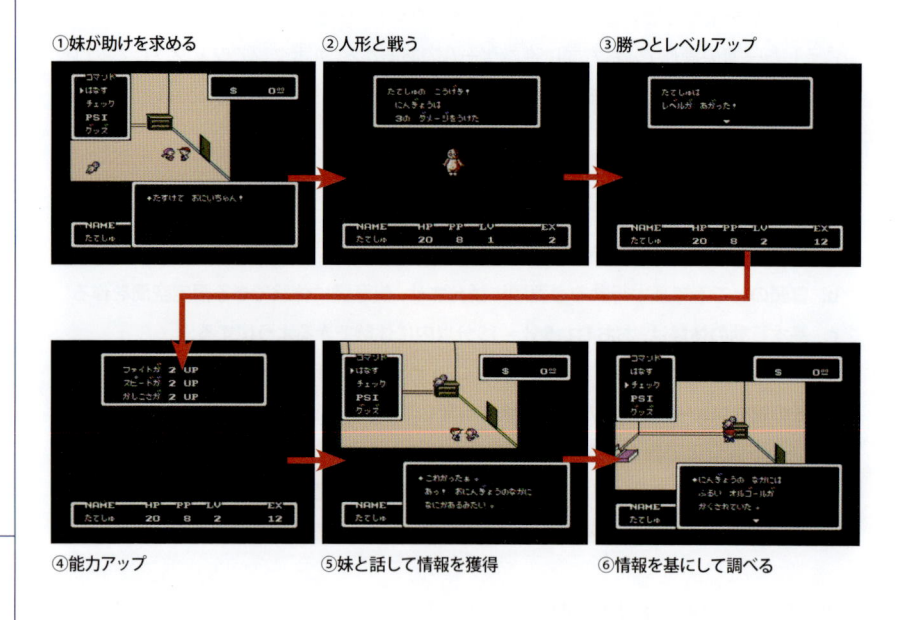

①妹が助けを求める　　②人形と戦う　　　　　③勝つとレベルアップ

④能力アップ　　　　　⑤妹と話して情報を獲得　⑥情報を基にして調べる

　別の部屋に進むと主人公の妹が助けを求めてくる。今度は電気スタンドよりも強い人形が襲い掛かってくるが、やはり「たたかう」コマンドを繰り返すだけで勝てるように難易度が調整されている。さらにこのタイミングで主人公のレベルがアップするので、敵との戦闘に勝ち続ければ能力がアップすることも同時に分かる。また、人形を倒した後に妹に話しかけると情報がもらえるようにもなっているので、「はなす」および「チェック」コマンドの基本的な使用法も同時に学べる。

①階段を下りて1階へ　②近くのドアには鍵がかかっている　③母親に話しかけると電話に出るように言われる　④電話に出る

　階段を下りると1階へ移動できる。近くのドアは鍵がかかっていて開かないので、奥にいる母親に必然的に話しかけることになる。会話中に父親から電話がかかってきて、母親から電話に出るように頼まれるので、「はなす」コマンドを使えば電話に出られることを自然と覚えられるようになる。

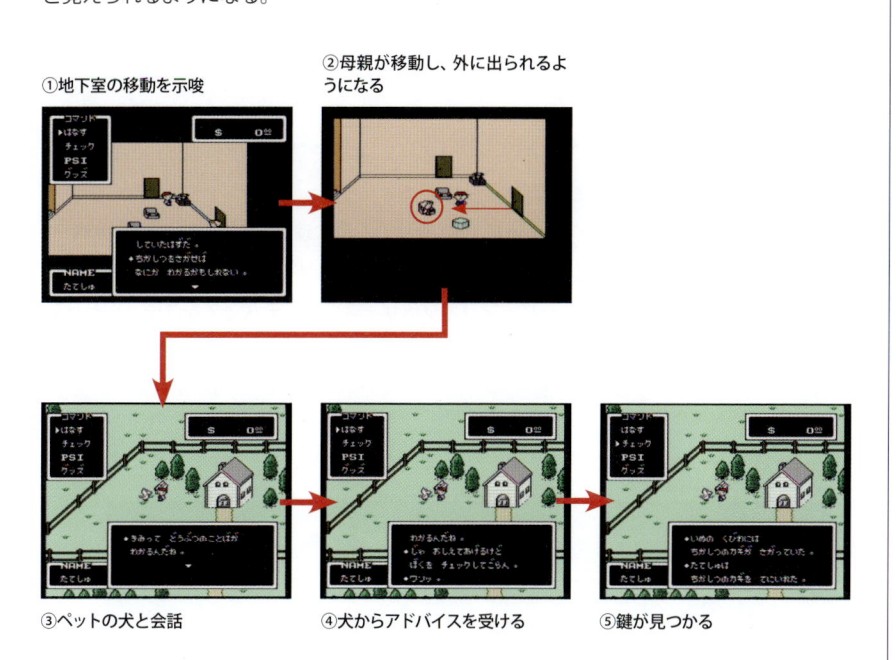

①地下室の移動を示唆　②母親が移動し、外に出られるようになる

③ペットの犬と会話　④犬からアドバイスを受ける　⑤鍵が見つかる

　父親が地下室の存在と中へ入るためには鍵が必要なことを教えてくれる。電話を切ると母親が部屋の中央に移動して外に出られるようになるので、ユーザーは「今度は外に何か秘密があるのでは？」と直感的に思いつく。外に出るとペットの犬がいるので、「はなす」コマンドを実行すると主人公は動物とも会話ができる能力の持ち主であることが判明し、さらにアドバイスにしたがって行動すると地下室の鍵が見つかる。

「丸まり」は、狭い通路を通るために利用できる
アイテムであることが自然に分かる

【アクションとRPGが融合した「メトロイド」の例】
ゲーム開始直後、右に進もうとしても通路が狭くて先に進めない。そこで左に進むと、アイテム「丸まり」が手に入る。
「丸まり」の効果で、主人公サムスは体を丸めて狭い通路も進めることがユーザーは自然に理解できる。

　さらに、前述した「スーパーマリオブラザーズ」は、冒頭で述べた部分以外にもさまざまなゲームニクス的な要素が存在する。
　以下、最初のステージである1-1全体を見て、ゲームニクス理論による、マニュアルなしでもチュートリアルと練習を自然にできる仕組みを詳しく紹介する。
　なお、この最初のステージでスーパーマリオブラザーズのアイテム全てをユーザーが体験できるようになっていることにも、注目してもらいたい。これは、一気にゲームの虜になってもらう快感増幅のテクニックである。

・Aポイント

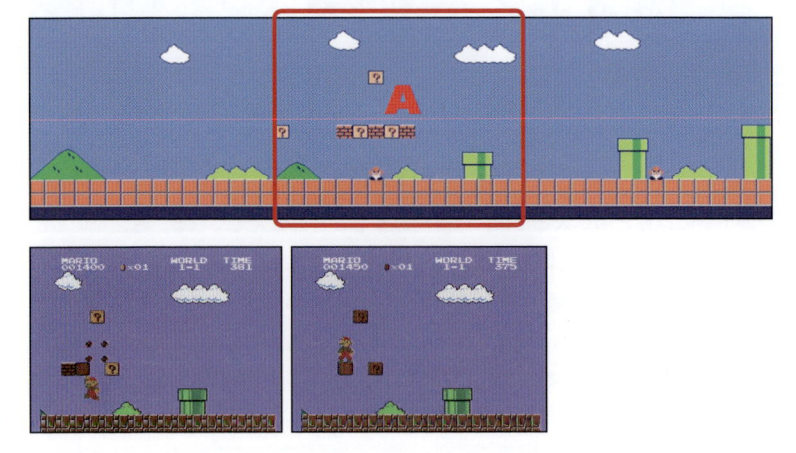

　スーパーマリオに変身すると、ブロックを破壊できる力が備わることが分かる。ただし、ブロックをむやみに壊すと足場がなくなって「？」ブロックを叩きにくくなるため、ブロックの破壊はよく考えて行うという戦略があることを学べる。

・Bポイント

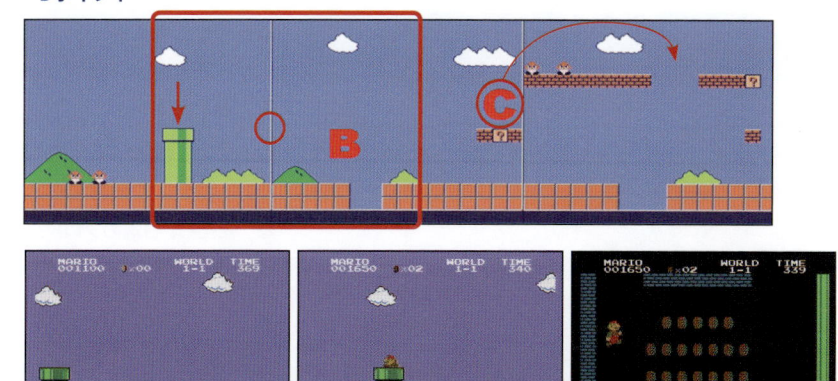

　落ちるとすぐにミスになる「穴」という障害が初めて出現する。この障害を乗り越えなくても、穴の直前にある土管に入ると、秘密の地下室に進める。障害を跳び越えるのが苦手なユーザーはここに入ることで安全に先へ進める救済措置の役割も果たしている。地下室には多くのコインがあり、コインを稼ぐ快感と同時に地下室自体を発見する喜びも提供することで、逃げているという負い目を軽減させるとともに、ユーザーはゲームにハマるようになる。

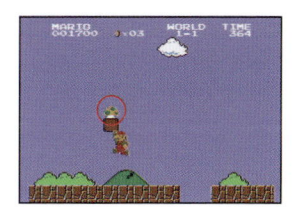

　Bの丸印の地点に向かってジャンプすると隠しブロックが出現し、ブロックの中から、主人公のストックが1人増える「1UPキノコ」が出てくる。隠し場所のヒントはゲーム中に一切出ないが、たとえ偶然でも見つけたユーザーは大きな感動を得られる上、1UPキノコを採ればゲームを有利に進められる。

・Cポイント

地上の障害と同じ幅になっている　　ここは落ちたら即ミスになる　　ブロックの上からならリスクは大幅に減る

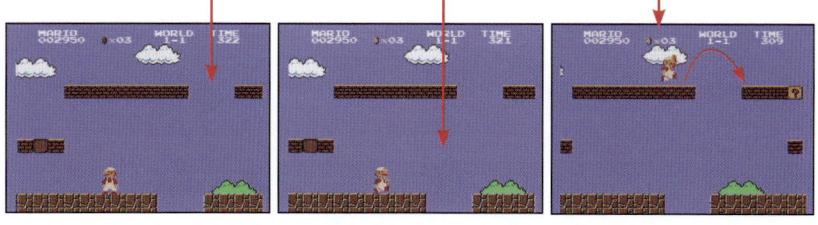

　BポイントよりもさらにÎ幅の広い障害が登場する。しかし、画面をよく見ると頭上にある長いブロックの上に飛び移れば回避できることが分かる。また、ブロックの切れ目は地上の穴と同じ幅なので、ここでジャンプを練習できる。

敵が乗っている足場を叩いて敵を倒せることも学べる

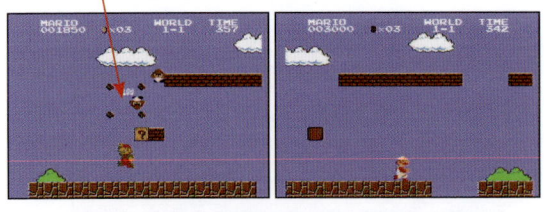

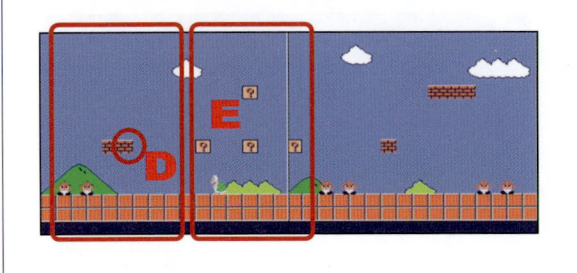

ここは、Aポイントを少し難しくした構成である。「頭上から迫ってくる敵がブロックに乗ったタイミングでブロックを叩くと、敵を倒せる」ということを覚えられる。ただし、右端のブロックを壊すと障害の迂回路（図のaからbに進むルート）に移動しにくくなるので、ここでも戦略的にブロックを破壊しなくてはならないことをユーザーに無意識に刷り込んでいる。

・Dポイント

　ここまでは、スーパーマリオブラザーズが慎重な戦術ゲームであることを学んだが、ここからは障害のない長い一本道で、ダッシュしながら敵を続けて倒す快感を知る。

　Dの丸で囲ったブロックを叩くと、一定時間無敵になる「スーパースター」が出現する。直後にたくさん敵が出現するので、体当たりでどんどん敵を蹴散らす快感を得られる。同時に、通常のブロックにもアイテムが隠されていることを学べる。

　スーパースターを発見できなくても、敵のノコノコ（カメ）を踏んでからキックすると、前方から来る敵を連続で倒せることを発見できるような仕組みになっている。しかも、獲得できる得点が格段に高く、アクションの発展を感じさせる。

・Eポイント

パワーアップアイテム（ファイアフラワー）

1ブロック分の足場しかない高い位置に、パワーアップアイテム（ファイアフラワーあるいはスーパーキノコ）が隠されている。これを取るためにはより高度なテクニックが必要だが、もし取ることができたときはさらに達成感が増す。

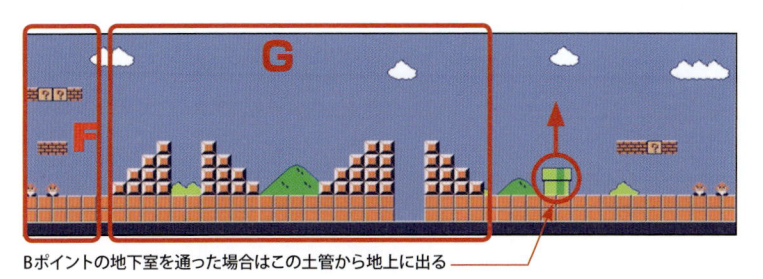

Bポイントの地下室を通った場合はこの土管から地上に出る

・Fポイント

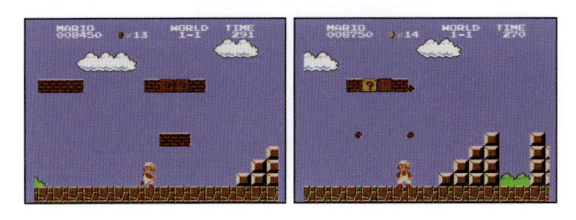

　ここは、Aポイントの応用である。頭上のブロックをすべて破壊すると、「？」ボックスを叩くための足場を失ってしまう。ブロックの破壊には戦略が必要なことを、ここで痛感する。

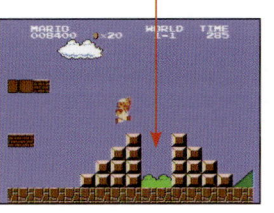

・Gポイント

障害のある地点と似ているが、ここは落ちても大丈夫

　再び落ちるとミスになる障害が登場するが、この直前の似たような地形を利用して、ジャンプを練習できる。この練習は、ゴール地点でポールの最上部につかまるための練習でもある。

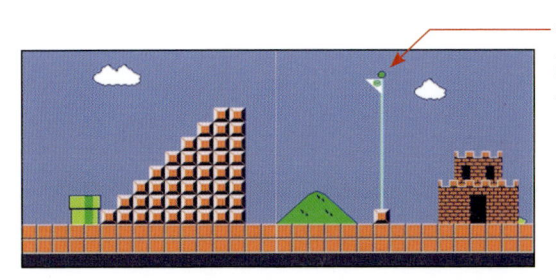

ポールにつかまるとゴール、ステージクリアとなる。しかもポールの高い位置につかまるほど高得点である

1-1だけで、スーパーマリオブラザーズに登場するすべてのアイテムが登場するので、その快感要素のすべてを体験できる。ただし、ファイアフラワーはスーパーキノコを取って巨大化した状態でないと出現しない。

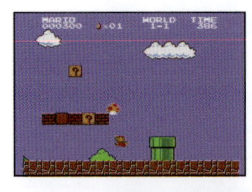

「スーパーキノコ」

「ファイアフラワー」

「スーパースター」

「1UPキノコ」

　以上が、スーパーマリオブラザーズの最初のステージ構成である。重要なのは、内容が充実した初期ステージを、ゲーム制作に取り組み始めた初期段階で作らないことである。

　作っているゲームやコンテンツの要素がすべて出そろい、それぞれの要素がどう作用して何が生まれ、どの要素が主要的で何が副次的なのか、それらコンテンツの全ての要素が確定してから、初期ステージの制作に取り掛かるべきである。それら全ての要素が確定するのは制作作業の中盤から後半であることが多い。ゲームはインタラクティブであるため、制作してから触ってみないと分からないことが多いからである。

● ツール系の場合

　ツール系の場合は、機能に制限をかけて、最初にその使用方法について体験できるようにすればよい。例えば、トップメニュー画面に4つのメニューがあっても、最初に体験してもらいたいメニューしか選択できないようしておく。その後も、順に一つずつしか選択できないようにすることで、ユーザーが作業の流れを一通り体験できるようにする。

a. ユーザーに体験してほしい流れを整理して定義する
b. 操作内容を制限して、制作者が整理した流れを自然に体験できるようにする
c. 基本行動の体験は、おおむね5〜15分以内に体験できるようにする
d. a〜eが完璧にできているかは制作者自身でチェックしない

2-B-② ステージ初期に基本操作を繰り返し体験させる

ボタンの役割を固定して、基本内容を上階層に置いた階層型ツリー構造にすることを既に2-Aで解説した。さらに、ステージ初期で基本内容を何度も体験するような構成にすることで、自然と操作の基本を体得できるようにする。

a. アプリケーションの構成として基本操作をなんども体験できる構成にする
b. 繰り返し体験が飽きないように配慮する
c. 繰り返す中で新しい発見があるような難易度調整をする
d. 何度も体験する中で基本操作にプラスして新しい操作が追加されていくようにする

序盤は弱い敵ばかりを出現させ、武器で倒す快感を教えてくれる

敵を貫通し、同時に複数の敵を攻撃できるようになるアイテム

【例】アクションゲーム「アルゴスの戦士」は、ボタンを押して武器（鎖のついた盾）を投げ、敵を倒す動作を何度も繰り返すゲームである。倒した敵は後方に大きく吹き飛んでから砕け散るので爽快感が非常に高く、何度繰り返しても飽きのこない演出が施されている。また、ときどき出現するパワーアップアイテムを取ると武器の射程距離が長くなったり、敵を貫通する性能などが追加されたりするのでユーザーはどんどんゲームに夢中になる。

『アルゴスの戦士』©コーエーテクモゲームス All rights reserved.

2-B-③ デモでルールを解説する

タイトル画面の表示中に、ユーザーがしばらく何も操作しないでいると、自動的に画面が切り替わり、デモが流れる場合がある。このデモは、ユーザーにルールを解説する役割を担っている。これは、家庭用ゲーム機が普及する前から、アーケードゲームで用いられてきた手法である。アーケードゲームにおいて、デモ画面は、通りかかった客に対するプロモーションの役割も同時に担っていた。

そのデモの使いこなし方は以下の通りである。

a. タイトル画面やトップメニューなどで、ユーザーが何もしなかった場合には基本システムを見せる
b. 既にゲームを体験しているユーザーには、ゲームを進行した先で発展する要素の一部を見せて飢餓感をあおる

c. 攻略法などを見せることでやる気を喚起させる
d. キャラクターや獲得得点を見せて競争心を刺激する
e. セーブ/ロード時や、画面切り替え時などにもインサートする方法もある

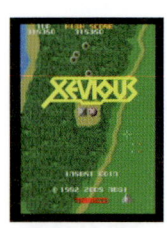

©NBGI

©D4Enterprise Co.,Ltd.
©2008 SNK PLAYMORE CORPORATION All rights reserved.
NEOGEOは株式会社SNKプレイモアの登録商標です。

【例】(写真左)「ゼビウス」などのアーケードゲームでは、待機中にゲームの基本ルールが分かるデモ画面を流す。(写真右) 対戦格闘ゲーム「龍虎の拳」は、ゲーム開始直後に基本操作を解説するデモが流れる。

2-B-④ レベルメニューを用意する

ユーザーのレベル（習熟度）に応じて、初期のチュートリアルステージの内容やヘルプ内容を変えることで、快適なプレー環境を提供できる。なお、レベルについては、後述する原則4-Cで詳細に定義しているので参照してほしい。

a. タイトル以後の初期段階で、ユーザーにレベルを選択させる
b. それぞれのレベルに応じて提示するヘルプ内容を変更する
c. 再プレー時など、ユーザーがゲーム内容をある程度理解している場合には、ヘルプが出ない工夫をする
d. 続編のゲームの場合も、前作でルールを知っているプレーヤーにはヘルプ内容を変える

©NBGI

【例】アーケード用アクションパズルゲーム「エメラルディア」より。1人プレイ用のノーマルモードでは、最も難易度の低い初級を選ぶと攻略のヒントを教えてくれる説明画面が適宜表示されるが、ノーマルおよびハード選択時は一切表示されない。また、プレイヤー2側の画面スペースではゲームの基本ルールを説明するデモが繰り返し流され、周囲で見ている人にも随時訴求を図れるようになっている。

2-B-⑤ ヘルプキャラクターの活用

ゲーム内のストーリーや世界観に沿う形で、ユーザーを手助けするヘルプ用のキャラクターを配置し、ユーザーが操作するゲーム内の主人公に基本的な操作方法やゲームシステムを段階的に教える。これによって、ユーザーがストレスを感じることなくゲームに没入できる効果をもたらす。

a. ストーリーやシステムに沿ったヘルプキャラを配置
b. キャラクターに基本的な操作方法やゲームシステムを解説させる

c. ヘルプボタンを押すと登場するなど、必要なときに適宜登場させる
d. 物語を利用し、キャラクターが増える＝ヘルプが増える、ようにする
e. ヘルプだけではなく、攻略アドバイス、目標の提示、セーブ機能、一時情報の記録などにも応用可能

【例】「ゼルダの伝説 時のオカリナ」では、スタート地点の村に基本操作を教えてくれる人物を登場させ、かつ主人公が近付くと自動的に話しかけてくるようにする仕組みが用意されている。

©SEGA
The use of real player names and likenesses is authorized by FIFPro and it's member associations.
adidas, the adidas logo, FEVERNOVA and the trigon logo are trade marks which are owned by the adidas-Salomon Group, used with permission.
【例】「J.LEAGUEプロサッカークラブをつくろう！3」では練習メニュー作成時に「監督お任せ」コマンドを実行すると、監督が自動でスケジュールを作成してくれるのでヘルプキャラクターの役割も果たす。

2-B-⑥ ヘルプメニューの種類と工夫

マニュアルの代わりに、ゲーム内にヘルプ機能を実装することでその役目を代用できる。家電や実用ツールなどに有効な手段でもある。以下のようにその手段は多岐にわたるので、コンテンツの内容に合わせてその方法を適宜使い分けることで、ユーザーが求めてきたときに最も快適なものを提示するように心掛けてほしい。

●ハードヘルプボタンの設置

コントローラーの特定のボタンを「ヘルプボタン」として割り振り、ユーザーが困ったときにこれを押すことで、その時点での最適なヘルプメニューが出るようにする。

ユーザーが進んでヘルプボタンを押したときは、そのタイミングでユーザーは相当困っている。そこで、提示されるヘルプの内容が不適切だった場合はユーザーの落胆度も大きくなり、ストレスを急激に上昇させるので、適切なヘルプを出さなければならない。

a. ハードボタンとしてヘルプを割り振る
b. スタートボタンやセレクトボタンに割り振ることが多い。ゲームがスタートすると使用しなくなるからである
c. 一時停止（ポーズ）ボタンなどと兼用することも多い

d. ボタンが少ないハードには向いていない
e. ヘルプメニュー内容を多様に準備し、状況に適合したものをユーザーに提示する
f. 画面ごとに専用のヘルプを用意できれば、その画面の知りたいことが分かるので、後述するヘルプ画面の重畳と併用すると効果的である

【例】「ファイアーエムブレム トラキア776」では、Xボタンをヘルプボタンに固定している。ボタンを押すと指型のカーソルが出現し、選択したアイテムの効果説明文が表示されるようになる。

● 画面上のヘルプボタンの設置

ヘルプ機能の存在をユーザーに明示するため、あらかじめヘルプ専用のアイコンやボタンを画面上で用意しておくことでユーザーに安心感を与える。

a. 画面上のアイコンやボタンなど、いわゆるソフトウエアボタンに「ヘルプ」を用意する
b. ステージが変わってもヘルプボタンの位置は極力変えない
c. ニンテンドーDSやWiiあるいはPCなど、直接ポイントして操作するタイプのハードにはソフトウエアボタンが適している
d. 提示するヘルプメニュー内容には多様なバリエーションを用意し、シーンや状況にその都度合わせたものとする
e. 画面ごとに専用のヘルプを用意できれば、ユーザーがその画面で知りたいことが分かるので、後述するヘルプ画面の重畳と併用すると効果的である

ヘルプアイコン（※秘書の顔のマークになっている）

【例】「シムシティ」では、画面上部に常時表示されたヘルプアイコンを押すと、いつでも秘書を呼び出してアドバイスを聞ける。

● ヘルプの基本的な注意事項

ヘルプ機能は基本的に、ユーザーが困ったときにいつでも使用できるようにする。それを実現できていないと、ユーザーのコンテンツに対する不信感が一気に増す。これまで紹介したヘルプの設計方法は最低限の内容で、これ以降の内容は、コンテンツ内容に寄り添うよう

に配慮したヘルプの設計方法である。
　まず、ここから先の内容を紹介する前に紹介したい注意事項を下記に示す。「マニュアルなのにワクワクする」「ヘルプも楽しい」。そんな提示の仕方を目指してほしい。

a. ゲーム中はすべてのステージ、あるいはモードのどこからでもヘルプを必ず表示できるようにしないと、ヘルプへの信頼がなくなってしまう
b. 概要的な内容ではなく、ユーザーが求めている詳細内容をヘルプに記載しなければならない
c. できるだけ少ないボタン回数でヘルプを提示する。オプションメニューなどにヘルプを置くと、ヘルプに達するまでに多くの操作工程が必要になってしまう
d. ヘルプ表示はコンテンツの雰囲気を壊さないように配慮する
e. テンポ感を持ってヘルプを表示し、コンテンツ全体の流れを壊さないようにする

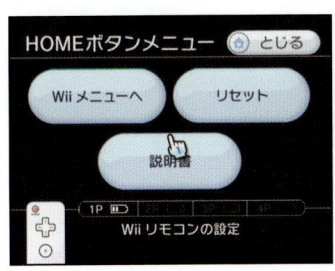

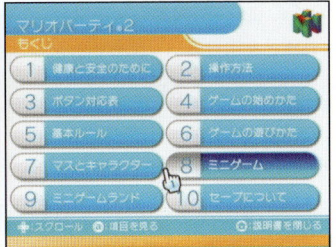

【例】ほとんどのWii用ゲームでは、HOMEボタンを押すと共通のメニュー画面が表示され、ここで「説明書」のボタンを選ぶとそのゲームのマニュアルを読める仕組みになっている。

● 「常時ヘルプ」の表示
　メニューやアイコンを表示するのと同時に、ヘルプ用のテキストウィンドウも常に表示しておく方法がある。ただし、単に常時表示するだけでは、ユーザーに対して押し付けがましい印象を与えたり、コンテンツの世界観を損ねて不快感を与えたりするので、見せ方や使い方には工夫を要する。

a. 画面の一部にヘルプ用のテキストウィンドウを設置する
b. メニューやアイコンが選択されると同時に、該当するヘルプテキストを表示する
c. ヘルプテキストの内容は箇条書き程度の簡素なものとする

【例】「大乱闘スマッシュブラザーズX」のポーズ中の画面では、常に画面上部と下部に操作情報が表示されるようになっている。

©SEGA
The use of real player names and likenesses is authorized by FIFPro and it's member associations.
adidas, the adidas logo, FEVERNOVA and the trigon logo are trade marks which are owned by the
adidas-Salomon Group, used with permission.
【例】「J.LEAGUEプロサッカークラブをつくろう！3」では、カーソルを合わせると、各種コマンドの使用法や効果の説明文が自動で表示される。

●自動ヘルプメニュー

　ユーザーがしばらくの間、何も入力しない場合、ユーザーが操作に悩んでいると判断して、一定時間後に操作方法やヘルプメニューを自動的に表示する。操作が複雑なアクションゲームや、特殊なコマンド入力などを多用するゲームに多く見られる。

a. 操作入力がない状態で一定時間経過すると、ヘルプメニューを表示する
b. ヘルプ出現時、他の操作を実行できないことを示すため、ヘルプ内容以外を通常よりも暗くするなど、目立たなくする処理を施す
c. ヘルプボタンと自動ヘルプメニューを組み合わせる例として、アイコンやボタンにカーソルを載せた後、一定時間放置すると表示する「バルーンヘルプ」がある

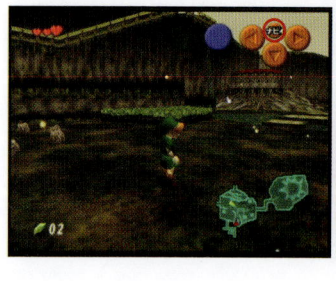

【例】「ゼルダの伝説 時のオカリナ」では、しばらくストーリー展開を進めずにいるとパートナーのナビィが声をかけてくる。直後に会話を実行すると、直近の目標などをアドバイスしてくれる。

●オーバーレイヘルプ

　マウスオーバーさせると、その部分のみにヘルプが（重なって）表示される「オーバーレイヘルプ」という方法もある。必要な時に必要なだけ、ヘルプ内容を提示できる。ただし、マウスオーバーが出る部分と出ない部分があると、オーバーレイヘルプに対するユーザーの信頼感がなくなる。マウスだけでなく、タッチ・パネル上で、ペン・タッチや指タッチの長押しでも対応できる。

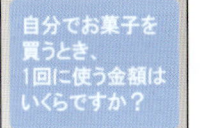

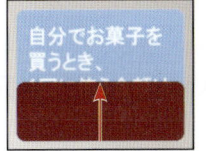

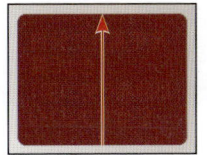

【例】オーバーレイヘルプの例

● 画面重畳型ヘルプ

　各画面でヘルプボタンを押すと、ゲーム画面内に重畳する（画面上に重なる）ようにヘルプ内容を表示する方法もある。各画面での操作方法がすぐ分かるので、比較的手間がかからず、非常に有効的である。

- a. 各画面でハードウエア、あるいはソフトウエアのヘルプボタンを押すと画面にヘルプ内容が重畳される
- b. 全ての画面に用意する
- c. 表示されている項目で特に重要なものは色などの表現を変える
- d. 特に重要な項目は、その項目を押すと詳細内容が表示される仕組みにする方がよい

【例】SCEの「ガンパレード・オーケストラ」から。画面上のどこに出口があるのか、その出口はどこに繋がっているのか一目で分かる画面重畳ヘルプである。

©2006 Sony Computer Entertainment Inc./BANDAI・BANDAI VISUAL

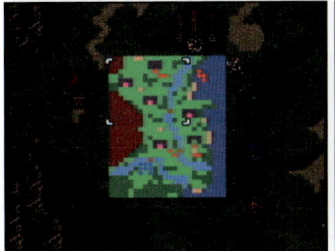

【例】「ファイアーエムブレム トラキア776」では、ユニット上にカーソルを重ねるだけで、そのユニットのステータスを瞬時に表示する。スタートボタンを押すとマップ全体の略図が表示され、自軍のユニットは青い点で表示される。この状態でAボタンを押すと、略図が半透明になり、略図に重なって見えないユニットも見えるようになる。

●ファーストヘルプメニュー

　これは、ユーザーが初めて選択したメニューや、初めて目にしたアイテム、キャラクターなどが登場した場合にのみヘルプ画面を表示させ、ユーザーにその内容を理解してもらう方法である。

a. 最初にメニューを選択したときや、アイテムを入手した直後など初期にのみ出す
b. ヘルプと同時に実際に使用するデモなどを挿入すると効果的
c. ヘルプキャラクターに解説させる
d. 「買う」という行為などの場合、店員が解説するといったヘルプキャラの変形も一般的

【例】「ゼルダの伝説 時のオカリナ」では、初めて入手したアイテムの基本操作や使用時の効果をテキストで表示する。

●操作テキストの挿入

　ゲーム内の展開が大きく変わる場面でいったん進行を中断して、操作説明などを書いたテキストを挿入することで、ユーザーがそれ以降の場面で迷わないように配慮する。

a. マニュアル的にテキストを表示する
b. 画面の意味が大きく変わるとき、例えばマップ画面から戦闘画面に移行するときなどに、テキストを表示するのが一般的
c. 序盤のステージ構成やシナリオ展開と組み合わせる例が一般的
d. 画面上でマニュアルを読ませるのに近いので、大量の情報量を効率よく表示できる利点がある
e. ただし、マニュアルを読ませていると同じなので多用は避ける
f. ミスの回数などによって特殊なヘルプを出して、ユーザーをクリアへ導く方法と組み合わせると効果的（4-E参照）

【例】（写真左）「スーパーマリオ64」では、ときどき現れる看板を読むと操作方法が書かれており、これも挿入方法の一種である。（写真右）「ピクミン」においても、ゲームを進めていくうちに新しいアクションが必要な場面になると、ステージ構成やシナリオ展開に組み合わせる形で、操作方法の説明画面が挿入される。

●起動時やロード時のヘルプ表示

ゲーム機やソフトの起動中、セーブ/ロードの待ち時間など、ユーザーが操作できない場面でヘルプ画面を表示させるとよい。これによって、ユーザーの目をヘルプの内容に引き付けられる上、待ち時間のストレスをユーザーに感じさせない利点を生み出せる。

a. プレー再開時やゲームオーバーになった後のコンティニュー時、ロード時間などで表示する
b. 待ち時間が長いときほど効果的

©CAPCOM CO., LTD. 2005, 2006,
©CAPCOM U.S.A., INC. 2005, 2006 ALL RIGHTS RESERVED.
【例】（写真左）PS2用ソフト「カプコン クラシックス コレクション」では、各ゲーム選択時のロード時間を利用して操作方法を示した図が画面に表示される。（写真中央、右）対戦格闘ゲーム「ストリートファイターII」シリーズは、敵に敗れた後のコンティニュー受付画面で必殺技の出し方などのアドバイスが表示される演出が定番化している。

原則3 はまる演出

原則3-A ゲームテンポとシーンリズム

① ゲームテンポを意識した全体構成
② ユーザーによるテンポのコントロール
③ スピード感でテンポを調整
④ 緊張感でテンポを調整
⑤ 映像と文字でテンポを調整
⑥ 音楽でテンポを調整
⑦ 単調な作業を盛り込んでテンポを調整
⑧ ブレイクを準備する
⑨ シーンリズムの調整で快感を演出
⑩ 文字表示でリズムを調整
⑪ 効果音でリズムを調整
⑫ アニメーションでリズムを調整

原則3-B ストレスと快感のバランス

① ストレスと快感のバランスを取る
② ミスとストレスの因果関係の明確化
③ 飢餓感をあおる
④ 快感要素の基本事項
⑤ ハイリスク・ハイリターンの調整
⑥ 一発逆転のチャンスを設定する
⑦ セーブの安心感を伝える
⑧ コンティニューの仕掛け作り
⑨ 余計なストレスを排除する

原則 3-C 発見する喜び

① 全体像と現状を提示する
② 発見を自慢できる場を提供する
③ 発見した喜びを増幅する
④ 同じパターンで「隠れ要素」を設ける
⑤ 同じパターンの構成を繰り返す

原則 3-D 意欲を持続させる仕掛け

① 達成率を提示する
② スコア(得点)を見せる
③ パラメーターを見せる
④ コレクション性の導入
⑤ 飢餓感をあおる要素と構成を導入する
⑥ 拡張性を暗示して期待感を持たせる
⑦ 4ステージを基本構成にする
⑧ デジタル感を排除したセリフを導入する
⑨ リアルとリアリティーを混同しない
⑩ 発表できる場の提供
⑪ 協力・対戦プレイの導入
⑫ 状況によって音楽をインタラクティブに変化させる

原則 3-E 音楽理論の導入

① 全編を通しての音楽
② 障害(課題)を提示する時の音楽
③ ミス時のメロディー・ファンファーレ
④ クリア時のメロディー・ファンファーレ
⑤ その他の音楽効果

2章 ゲームニクス理論 ● 原則 3

ビジネスを変える「ゲームニクス」

●原則3　はまる演出

ユーザーをゲームにハマる（夢中になってプレイする）状態にさせるためには、以下の2つの条件が必要となる。

1. 長時間遊んでも、あまりストレスを感じさせないようにする（集中させる）
2. 長期間遊んでもらうための動機をユーザーに与え続ける（熱中させる）

1を支えるノウハウは、原則1の「直感的で快適なインタフェース」と原則2の「マニュアル不要のユーザビリティー」、2を支えるノウハウが原則3の「はまる演出」と原則4の「段階的な学習効果」になる。

本項に述べる原則3においては、ユーザーが無意識のうちに「はまる」ノウハウを抽出した。「はまる演出」は

A：ゲームテンポとシーンリズム
B：ストレスと快感のバランス
C：発見する喜び
D：意欲を持続させる仕掛け
E：音楽理論の導入

で構成される。

原則3-A　ゲームテンポとシーンリズム

ゲームに思わずハマってしまう要素として、重要でありながらあまり意識されていないのが、ゲームテンポとシーンリズムについてのデザインである。私は、ゲームテンポを「ゲーム全体の構成から感じる全体的な心地よさ」、シーンリズムを「個々の場面（シーン）で感じられる、瞬間的な心地よさ」として定義している。この二つをうまく使いこなすことで、人間の脳に心地よい刺激を継続的に与えることができる。

ビデオ・ゲームや映画、音楽といったエンターテインメントにはコンテンツごとに違いがあるものの、必ずテンポとリズムがある。テンポとリズムの有無こそが、エンターテインメント（ゲーム）と非エンターテインメント（学習）の領域とを分ける大きな要素である。

例えば映画の場合は基本的に、アクション・シーンとリラックスできるシーンの絶妙なコントロールによって、2時間見続けても飽きないように作られている。これは、制作者が設定したテンポやリズムに観賞者が合わせている形式で、音楽も同様だ。

一方ビデオ・ゲームでは、ユーザーの気持ちに寄り添うように、制作者がリズムとテンポを設定している。これにより、没入感が高まり、何時間も夢中になって遊べるわけだ。

こうした工夫は、ゲームや映画、音楽だけに限ったことではない。インタラクティブなユーザー・インターフェース（UI）やコンテンツを扱う電子機器でも、今後欠かせない要素となる。ゲームテンポとシーンリズムの関係性について、ロール・プレイング・ゲーム（RPG）「ドラゴンクエスト」（以下、ドラクエ）を例に説明しよう。

ゲームは基本的に幾つかの「ステージ」に分かれている。ドラクエであれば「街」「フィールド」「戦闘」となる。街から街へキャラクターが移動し、その間に、フィールドと戦闘がある。村やお城が街に、街の外やダンジョンがフィールドに、敵と戦う場面が戦闘に相当する。

次に、ゲームテンポに緩急がつくように、ステージ構成を考える。ゲームの構成から「全体的な心地よさ」を得られるようにするためだ。ドラクエでは各ステージの「緊張感」に強弱を付けてゲームにテンポをつけている。街のステージは敵が出てこないので、緊張感が弱い。街の外やダンジョンでは敵に遭遇する可能性があるので緊張感が増す。そして戦闘では、キャラクターが死んでしまう可能性があるので、緊張感がさらに高まる。こうした緊張感の強弱が、ユーザーにとっての心地よさにつながる。

もちろん街にはテンポが緩やかな音楽、戦闘にはテンポが激しい音楽が流れている。

続いて、各ステージ内を複数のシーンに分ける。シーンに緩急が付くように構成した上、各シーンに「瞬間的な心地よさ」を盛り込む。

それぞれの街のステージ内の移動シーンでは、自由に行動できる期待感と会話をするキャラクターを探す「ワクワク感」をユーザーに提供する。キャラクターとの会話のシーンでは、規則正しいメッセージ表示と効果音でリズムを作ってユーザーの快感を誘う。そして、アイテムなどを購入するシーンでは、購入するものを決める際の緊張感と、購入後の幸福感をリズムで演出する。こうしたことの積み重ねが、各シーンでの瞬間的な心地よさにつながる。

一般的なRPGのゲームテンポとシーンリズムの関係

コンテンツ全体のゲームテンポ（静ステージと動ステージの繰り返し）

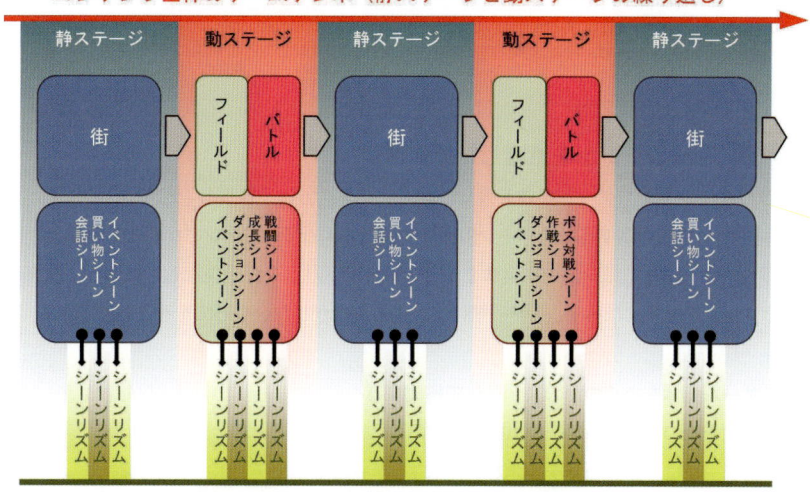

静ステージ	動ステージ	静ステージ	動ステージ	静ステージ
街	フィールド／バトル	街	フィールド／バトル	街
イベントシーン／買い物シーン／会話シーン	戦闘シーン／成長シーン／ダンジョンイベントシーン	イベントシーン／買い物シーン／会話シーン	ボス対戦シーン／作戦シーン／ダンジョンシーン／イベントシーン	イベントシーン／買い物シーン／会話シーン

ステージ内それぞれにシーンリズムがある

以下、

① ゲームテンポを意識した全体構成
② ユーザーによるテンポのコントロール
③ スピード感でテンポを調整
④ 緊張感でテンポを調整
⑤ 映像と文字でテンポを調整
⑥ 音楽でテンポを調整
⑦ 単調な作業を盛り込んでテンポを調整
⑧ ブレイクを準備する
⑨ シーンリズムの調整で快感を演出
⑩ 文字表示でリズムを調整
⑪ 効果音でリズムを調整
⑫ アニメーションでリズムを調整

について解説していく。

ゲームテンポとシーンリズムの定義

ゲームテンポ　＝　ゲーム全体の構成から感じる、全体的な心地よさ
シーンリズム　＝　個々のシーンごとに感じられる、瞬間的な心地よさ

3-A-① ゲームテンポを意識した全体構成

アプリケーションやゲーム全体を幾つかのステージに分けて構成し、それぞれのステージに固有のテンポを設定する。ステージの展開や進行によってそのテンポが変化することで固有のテンポが生まれ、コンテンツ全体としてのフィードバックが快適なものになる。結果として、プレイが単調にならず、長時間続けていても飽きがこないものにすることができる。

a. ゲーム全体をいくつかのステージで構成する
b. それぞれのステージにテンポを設定する
c. ステージに設定されたテンポを考慮して、ゲーム全体のテンポを構成する
d. テンポを崩すことで、マンネリズムを避けることも意識する

1-1：通常（地上）　　1-2：地下

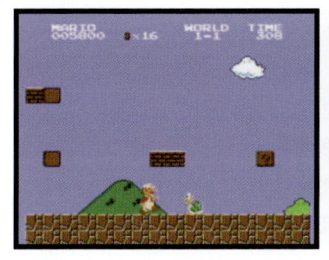

1-3：山　　1-4：城（対ボスステージ）

【例】「スーパーマリオブラザーズ」では、ステージごとにそれぞれ異なる舞台を用意して、ゲーム構成、ビジュアル、音楽でテンポを生み出し、マンネリズムが起きないよう工夫されている。

©SEGA
【dの例】テンポを崩す一例を示す。「ソニック・ザ・ヘッジホッグ」では、しばらくじっとしていると主人公のソニックがカメラ目線になり、足を踏み鳴らす仕草などをしてユーザーに早く動かしてほしいと無言で促す。

3-A-② ユーザーによるテンポのコントロール

　人は自分がコントロールしている状態を好む。これは「自分で物事をコントロールしている」ことによって「身を守る」ことにつながるからで、古い脳が支配する本能に由来する。
　ゲームテンポは開発する側の人間がある程度設定するが、例えば「今日は集中力がないから、レベルの低いモードにして、反復学習で基礎レベルを上げよう」とか、「今日は気力が充実しているから、大きな障害に挑戦しよう」とか、「最終的な目標達成は週末にとっておこう」などというように、ユーザーが任意にテンポを設定できるようにしておくことが望ましい。

また、場合によっては挑戦を回避できるようにして、自分のペースで進められるような余地を残した構成になるように配慮しなければいけない。

a. 易しいステージ、難しいステージの選択余地を残す
b. 危険なステージ、安心できるステージの選択余地を残す
c. 反復できる基本ステージ、挑戦ステージの選択余地を残す
d. クライマックスへのチャレンジを自分で決められる余地を残す

3-A-③ スピード感でテンポを調整

以下のようなスピード感の演出は、アクションを主体としたゲームによく利用されるゲームテンポのデザイン作りの方法論である。

アクションにおけるスピード感は即応性が基本だが、格闘ゲームなどでは、即応性が高いとユーザーがついていけなくなるので、攻撃と攻撃の間に攻撃効果やダメージアクションを挟み、あえて反応に間を取ることで快適なテンポを演出する方法もある。

a. ゲーム全体をいくつかのステージで構成し、それぞれのステージにテンポを設定する
b. ステージのスピード感を利用して、ゲーム全体のテンポを調整する
c. ステージクリアを境にスピード感をアップして、アプリケーションの全体構成としてのテンポを演出する
d. 異なるアクションを同時に要求することによって、内的なスピード感を加速させてテンポを調整する
e. アクションとアクションの間を気持ち良いスピードのテンポでつなぐ

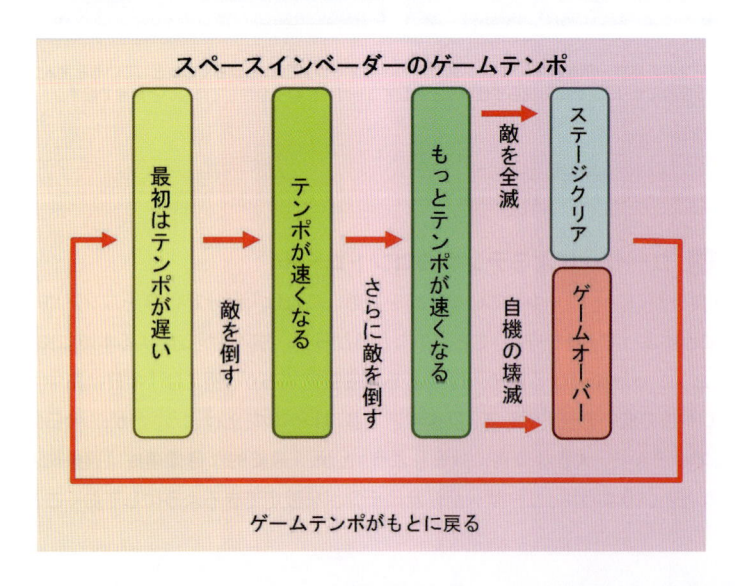

スペースインベーダーのゲームテンポ

最初はテンポが遅い → テンポが速くなる（敵を倒す） → もっとテンポが速くなる（さらに敵を倒す） → 敵を全滅 → ステージクリア / 自機の壊滅 → ゲームオーバー

ゲームテンポがもとに戻る

3-A-④ 緊張感でテンポを調整

　緊張感を調整してテンポを生み出すことができる。前項の速度の調整のようなアクション主体ではなく、例えばRPG（ロールプレイングゲーム）などの思考型のゲームにおいてよく利用されるものである。

a. ゲーム全体をいくつかのステージで構成し、それぞれのステージに緊張感を設定する
b. ステージの緊張感を利用して、ゲーム全体のテンポを調整する
c. ステージクリアを境にスピード感をアップして、アプリケーションの全体構成としてのテンポを演出する
d. 異なる思考プロセスを同時に要求することによって、内的な緊張感を加速させてテンポを調整する

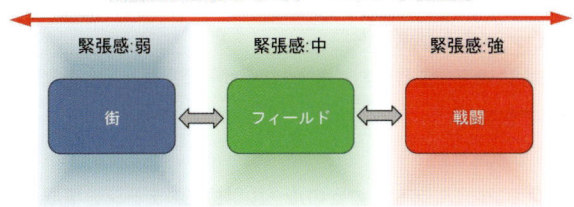

緊張感を変化させてゲームテンポを生む

緊張感:弱　街　⇔　緊張感:中　フィールド　⇔　緊張感:強　戦闘

3-A-⑤ 映像と文字でテンポを調整

　思考型のゲームにおいてよく利用されるゲームテンポ設定の方法論である。また、電子書籍などのアプリケーションにおいても有効に活用できる可能性を持っている。

a. 文字表示だけを提示する
b. ユーザーが飽きてくる頃を見計らい、文字表示部分にグラフィックを表示する
c. 文字部分にグラフィックを追加表示することも有効（挿絵のような扱い）
d. アイテムなども表示すれば、そのシーンでアイテムを獲得したことを示唆できる
e. 会話シーンなどはキャラクターを表示して、理解の捕足や楽しさを演出する（漫画のコマ割りの応用）

通常は文字で情報を表示する。 　　　重要な内容はアニメを表示。（画面は「部下の謀反」）

『信長の野望・全国版』©コーエーテクモゲームス All rights reserved.
【例】ファミコン版の「信長の野望・全国版」

【eの例】「ファイアーエムブレム」シリーズでは、漫画のコマ割り的な会話シーンがひんぱんに登場してストーリーの奥深さを演出し、ユーザーの没入感や主人公へのなりきり感を高めてくれる（写真は「ファイアーエムブレム トラキア776」）。

3-A-⑥ 音楽でテンポを調整

音楽の演出を作中に適度に盛り込むことで、ユーザーが息抜きできるようにして、テンポを生み出すことができる。

a. アプリケーションについていくつかのルール単位でステージを構成し、ステージの想定テンポを設定する
b. 想定したテンポに合わせて音楽をデザインする
c. 音楽（BGM）がゲームテンポとリンクして効果を上げるようにする
d. プレイ中に長時間流すメインの曲は、緊張感や主張が少なく心地よく感じるものにする
e. 同じ曲でも、オクターブの調整などで緊張感やテンポを考慮して構成する
f. 音楽と効果音それぞれを連動させたり補完させたりする
g. 音楽の変化を、ゲームの意向とリンクさせる。例えば、出題レベルが変化したり、ボスキャラが登場したりするときに、音楽を変える
h. 音楽を鳴らさないことで、ゲームテンポを止める効果も考慮する

【c,dの例】「レッキングクルー」から。どんな壁でも一撃で壊せるようになる強力なゴールデンハンマーを獲得すると、さらにノリのいいBGMに変わりプレイヤーにさらなる快感をもたらす。

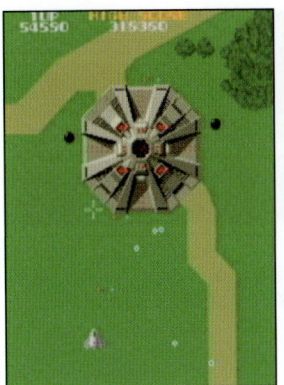

©NBGI
【gの例】「ゼビウス」では、巨大要塞の「アンドアジェネシス」が出現したときだけ、いかにもユーザーにピンチであることを想起させるような威圧感を与えるBGMに変化する。

3-A-⑦　単調な作業を盛り込んでテンポを調整

　ドラゴンクエストのレベル上げは、勝てる敵が出現するエリアで戦闘を何度も行うことが多い。人の作業の中でも一番つまらないと言われている単調な行為の繰り返しである。しかし、この単調作業をうまく利用すれば、テンポの演出に活用できる。目標に向かって前向きにノッている時間と、のんびりと単調作業を繰り返している時間とを意図的に作り出して、その行為時間の緩急を全体としてのテンポ感に変えてしまうのである。

　人は行動している時間の30パーセントはぼんやりしている。集中力の持続時間も10分程度である（この10分しかない集中力をいかに連続して誘発させるかは、後述の4-A-④「中間目標の設定」で解説する）。報酬は少ないものの、必ず勝てる弱い敵に勝ち続ける行為は快感になる。ぼんやりとした時間とはいえ、人は何らかの行為はしたいもので、それを快感の連続で埋められればその心理的満足感は高い。

　もちろん、1.敵との遭遇まで（緊張感小）→2.敵との遭遇（緊張感中）→3.戦闘（緊張感大）→4.戦闘終了（快感）→以後1～4の繰り返し、といった具合に、単調な行為にもしっかりとテンポ感を演出することを忘れてはいけない。ゆるやかな目標の単調作業と前向きな目標の緊張作業によるテンポ感が、長時間のハマる効果をもたらす。

　スマートフォンを基本としたソーシャルゲームは、通勤時間や移動時間といったぼんやりせざるを得ない隙間時間に、この快感原則を利用して成功している例である。

a. ゆるやかな目的意識でできる単調作業を構成する
b. 開始から終了までの時間を短くする
c. 隙間時間にすぐできるようにする
d. 繰り返し作業でもテンポ感を盛り込む
e. 一度の報酬は少ないが（低リスク、低リターン、ほどほどの満足感）、一定数繰り返す（努力）ことで大きな報酬に転嫁できるようにする
f. アニメや音を駆使して、行為は単調でも、画面的には大きな変化があるようにする

ⓒSEGA

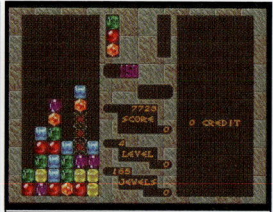

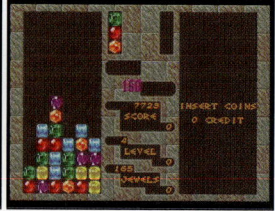

【例】「コラムス」から。縦・横・斜めのいずれかに同じ色の宝石を3個並べて消すだけの単純なルールだが、消すという行為自体が気持ちよく、同じ行為をぼんやりと繰り返しても飽きずに楽しむことができる。

3-A-⑧　ブレイクを準備する

　ゲーム中に、ブレイク（息抜き）を準備することも、緊張感の調整に一役買う。実際、長時間遊び続けていると、ユーザーは疲弊する。情報を整理して記憶にとどめるためにも、休息が必須だ。そこで、以下のような方法で一定のタイミングごとにブレイク（息抜き）できるような構成を設けることが有効的である。

a. ルール単位でゲームのステージを構成し、単位ごとにブレイクを用意する
b. アクション的なアプリケーションのブレイクの場合は「緩」を、思考型のアプリケーションの場合は「急」を考慮する
c. デモでブレイクを演出
d. ミニゲームでブレイクを演出
e. ブレイクでミスしても本編に直接影響が出ないように配慮する。ただし、うまくクリアした場合は、ゲーム本編に影響をおよぼすようになる
f. ブレイクのロジックは本編のロジックとは無関係とし、できればロジックの方向性を本編とは反対にした方が望ましい

ⓒNBGI

【例】一定間隔のステージをクリアするごとに、ブレイクのためのアニメーションを挿入してユーザーの目を楽しませる例。写真左が「パックマン」、中央はそのリメイク作の「パックマニア」。写真右は「ギャラガ」のチャレンジングステージ（ミニゲーム）で、ミニゲーム中は敵が一切攻撃を仕掛けてこない。

【例】「星のカービィ　夢の泉の物語」

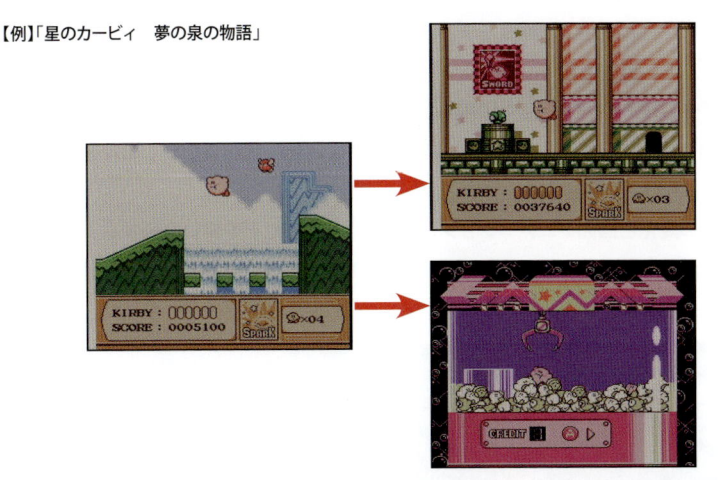

各ステージの合間に気楽に楽しむミニゲームを用意。これでゲームオーバーになることなく、クリア度合いによって主人公のストックを増やしたりすることができる

【例】「スーパーマリオブラザーズ3」では全体マップ上にミニゲームを配置して、一定条件をクリアするとミニゲームができるようになっている。

3-A-⑨　シーンリズムの調整で快感を演出

　ここで挙げるシーンリズムとは、「ボタンを押す」「タッチする」という行為に対して最適な音を付与することであり、行為とグラフィックと音のシンクロニシティによって、楽しさと爽快感をユーザーにもたらすことを指す。

　ある一場面の爽快感を高めるためには、例えば同じ場面で鳴らす効果音を工夫すると効果的である。ゲームテンポはゲーム全体を通して流れる躍動感であるのに対して、シーンリズムは特定のゲームシーンにおける瞬間的な快感を示すものである。すなわち、「ボタンを押す」「タッチする」という行為を、グラフィックの変化と音楽との心地よいシンクロニシティで楽しさに変換する演出なのである。

　　a.「ボタンプッシュ」や「画面タッチ」に慎重に意味づけする
　　b.「決定」や「キャンセル」にもユーザーが押すときの心理状況を反映する
　　c. 行為の意味付けや、心理状況を反映した効果音を当てていく

d. 「ボタンプッシュ」や「画面タッチ」を連続操作させる場合は、トータルで爽快感を演出できる効果音を当てる
e. ユーザーの行為の一定単位を設定し、単位ごとに完結する効果音設計をする
f. 長時間プレイするゲームの場合は、音楽（BGM）と効果音が重なって和音を構成するような曲作りを試みる
g. 効果音の変化と画面アニメーションとをリンクさせることを常に意識する
h. 状況の変化を効果音で知らせる。このとき、BGMとリンクさせると効果が高まる

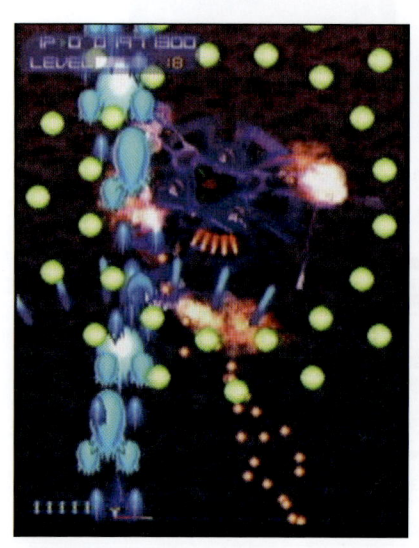

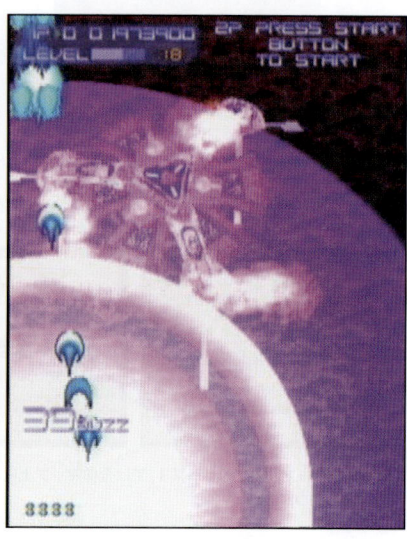

サイヴァリア　リビジョン ©2003 SUCCESS
【aの例】写真の「サイヴァリア リビジョン」などのシューティングゲームでは、ピンチに役立つ強力なボンバー攻撃が存在することが多い。ボンバーを発射すると、降下音などが鳴った後に派手な効果音とグラフィックをともなって大爆発を起こし、広範囲の敵に大きなダメージを与えることで爽快感を演出する。

ボタンを押すと矢印が左に動く

もう一度押すとトップの位置が決まり、矢印が右に動く

さらにもう一度押したときのタイミングでショットの強さと方向が決まる

【dの例】「マリオオープンゴルフ」より。ドライバーを使用したときに、ポン・ポン・ポンと合計3回、すべてぴったりのタイミングでリズムよくボタンを押すと、高い音が鳴ってボールが通常よりも遠くへ飛ぶスーパーショットになる。これによって、押したときのタイミングが合ったユーザーの爽快感がいっそう増す。

【hの例】「スーパーマリオワールド」では、ヨッシーに乗ると音楽に太鼓のリズムが追加されて、状況変化を知らせると同時に、パワーアップした快感を増幅させている。

> **keyword ▶▶▶ 手触り感**
>
> 画面上のメニューやアイコンを決定したときの反応を工夫して、「気持のよい操作感」「操作の手触り感」を感じさせて、心地よいリズム感を構成する。
> これがハマってくると、ユーザーに陶酔感が生まれ、長時間集中させる効果を生む。

3-A-⑩ 文字表示でリズムを調整

　ディスプレイ上で文章を読むのは、紙に書かれた文章を読むときに比べてストレスがたまりやすい。そこで、テキストを表示する速度やタイミング、効果音の組み合わせ方などを工夫して、メッセージを送るという行為自体を快適にすることでシーンリズムを生み出す。

　加えて、ユーザーが読みやすい文章量に調整し、その表示方法にも気を配り、決定ボタンをリズミカルに押しながらメッセージを心地よく送れば、ユーザーのストレスを大きく減らすことができる。

a. 文字表示方法の検討（1文字表示、1行表示、全体表示、など）
b. 文章スクロール方法の検討（1行スクロール、全体切り替え、など）
c. 文字表示スピードの調整
d. 文字表示とシンクロナイズさせた効果音
e. 文字表示ウインドウの開き方と大きさ
f. ウインドウデザインの工夫
g. メッセージスキップ
h. 文字色の工夫
i. 文字表示量を適正化する
j. 以上すべての行為を、画面アニメーションとリンクさせることを考慮する

3-A-⑪ 効果音でリズムを調整

「ボタンを押して決定する」「タッチしてスクロールする」「キャンセルする」といった行為は、いずれもユーザーによる自発的な意思決定である。そこで、これらの行為を行うたびにユーザーの心理状況を反映した効果音を鳴らして、画面のアニメーションとリズミカルにリンクさせることで、リズムを生み出す。これにより、ユーザーの気分とコンテンツを一体化させることが可能になる。

a. カーソル移動音や決定音、キャンセル音、画面転換音など多彩な効果音を使い分ける
b. 決定音は心情を反映させ、軽い気持ちと重要な決定で同じボタンでも音を変える
c. キャンセルやカーソル移動音も変化させることで心地よいリズムが生まれる
d. 決定音とボイスの組み合わせ
e. 場面転換時の効果音
f. 行動の効果を効果音で表現
g. 以上すべての行為を、画面アニメーションとリンクさせることを考慮する

【例】SCEの「ガンパレード・オーケストラ」では、セリフ的な文章はフレーム付きのウインドウで1文字ずつ効果音を鳴らしながら表示し、なおかつ行数も減らしている。コラム的な文章の場合はフレームのないウインドウに一括で表示し、効果音を鳴らさないようにして区別している。また、ときどき出てくる心理的なセリフは特別なウインドウで表示する。(写真：SCE)

3-A-⑫ アニメーションでリズムを調整

アニメーションによる演出で、リズムを調整できる。ゲームにおけるアニメーション演出は、大きく分けて2種類ある。ひとつは、ボタン操作によらず画面の一部が常にアニメーションしているもの。主にゲームテンポを構成する要因であり、グラフィックをBGMのように用いる方法である。もうひとつは、ユーザーのボタン操作によってアニメーションが開始される演出。これによってシーンリズムが生み出されるため、効果音を使用するのと同様の効果が生じる。

a. 選択カーソルはアニメーションさせる
b. 決定時はアニメーションさせる
c. メニュースクロール時や、カーソル移動時はアニメーションさせる

d. オススメボタン、重要ボタンはアニメーションさせる
e. 画面切り替え時に、メニューアイコンやボタン類をアニメーションさせて転換させる
f. 被写界深度を利用したピントの変化
g. スポットライトの効果
h. アイテムの点滅
i. アイコンに意味を持たせるためにアニメーションさせる

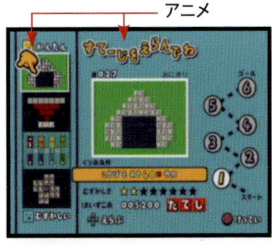

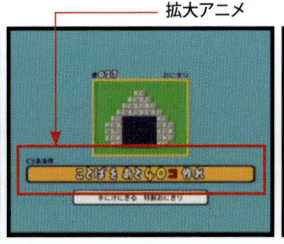

©NBGI
【例】「ことばのパズル もじぴったん」では、画面上部の文章やカーソルがアニメーションにより常時揺れ動いている。ステージを選択すると、クリア条件が書かれたウィンドウが拡大するアニメーションが流れる。また、ポーズをかけるとメイン画面が暗くなってポーズメニューを引き立たせるようにしている。

> **keyword ▶▶▶ 画面が死んでいる**
>
> 画面のどこも動いていない状態を指す。
> 画面が動いているだけで、そこにはワクワクするシーンリズムが発生する。

　ここまでゲームテンポとシーンリズムを解説してきたが、テンポとリズムの組み合わせの総数は極めて多様であり、そこには唯一無二の正解など存在しない。各ゲームの用途ごとに特有のリズム感を見つけ出し、地道に最適な組み合わせを見つける作業が必要である。

原則3-B　ストレスと快感のバランス

　ゲームとは「褒めるメディア」である。ゲームデザインにおける最大のポイントは、ストレスと快感とのバランスを考えることであり、ユーザーがゲームにハマるのはこれらのバランスが絶妙に調整されていることに起因する。つまり、ユーザーがチャレンジした行為に見合った報酬（褒め）を与えることで、ゲームをずっと続けたいというモチベーションを喚起できる。さらに、もっと褒めてもらいたいという向上心にもつながる。

神経伝達物質「ドーパミン」が快楽システムをコントロールしていることは知られているが、最近の研究ではドーパミンは欲求に強く関係しており、快楽には「オピオイド」が作用しているといわれている。課題というストレスは「乗り越えたい」という欲求でもあり、その報酬としての快楽をバランスよくコントロールすることで、ユーザーを夢中にさせていく。

このコントロールで重要なのは、課題と報酬の関係を固定しないことだ。どの程度の努力をすればどの程度の報酬が返ってくるかを予測できるのはいいことだが、予測通りだと人は飽きてしまう。報酬の確率を変動させることで行動の動機がより強化されることは、スキナーが行った「オペラントの条件付け」でも明らかになっている[注]。ある程度の不確定要素（変動比率）があった方が人は夢中になるのだ。

注）オペラントの条件付け（operant conditioning）は、米国の心理学者スキナー（Burrhus Frederic Skinner）が考案した動物が自発した反応の直後に報酬の刺激を与えることによる条件づけの手法。例えばラットが5回棒を押すと餌が出てくることを何回も経験すると、かならず5回押すようになる。この回数を5回に固定せず3〜7回と変動させると、5回固定よりも頻繁に棒を押すようになる。これが変動比率である。

① ストレスと快感のバランスを取る
② ミスとストレスの因果関係の明確化
③ 飢餓感をあおる
④ 快感要素の基本事項
⑤ ハイリスク・ハイリターンの調整
⑥ 一発逆転のチャンスを設定する
⑦ セーブの安心感を伝える
⑧ コンティニューの仕掛け作り
⑨ 余計なストレスを排除する

3-B-① ストレスと快感のバランスを取る

ストレスと快感を段階的に配置することで、ユーザーの「次に進みたい」という意欲を高めることができる。また、この段階の配置を「ゲームテンポとリズム」に付随させることでさらに心地よい状況が生まれ、長時間プレイし続けても飽きることのない環境が出来上がる。

a. 難易度を徐々に上げていく
b. 簡単な障害（小さいストレス）のクリア時には小さな快感、難関（大きなストレス）のクリア時には大きな快感を提示する
c. ゲーム開始直後に小さいストレスを用意し、それをクリアさせて快感を与え、まずはその喜びを知ってもらう
d. ゲームの進行にあわせて、難易度の上昇の仕方と「ストレスと快感のバランス」をリンクさせる（4-C参照）

e. 途中でビギナーズ・ラックのように、小さなストレスでも大きな快感を味わえる要素を組み込んでおく
f. ゲームテンポやシーンリズムと、ストレスと快感の供与を連動させる（3-A参照）
g. 全体に使用される音楽や効果音と「ストレスと快感のバランス」をリンクさせる
h. 報酬の与え方に不確定要素（変動比率）を導入する

初めて通ったときだけ、
敵が主人公の足をつかむ

先に進むと、プレイデータをセーブするために
必要なアイテム（インクリボン）を入手できる

©CAPCOM CO., LTD. 1996 ALL RIGHTS RESERVED.
【例】「バイオハザード」では、敵のゾンビに不意に襲われるスリルをユーザーに序盤にあえて体感させる場所を設けている。ただし、初心者でも簡単に切り抜けられるように敵は弱くしてある。

【変動比率の例】「大乱闘スマッシュブラザーズX」より。対戦中にときどき出現するアイテムのモンスターボールを取ると、複数の種類が存在するモンスターがランダムで出現して対戦相手を攻撃する。モンスターの中には数十〜数百分の一でしか出現しない、強力な攻撃を繰り出したり、特殊なアイテムを落としたりするレアなキャラクターも存在する。

3-B-② ミスとストレスの因果関係の明確化

ゲームテンポは開発する側の人間がある程度の設定を行うが、例えば「今日は集中力がないから、レベルの低いモードの反復で基礎レベルを上げよう」「今日は気力が充実しているから、大きな障害に挑戦しよう」「最終的な目標達成は週末にとっておこう」などというように、プレイヤーが任意に選択できるようにしておくのが望ましい。

また、場合によっては挑戦を回避できるようにして、ユーザーが自分のペースで進められるような余地を残した構成にする。そのために、どのようなミスでどういった結果を招くのかを分かりやすくユーザーに提示する必要がある。

a. チャレンジしているステージがどのレベル状態にあるかをユーザーに理解させる
b. ステージ内での問題提出の際に、その障害がどの程度のレベルかをユーザーに理解させる
c. ミスした場合、全体としてどの程度のダメージになるのかを認識させる
d. ミス後に再度チャレンジした場合に、以前のチャレンジはミスであったことを知らせる
e. 取得が難しい場所にあるアイテムや強い敵がいるルートなど、難しい障害をユーザーに分かるように設定する。これらは、当初は避けてもゲームを進められるようにしておく。ユーザーの習熟度が上がった時に再度チャレンジできる構成にして達成感を演出する
f. 因果関係は見た目でも納得できるものとする。例えば、触れるとダメージを受けるだけの敵キャラクターと、即時ミスになる敵キャラクターとでは、それぞれ見た目でも違うようにデザインする

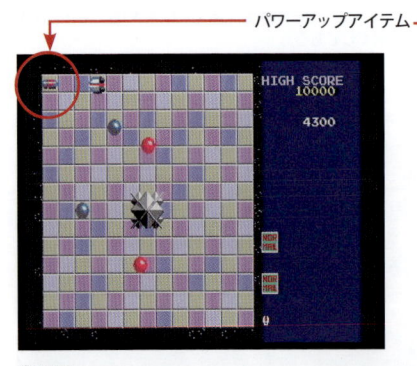

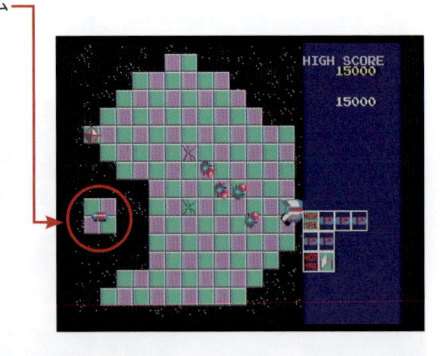

©NBGI
【例】「モトス」は、敵に体当たりしてフィールドの外に弾き出していくアクションゲーム。パワーアップアイテムを装着するほど敵を押す力が強くなるので、アイテムをたくさん持つほど有利になる。ただし、フィールドの隅や離れ小島にあるアイテムを取るときは、敵の追撃を受けて逆に突き落とされたり、敵を避けようと慌ててジャンプすると着地に失敗したりするリスクが高まる。以上のことが構成にも、ビジュアル的にも、ユーザーに理解できるようにしている。

【例】「スーパーマリオブラザーズ」シリーズでは、ほとんどのステージにおいてゴール地点にはポール（旗）があり、これにつかまるとステージクリアになる演出が定番である。加えて、ポールにつかまる位置やタイミングなどによって、ボーナス得点などが加算される要素を盛り込んでユーザーを楽しませている。

3-B-③　飢餓感をあおる

　報酬を得た時よりも期待している時の方がより刺激は大きく、予測不可能な報酬に対して特に敏感である。この項目は「欲しくなる」仕組みを組み込むことであるが、それが予測不可能であるとユーザーの探索欲求はさらに高まる。あとはそれをビジュアル化して的確に伝える。

a. ゲーム内の仕組みとして、「これがあればいいのに」という仕組みを導入する（3-D-⑥連動）
b. ゲーム内に、「こんなものがあるなら探してみたい」という情報を仕込む（3-D-⑥連動）
c. a,bを飢餓感というストレスになるように構成する
d. 飢餓感に応じた難易度の解決策を仕込み、ビジュアル化して提示する
e. 新しい遊びの要素が追加される仕組みを作り、ビジュアル的に追加が分かるようにする
f. 新しい要素が追加されるタイミングを予測不可能にして、ユーザーが常時気になるようにする

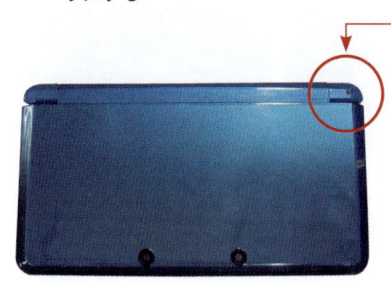

新しい情報を受信するとLEDランプが点灯

ニンテンドー3DSの「おしらせリスト」では、いつの間に通信やすれちがい通信の新規・追加情報が随時更新される。前者では、例えば新作プロモーション映像を見られる「ニンテンドービデオ」に新しいコンテンツが追加されると、3DS本体の角にあるLEDランプが青色に点灯してユーザーに知らせる。後者では、「すれちがい通信」で他のユーザーのMiiデータを受信したときに、緑色のランプが点灯する。本体内にあるゲームの追加コンテンツが配信された場合も、おしらせリストに通知が届く。

3-B-④　快感要素の基本事項

　コンテンツにハマってもらうための基本となるのは「褒め要素」である。映像の美しいデモや派手なエフェクト、称えるボイスやサウンドなど、褒めすぎてやりすぎということは絶対にない。だからこそ、とにかく最高の褒め方を考える。褒める前に一瞬全てを止めて、感激直前の「間」を作ると効果的である。

a. ファンファーレとともに、派手なデモなどで快感を演出
b. 褒める直前の「間」が重要
c. クリア時のレベルによってエンディングを変える
d. 高得点クリアの場合、エンディング後にスペシャルステージを用意しておく
e. 称号を与える
f. ボーナス得点を加算する
g. 貴重なアイテムを与える
h. 上達のレベルによって取得できるものに差があることを認識させる

i. 上級者のみが取得できるアイテムや勲章など、目に見える報酬を設定し褒めてあげる
　j. iで取得したアイテムなどを誰かに自慢できる環境を設ける
　k. 取得したものを交換できる場を提供する

©CAPCOM CO., LTD. 2005, 2006,
©CAPCOM U.S.A., INC. 2005, 2006 ALL RIGHTS RESERVED.
【例】「ストリートファイターⅡ'(ダッシュ)」では、キャラクターごとに、後日談を描いたエンディングが用意されている。さらに1ラウンドも負けずにすべての敵に勝つと、右側の写真のように全キャラクターとスタッフを紹介した特別なエンディング画面を見られるようになる。

©NBGI
【例】「ギャラガ」のチャレンジングステージでは、敵を1機も逃さずにすべて倒すと特別なファンファーレが流れるとともに高得点のボーナスが加算される。これで、ユーザーの達成感や快感を高める。

3-B-⑤ ハイリスク・ハイリターンの調整

　文字通り、利益が大きいが、損出の可能性も高いという要素を盛り込む。ハイリスク・ハイリターンの法則は、ギャンブルなど射幸心を目的としたゲームには必須の項目であり、投資や投機から経営にいたるまで過去から現在につづく人間のテーマそのものでもある。
　ゲームを面白くする要素としても昔から取り入れられており、ストレスと快感バランスのおおきなポイントとなる。ただし重要なのはあくまでもプラスの要素であり、ゲーム構成の根幹においてはいけない。

　a. 敵が多い、弾が多いなど、プレイ中の難しい時に高得点アイテムを出現させる
　b. 崖の近く、障害物の横など、ミスしやすい場所に高得点アイテムを配置する
　c. 隠し扉の中や敵の影など、発見しにくい場所に高得点アイテムを隠す
　d. 小さいなど、見つけにくいアイテムを高得点にする
　e. 高得点アイテムを取るとゲーム内容が、さらに難しくなる、逆に、楽になるなどの変化を起こすことでゲーム性を高める
　f. 取得時には画面の変化や効果音などで知らせる

- g. 取得するのにリスクが大きなアイテムは取得しなくてもクリアできるように構成する
- h. ハイリターンの内容には以下のようなものがある
  - ・高得点
  - ・タイムが伸びる
  - ・マイキャラがパワーアップする
  - ・貴重なアイテムを取得できる
  - ・隠れたルートが出現する
  - ・難しいコースをスキップできる
  - ・取得しないとコレクションが完成しない

このリフト上から素早く連続ジャンプすると近道となる

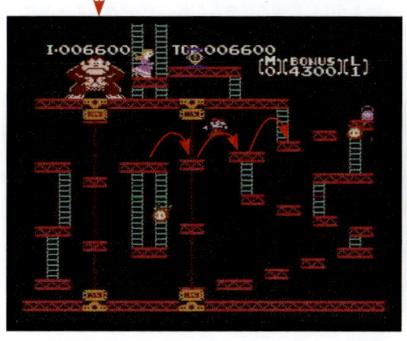

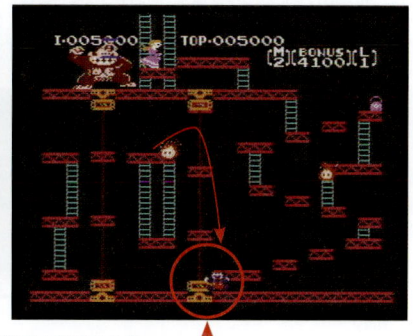

タイミングが遅れると落下してミスとなる

「ドンキーコング」では、写真の位置で連続ジャンプに成功すると近道ができるが、飛び移ることができる時間は非常に短い。このため、腕に自信がない場合は、より時間が掛かる安全ルートを選択することになる。

3-B-⑥ 一発逆転のチャンスを設定する

　大きなくくりでいえば一発逆転要素も変動比率の一種だが、ここでのポイントはそれが「最後の大逆転」につながることである。この要素はテレビゲームに限らず、チェスや将棋、トランプからボードゲームまで、古今東西の遊戯に含まれていることからも、ゲームに必須の要素だと分かる。

　例えば、ユーザーが対戦相手に捕まらないように逃げるゲームにおいて、特定の条件を満たすと一時的に攻守が入れ替わり、逆に相手を追い込んで退治できるようにする。こうした一発逆転の要素を盛り込むことで、ユーザーに大きな快感を与えられる。

- a. ゲーム性と連動させる形で一発逆転のチャンスを設定する
- b. 一発逆転のチャンスは、ミスになる寸前の際どい状態のときに発生させ、逆転の快感を増幅させる。これで、戦略性が生まれる
- c. 逆転現象を連続して起こすことで、より高得点となるような仕組みを盛り込む

d. 逆転発生時には、効果音を鳴らして知らせる
e. 逆転発生中は音楽も変化させると効果的
f. 自己犠牲による逆転発生は、リスクとリターンのバランスが取れていれば非常に効果的となる

©NBGI
【a,c,dの例】「パックマン」は通常、敵のモンスターに捕まらないようにして遊ぶゲームだが、パワークッキーを食べると一定時間だけ逆に敵のモンスターが逃げ出す。このとき、敵を食べると高得点を得られる。また、パワークッキーの効果が持続している間は、BGMが変化する。

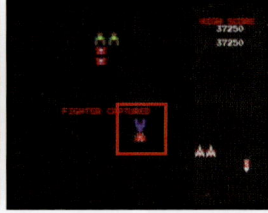

©NBGI
【fの例】「ギャラガ」では、自機がボス敵のビームを浴びると捕虜になってしまうが、ボスを倒して捕虜を取り戻すと合体して攻撃力が増す。

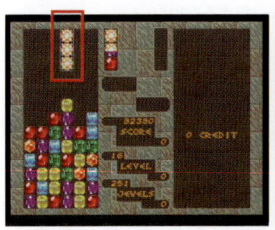

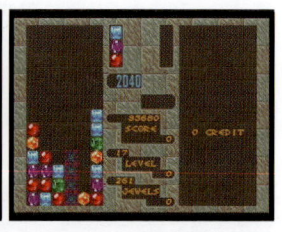

©SEGA
【a,c,dの例】アクションパズルゲームの「コラムス」では、画面内にある同じ種類の宝石をすべて消去することができる魔法石がまれに出現する。これをうまく使えば、画面上部まで宝石が積み上がってゲームオーバーになりそうなピンチ状態を瞬時に脱出することができる。

「龍虎の拳」
©D4Enterprise Co.,Ltd.　©2008 SNK PLAYMORE CORPORATION All rights reserved.
NEOGEOは株式会社SNKプレイモアの登録商標です。

「サムライスピリッツ」
ⒸD4Enterprise Co.,Ltd.　Ⓒ 2008 SNK PLAYMORE CORPORATION All rights reserved.
NEOGEOは株式会社SNKプレイモアの登録商標です。

【a,b,dの例】対戦格闘ゲーム「龍虎の拳」では、体力が残り少なくなったときにだけ使用できる強力な隠し必殺技がある。技の入力コマンドが複雑で、相手に技を掛けるまでの間が長く、反撃されるリスクもあるが、当たれば一発大逆転となる。「サムライスピリッツ」では、相手の攻撃を受けるごとに「怒りゲージ」の量が増えていく。ゲージの量が多いほど攻撃力が上がるので、不利な展開に持ち込まれた側のユーザーにも、逆転できる余地を十分に残せる。

3-B-⑦　セーブの安心感を伝える

　ユーザーに安心感を与えるセーブは、ゲームに没頭してもらうために、非常に重要な項目である。ゲームをどの時点でどのような状態でセーブするかはゲームの本質にかかわる問題でもあり、UI設計にも大きく影響する。

　セーブには、1.全てを自動でセーブできるもの、2.特定の条件下であればいつでもどこでもユーザーがセーブできるもの、3.セーブできる場面があらかじめ決まっているもの、の3種類がある。どれが良いかはコンテンツ内容に依存する。1は「どうぶつの森」のような時間の経過がゲーム内容に関係し、かつ後戻りできないものに向いている。「ミスできない」といった緊張感はないが、いつでもどこでもやめなければならないモバイルゲームなどには必須である。

　2は、時間経過があまり関係ない、後戻りできるゲームで多用されている。セーブしないと、それまでの記録が失われる緊張感が生まれる。その半面、好ましくない結果になればすぐにそれ以前に戻せるという、デジタルゲーム特有の「セーブ・ロード癖」が付いてしまう。このことに注意してデザインしなければならない。

　3は「Newスーパーマリオブラザーズ」のような、セーブポイントが決まっているゲームで利用される。ミスすることへの緊張感が高まりやすいのが特徴である。ある程度じっくりと取り組めるゲームに向く。

a. 自動セーブなのか、セーブポイントを設定するのかを決定する
b. オートセーブは後戻りできないコンテンツに向いている
c. セーブポイントを設定する場合は、ミスを簡単に取り戻せることでゲームに対しての緊張感が薄れないように考慮する
d. セーブして次に進むシステムの場合は、セーブポイントを明確に提示する
e. セーブが済んでいることをユーザーに確実に伝えて安心させる

f.　どこまでセーブされているかをユーザーに確実に伝えて安心させる

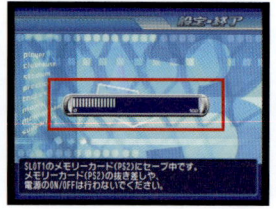

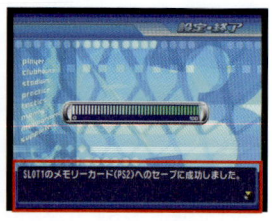

ⓒSEGA
The use of real player names and likenesses is authorized by FIFPro and it's member associations.
adidas, the adidas logo, FEVERNOVA and the trigon logo are trade marks which are owned by the adidas-Salomon Group, used with permission.
【例】「J.LEAGUEプロサッカークラブをつくろう！3」ではセーブ中に進捗度を示すステータスバーを表示し、100パーセントに到達するとセーブが完了したことを示すメッセージを毎回必ず表示させ、ユーザーを安心させるよう配慮している。

3-B-⑧　コンティニューの仕掛け作り

　この頃では、いったんゲームが終了した時点で、さらにゲームを続けてもらうための方法を説明する。もともとはアーケードゲームでゲーム終了後にコイン投入させるために発達したノウハウだが、ソーシャル・ゲームや基本プレイが無料の「フリー・ツー・プレイ」などのアイテム課金形式のゲームでも、その方法論は利用できる。

　a.　ゲーム終了後に継続させるためのカウントダウンを行って残り秒数を表示する
　b.　ゲーム終了後にミスの原因と解答のヒントになるデモを流すことで継続させる
　c.　コンティニューすると貴重なアイテムやチケットをもらえる
　d.　コンティニューすると課金額が安くなる
　e.　ゲーム内のキャラクターがコンティニューを希望する
　f.　仲間と協力してプレイするとコンティニューが可能になる
　g.　コンティニュー後はすぐスタートさせずユーザーに時間的余裕を与える
　h.　あえてコンティニュー出来ない場所を作り緊張感を増すこともできる

ⓒCAPCOM CO., LTD. 2005, 2006,
ⓒCAPCOM U.S.A., INC. 2005, 2006 ALL RIGHTS RESERVED.
【aの例】アクションゲーム「ファイナルファイト」では、プレイヤーにコインの追加投入を促すように、カウントダウンを利用したコンティニューを促す演出を採用した。このような演出は、本作以外の多くのアーケードゲームで採用されている。

note

コンティニューはアーケードゲームの生命線

　アーケードゲームでは、ユーザーがゲームをプレイするために料金を直接筐体に投入する「コインオペレーション方式」によってインカム（売上）を得る。従って、インカムを増やすには、ユーザーを夢中にさせて硬貨を思わず投入してしまう仕掛けをゲーム内に盛り込むことが、重要なポイントになっている。

　その好例が、前述の「コンティニューの仕掛け作り」である。途中でゲームオーバーになっても、終了地点からすぐに継続して遊べるようにすることで、ユーザーを、「面白かったからもう1回やってみよう」「クライマックスのシーンを見たい」などという気分にさせることができる。

　加えて、制限時間内に硬貨を投入しなければ続きを楽しめないようにして、なおかつカウントダウンのような演出を加えることで、インカムを増やそうと工夫している。例えばアクション・シューティングゲームでは、コンティニューすると強力な「パワーアップアイテム」を獲得できるようにすることで、ユーザーの硬貨の追加を促す場合が多い。これは、難易度が高い終盤のステージでコンティニューする場合において、再開直後に強敵が出てきてあっという間にやられてしまい、ユーザーがストレスをためることがないようにするためである。

　ユーザー同士で協力して遊ぶゲームでも、コンティニューは欠かせない。もし途中で片方のユーザーがゲームオーバーになっても、パートナーが1人で苦戦しているのを見るとついつい助けたくなって再び硬貨を投入してしまう。これは、アクションゲームでよく採用された手法である。

　1980年代末から1990年代半ばにかけて数多く登場したクイズゲームでも、同じような仕組みを採用していた。例えば、4択のクイズを解答する際に、誰かが間違えた場合には、後から答えるパートナーが、残りの三つの選択肢から選択できるようにして、協力プレイで遊んだ方がよりスムーズに攻略できる仕組みになっていた。

　このようなアーケードゲーム分野で培われたインカムを上げるためのノウハウは、現在でもアイテム課金方式のソーシャルゲームなど、他のジャンルでも数多く応用されている。例えば、前回のプレイ時から3日以内に再度ログインすれば特典アイテムがもらえるなどといった仕様も、コンティニューと同じ効果をもたらす。

（嶋原 盛之＝フリーライター）

3-B-⑨ 余計なストレスを排除する

　ストレスの塊であるゲームとはいえ、ゲームとして必要なもの以外の余計なものは極力排除する。特に、思考型のゲームで重要になる。

　a. 障害の提示と、その解決という行為以外のストレスは極力排除する。例えば、操作性が悪い、自分が何を目指しているのかわからないなど
　b. 理不尽なミスの設定は絶対にしてはならない
　c. データのロード時間など、待ち時間の発生によるストレスをユーザーに極力感じさせないアイデアも考慮する

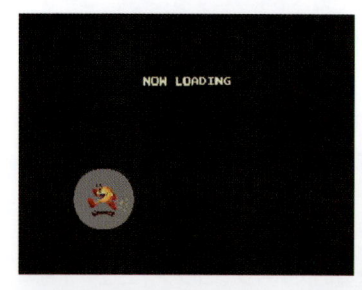

©NBGI
【cの例】プレイステーション用ソフト「ナムコミュージアム VOL.1」では、メインメニューでユーザーが遊びたいゲームを選択後、データロード中にキャラクター（パックマン）が左右に走るアニメーションを見られる。このとき、ボタンを連打するとキャラクターの動きがどんどん速くなる。こうしたちょっとした遊びをユーザーに提供することで、ユーザーの待つストレスを緩和させる効果がある。このアイデアは以降のシリーズにも継承されている。

©NBGI
【cの例】プレイステーション版「リッジレーサー」では、ゲームが起動するまでの間にシューティングゲーム「ギャラクシアン」を模したミニゲームを遊べる。さらに、すべての敵を倒すと本編が始まったときに選択できるレーシングカーの車種が増える特典まで用意されている。

原則3-C　発見する喜び

　人間は発見に喜びを見出す。まずゲーム開始直後に、ゲームを進める上で有効なアイテムなどをあえて見つけやすい場所に配置しておくことで、発見する喜びをユーザーに体験させる。そして、アイテムの効用を覚えさせて、ユーザーの感動を大きくする。ユーザーを初期段階でハメてしまう技術である。

　次に、その後のステージで、以前にアイテム類を発見した場面と比較的似た場面を用意し、かつそこにアイテム類を設置して、ユーザーに既視感を持たせることで、ユーザーにアイテム発見のヒントを与えることができる。すると、これに気づいたユーザーは、「自分の力でアイテムを発見した」と考え、気分が高揚する。

このように、発見や推理する喜びを演出することで、ユーザーのモチベーションを高め、長期間のプレイを可能にさせる。さらにハメる方法である。

同時に必要なのが、「予想外の仕込み」である。人間は予想外のものを切望していることは、バーンズ氏の研究で報告されており、予想通りの発見の喜びとともに、予想外の展開は更なる興奮を生む[注]。

① 課題や報酬をあえて隠す
② 同じパターンの構成を繰り返す
③ 同じパターンで「隠れ要素」を設ける
④ 発見した喜びを増幅する
⑤ 発見を自慢できる場を提供する

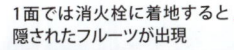

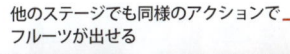

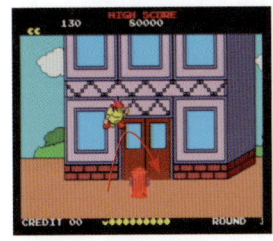

1面では消火栓に着地すると隠されたフルーツが出現

他のステージでも同様のアクションでフルーツが出せる

©NBGI
「パックランド」の1面では、障害物の消火栓に乗ると隠し得点アイテムのフルーツが出現することがある。他のステージでも隠し方は同じなので、これに一度気が付いたユーザーは次々にフルーツを発見できるようになる。

注) Gregory, Ph.D. Berns 2006: Satisfaction:The Science of Finding True Fulfillment: Owl Books

3-C-① 課題や報酬をあえて隠す

課題やアイテムのすべてを提示せずに、あえて隠すことで、ユーザーに発見する喜びを与えられる。ただし、もし発見できなかった場合でも、ゲームの進行に大きな支障が起きないようなデザインにしなければならない。加えて、発見した場合には成功報酬を与える。

a. 基礎知識として必要な最低限の課題は、ユーザーに提示する
b. ステップアップするための課題や上級者向けの課題などを隠すべき対象にする
c. "おまけ"要素が強い課題や、余力があれば挑戦する課題などを隠す
d. 報酬やパワーアップなど、喜びを与える素材を隠す
e. その他、隠すことができるゲーム内ルールや攻略法などがないかを検討する

ヘルメットを入手

頭上から降ってくる小モンスターの攻撃を防ぐ

取るとボーナス得点が入る風船を発見

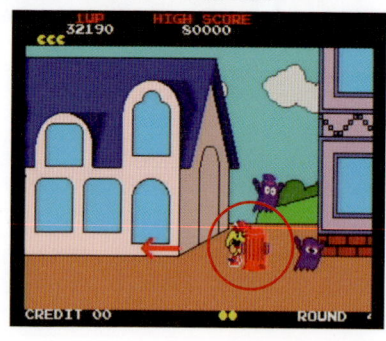

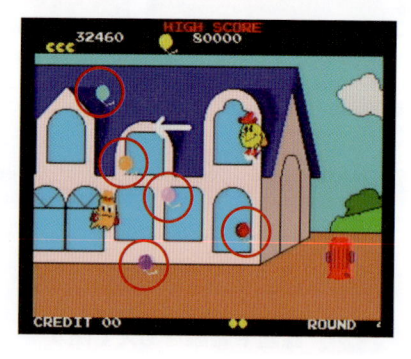

©NBGI

【a,c,dの例】「パックランド」の1面で特定の消火栓を後方に向かって動かし続けると、頭上から降ってくる小モンスターの攻撃を防ぐ効果のある隠しアイテムのヘルメットが手に入る。他のステージでも同様の方法で隠しアイテムなどが出現するので、一度この方法を覚えたユーザーは次々に新たな発見ができるようになる。

3-C-② 同じパターンの構成を繰り返す

　異なるステージ間において、同じような課題をユーザーに何度も与える。一度でも解決法をユーザーが覚えれば、以後の似たような場面でも反射的に解決できるようになる。これで、ユーザーは自分のゲームの腕前が上達したと実感できる。こうした「解決法の発見」も、ユーザーの喜びにつながる。

a. 課題の定義と、その解決法をパターン化し、ユーザーが目で見て分かるようにする
b. あからさまに似たパターンを何度も登場させない
c. 音楽や効果音などと連動させて、テンポとリズムでパターンを無意識に認識させていく
d. パターン化した解決法の発見そのものが、ユーザーの知識などの獲得による快感となるように構成する
e. 一度パターンそのものを問題形式にしてしまう、という方法も検討する

©NBGI
【例】「パックランド」では、最初に出てくる車に乗った敵は、軽くジャンプをすればかわせる。これさえわかってしまえば、後のステージでより車高の高い車が出てきたときでも、ユーザーはさっきよりもジャンプを高くすればいいのだろうという考えが自然に浮かぶ。

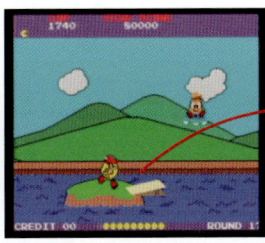

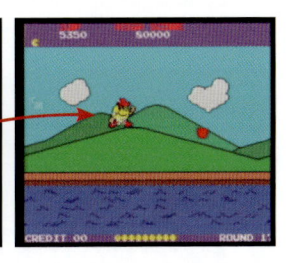

©NBGI
また、池があるため普通のジャンプでは先へ進めない場所にはジャンプ台が置いてあり、これを利用すればいいということが明らかにわかるデザインになっている。最初に出てくる池は小さいが、先に進むごとに段々と大きな池が出てくるので、その場合は十分な助走をつけてから高く飛び上がるなどの対策が必要になると、ユーザーは自然に分かってくる。

3-C-③ 同じパターンで「隠れ要素」を設ける

　ゲーム内では、隠されたアイテムやステージのような「隠れ要素」がある。この隠れ要素を、同じパターンで何度も登場させ、似たような場面でユーザーが発見できるようにする。3-C-②と同様に、ユーザーは独力で隠れ要素を発見できたと思い、喜ぶ。

　こうした予想通りに発見する喜びとともに、予想外の発見も仕込むとゲームの魅力が増す。特に予想外で発見できた隠れ要素に関しては、「ユーザーにとってかなり良いモノ」であることが重要である。

a. 同じ隠し方のパターンを何度も繰り返してユーザーに提示する
b. その隠し方のパターンと同じ（または類似した）状態を提示することで、ユーザーに「隠れ要素を発見したい」と思わせる
c. 「ここでアイテムが出ればうれしい」といった場面で、あえて出さないようにして、適度なストレスをユーザーに与える
d. この他、ユーザーの予想外のアイテムを仕込む

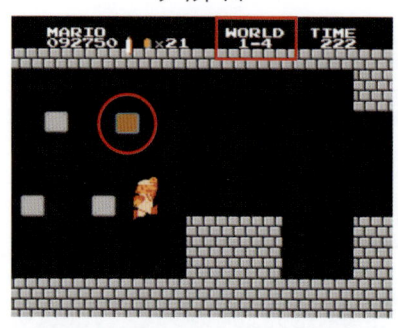

ワールド1-4　　　　　　　　　　　　ワールド6-4

【aの例】「スーパーマリオブラザーズ」の「ワールド6-4」にある隠しブロックは、「ワールド1-4」とまったく同じ配置になっている。周囲の地形も同じなので、1-4で隠しブロックを発見しているユーザーであれば、6-4の隠しブロックの存在を瞬時に予感できる。

©SEGA
【aとbの例】「ワンダーボーイ」では、特定の位置に武器を投げると出現するボーナスアイテムがあちこちに隠されている。出現場所は毎回同じなので、隠し場所をたくさん覚えたユーザーほど高いスコアを得られるようになる。

3-C-④　発見した喜びを増幅する

　課題の解決方法や、ゲーム中に隠された要素などの発見に成功したユーザーに対して、その喜びをさらに高めるための処理や演出、プレイ上のメリットなどを与えてユーザーの喜びを増幅させる。

   a. 発見に成功したユーザーに対して快感を得られる演出を与える（音楽や効果音、画面変化、主人公キャラクターの変化など）
   b. 発見時に今まで以上の報酬を与える（3-B-④参照）。その報酬は点数だけではなく、カードやキャラクターといったアイテムにしてもよい
   c. たとえゲームをクリアできなくても、発見した行為に対する報酬を与える
   d. 隠し要素が発見されなくても、ゲーム全体の進行には支障がないようにする

【例】「MOTHER」では、ゲーム制作者が直々にメッセージを送ってユーザーを楽しませる演出がある。

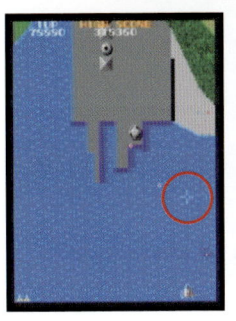

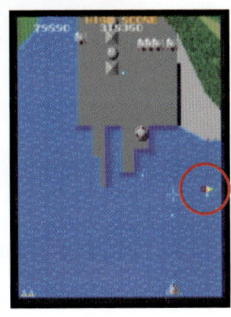

©NBGI
【例】「ゼビウス」では、特定の地点に隠れキャラクターが存在し、隠し場所にブラスター（地上弾）を当てると出現する。写真の「スペシャルフラッグ」と呼ばれる黄色い旗を発見すると、ボーナス得点、さらに取ると自機のストックが1機増える特典を得られる。

3-C-⑤　発見を自慢できる場を提供する

　ユーザー・コミュニティを設けるなど、自分の発見の成果を他人に向けて発表できる場を用意して、ユーザーの快感を増幅させる。

   a. 同じゲームを、異なるハード間で通信することで発表の場を提供する
   b. 他媒体（雑誌やWebサイトなど）での発表の場を提供する
   c. 発見時に得たカードやキャラクターなどを交換する場を提供する

原則3-D　意欲を持続させる仕掛け

　ユーザーがゲームをクリアしたり、機能を使いこなしたりする希望を持てずに、あるいは具体的な目標を定められずに、途中で断念してしまうことがないように設計することも、ハマる要素に欠かせない。ゲームニクスでは、意欲、つまり「モチベーション」を持続させる仕組み作りのノウハウが詰まっている。具体的には、以下のようなノウハウである。

① 全体像と現状を提示する
② 達成率を表示
③ スコア（得点）を見せる
④ パラメーターを見せる
⑤ 飢餓感をあおる要素と構成を導入する
⑥ 拡張性を暗示して期待感を持たせる
⑦ コレクション性の導入
⑧ 4ステージを基本構成にする
⑨ デジタル感を排除したセリフを導入する
⑩ リアルとリアリティーを混同しない
⑪ 発表できる場の提供
⑫ 協力・対戦プレイの導入

©NBGI
【例】「パックマン」のような、黎明期のゲームからユーザーの意欲を高める仕掛けとしてユーザーのスコアの表示、およびその日のユーザーの中で最高記録（ハイスコア）を常時表示する仕組みが導入されている。

3-D-① 全体像と現状を提示する

　ゲーム内の世界全体を示すマップを用意したり、進行状況を表示したりするなど、ユーザーが置かれた状況を明示できる仕組みを取り入れる。これは、成果を可視化して、ユーザーの意欲を高める方法の一種である。

　カルフォルニア大学サンタバーバラ校のジョナサン・スクーラーの研究では、人は、日々の活動中に30％もの時間ぼんやり（とりとめのない夢想にふける）しているという成果を発表している。長時間の集中を求めるゲームにおいては、人の注意が散漫だと問題になるので、それをサポートしなくてはならない。この項目では、そのサポートのノウハウを紹介する。

a. 画面上に全体像を認識できるものを表示する（4-A-②「最終目標の設定」参照）
b. aでは、ユーザーの操作キャラクターなどが現在どの地点にいるのかを表示する
（4-A-②「最終目標の設定」参照）
c. 分岐しているステージやメニューなどの未到達点を表示する
（4-D「習熟度に応じて内容を変える」/3-C「発見する喜び」参照）
d. 同じ場面を繰り返し何度もクリアすることで、ストーリーが明確になるような構成も考える
e. ゲーム内の世界全体をマップ画面として別に提示する方法もある
（3-D-⑥「拡張性を暗示して期待感を持たせる」とセットで提示可能）

ゴール地点までの残りの距離

ステージ内の現在地点を表示

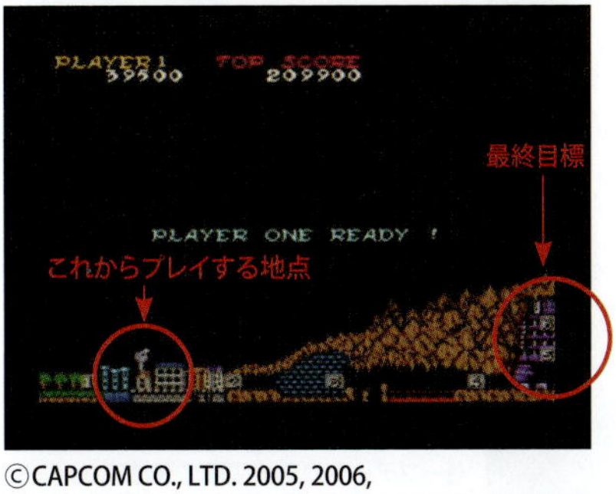

©NBGI

最終目標
これからプレイする地点

©CAPCOM CO., LTD. 2005, 2006,
©CAPCOM U.S.A., INC. 2005, 2006 ALL RIGHTS RESERVED.

【例】（写真上左）「マッハライダー」のファイティングコースでは、画面左上にゴール地点までの残りの距離を常時表示する。「メトロクロス」では画面下に現在位置を表示する。「魔界村」では、リスタート時に全体図とユーザーの現在地点が表示される。

現在の地点

最終目標

【例】「スーパーマリオブラザーズ3」から。ワールドの全体マップでは、現在地点（マリオのいる所）と最終目標（ボス敵のいる城）の場所がすぐにわかる。また、分岐でなにか起こりそうなワクワク感がある。

3-D-② 達成率を表示

　人は進歩していると感じることを好む。そこで、アプリやゲーム全体の達成度の指標を可視化し、ユーザーが自分の習熟度を容易に把握できるようにする。これは、「また挑戦したい」という、ユーザーのモチベーションを喚起する。これも、成果の可視化の一種である。

　ゲームプレイを習慣化させたいのであれば、簡単なノルマを設定して、それを達成率に組み込むと効果的である。ゲームプレイが習慣化していると判断してから、難しい課題を提示していくとよい。達成度の効果的な表示方法は以下のようになる。

a. ゲーム全体をクリアした状態を100にして、達成率をパーセンテージで画面に表示する（4-A-②「最終目標の設定」参照）
b. 達成率から、分岐の可能性や複数回クリアの利点などをイメージできるようにする（4-D「習熟度に応じて内容を変える」参照）
c. 達成率に、毎日見たくなるような映像的な仕掛けを用意する
d. 簡単なノルマの繰り返しで習慣化させるために、さまざまな工夫を達成率に組み込む

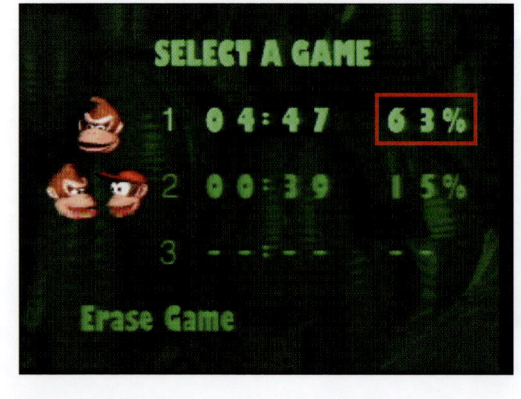

【aの例】「スーパードンキーコング」から。セーブデータの選択画面で達成率をパーセンテージ表示する。

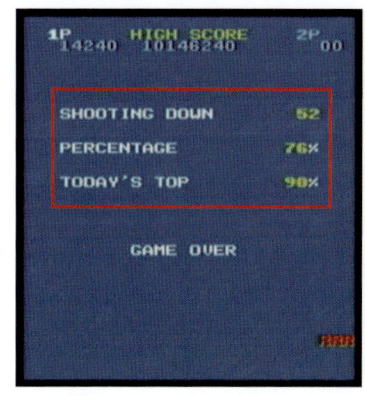

©CAPCOM CO., LTD. 2005, 2006,
©CAPCOM U.S.A., INC. 2005, 2006 ALL RIGHTS RESERVED.
【aの例】シューティングゲーム「1942」から。ゲームオーバー時に命中率とその日の成績最優秀者の成績を表示し、ユーザー自身と他のユーザーの上達具合を比較できるようになっている。

3-D-③　スコア（得点）を見せる

　ユーザーのレベルを示す指標となるスコア（得点）を表示して、ユーザーに対して、「次回は今回の記録を追い抜きたい」と思わせるなど、ユーザーが自然と目標を設定できるように仕向ける。また、他のユーザーとの成績を比較したランキングなどを見せたり、他のユーザーよりも優れた成績を収めた場合はハイスコアとして特別な表示や演出方法を用意したりするなど、その結果を他人に自慢できるような仕組みを導入するとよい。こうした手法も、成果の可視化の一種である。

a. 最高得点（ハイスコア）のようなものを目指せる仕組みを取り入れる
b. aの上位者には特典を与えるようにする
c. aの1位には、より大きな特典を与えるようにする
d. ハイスコアを他のユーザーに自慢できる場を提供する（3-D-⑪と連動）

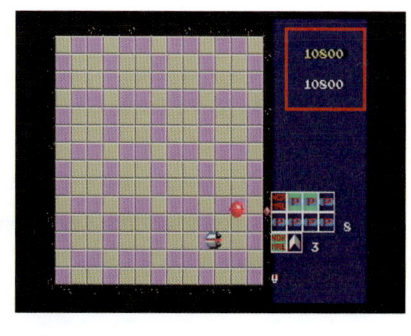

©NBGI
【例】「モトス」では、ハイスコアが更新されるとスコア表示が点滅するのと同時にファンファーレが鳴ってユーザーを祝福するようになっている。

©CAPCOM CO., LTD. 2005, 2006,
©CAPCOM U.S.A., INC. 2005, 2006 ALL RIGHTS RESERVED.
【例】「1942」では、上位5位以内に入るとネームエントリーができる特典を得られる。

©NBGI
【例】「ディグダグ」では、ハイスコア更新後にゲームオーバーになるとファンファーレが鳴る演出がある。

3-D-④　パラメーターを見せる

　主人公のキャラクターを成長させることで、腕力や体力が上昇するなど、ユーザーが重ねた努力の結果をパラメーターとして見せることで、ユーザーの挑戦意欲を高められる。パラメーターが上昇する条件を満たしたときには、特別な効果音を鳴らすなどの演出を用いるのも効果的である。こうした仕組みも、成果の可視化の一種である。

a. 各ステータスのパラメーターを分かりやすく設定する
b. aのパラメーターを確認できる画面を用意し、自分が今どのような状態にあるのかをいつでも把握できるようにする
c. パラメーターが上昇したり新たに追加されたりしたときには、その後どのような特典を得られるのか分かる仕組みを導入する

【a,b の例】「MOTHER2」では、各キャラクターのステータス画面を表示すると詳細なパラメーターが表示され、装備変更時には変更前後でのパラメーターの変化もすぐに確認できる。また、レベルアップ時はファンファーレが鳴って明るい曲調のBGMに変わるとともに、どの能力がアップしたのかを教えてくれる。

3-D-⑤ 飢餓感をあおる要素と構成を導入する

いかにも価値が高そうなアイテムや、そこに行くと以後の展開が有利になる場所など、初めて見つけた時点ではすぐに利用できないものをあえて見せることで、ユーザーが自然とそれに向かって挑戦したくような仕掛けを用意する。つまり、ユーザーの飢餓感をあおるのである。

- a. ユーザーに有利なものが存在することを暗に提示する（3-B-⑤連動）
- b. ユーザーが欲しくなるものに対して、「どうすれば手に入れることができるのか」という飢餓感を持たせる（3-B-⑤連動）
- c. 入手方法の情報を得る行為自体を、ゲーム中の課題として提示していく
- d. ユーザーが欲しいものを、まさに欲しいと思うタイミングで出現させる（3-C参照）
- e. 日々変化する要素を組み込むことで、ユーザーが毎日ゲームを立ち上げたくなるように仕向ける（例えば、毎日新しい情報が更新される、など）

普通にジャンプしても届かない高い場所に1UPアイテムを発見。どうすれば取れるのだろうかと、周囲の様子を観察すると画面下部にあるジャンプ台を発見できる

そこでいったん引き返し、元のルートよりも低い位置にルートを変更。ここでは出現する敵が多く、落ちると即ミスとなるポイントもあるため、当初のルートよりも難易度がかなり高くなっている

無事ジャンプ台のある地点へ到達。ジャンプ台のおかげで1UPアイテムの位置まで簡単に移動できる

©SEGA
【b,cの例】「ソニック・ザ・ヘッジホッグ」より。取ると主人公ソニックのストックが1人増える1UPアイテムを目立つ場所に配置し、なおかつ目の前にあるにもかかわらず簡単には取れないようにしてユーザーの飢餓感をあおっている。

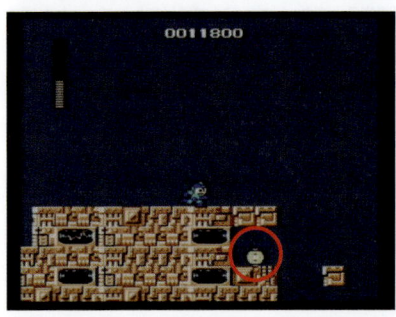

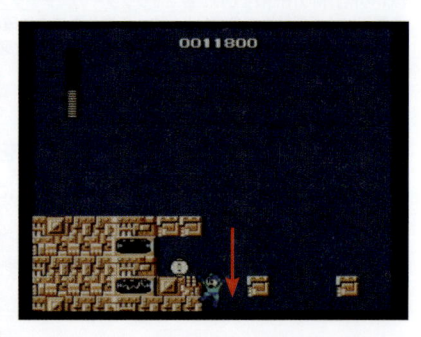

©CAPCOM CO., LTD. 1987, 2007 ALL RIGHTS RESERVED.
【a,dの例】「ロックマン」から。各シリーズ作品ともステージ終盤に主人公の体力回復アイテムを配置する例が多い。少し先に進むと強力なボスが出現するため、ユーザーとしてはこのタイミングで是が非でも欲しいところだが、操作を少しでも誤るとミスになる場所に配置して飢餓感を持たせている。

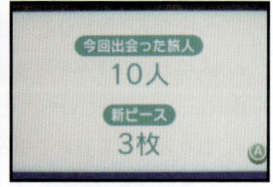

【eの例】「すれちがいMii広場」の「ピースあつめの旅」から。ニンテンドー3DSユーザー同士が通信するとやってくる、他のユーザーが作成したMiiがピースを持ってくることがある。多くのユーザーからピースを集め、一枚の大きな絵が完成するとアニメーションを楽しめるようになる。

3-D-⑥ 拡張性を暗示して期待感を持たせる

　ゲームを進めていくにつれて、徐々にメニューなどが増えていく構成を採ることで、ユーザーに対して「未知の存在を探求したい」というモチベーションを高める。また、メニュー画面にわざと余白などを表示させ、暗に新たな要素が追加されることを示して興味をあおる方法もある。いずれも、ユーザーの飢餓感をあおる方法の一種である。

a. 初期ステージから後期のステージに進むにつれて、メニューが増えるような構成にする
b. ユーザーの技術が上達するにつれてメニューが増えていくことを暗示する画面を構成する
c. 進化するなど、システマチックな方法でメニューを増やすことも考慮する
d. 既存メニューの使用状況を管理し、その状況に応じて新しいメニューを表示させる
e. 新しいメニューを初めて使うときにユーザーが迷わないように分かりやすい仕組みを設ける

【例】「東北大学未来科学技術研究センター　川島隆太教授監修
脳を鍛える大人のDSトレーニング」
個人データを作成後に特定の条件を満たすとトレーニング項目が追加されるが、初期状態では「?」マークで伏せている。

【例】アクションパズルゲーム「すってはっくん」より。一定のステージ数をクリアすると虹の橋がかかり、ゲーム開始直後には見られなかった新しい島に移動できるようになる。また、マップ上にいるキャラクターの位置に移動すると、「まだ、起こさないでっ！」と、いかにも何か秘密が隠されていそうなセリフが表示される。このようにクライマックスのシーンをすぐに明らかにしないことで、次はどんな場面が出てくるのだろうという好奇心をユーザーに与える。

3-D-⑦ コレクション性の導入

　ゲーム中に獲得したアイテムやキャラクター類にコレクション性を導入し、集める行為自体も楽しくなるようにする。アイテムごとに固有の番号を付与したり、集めたアイテムを閲覧できる専用メニューを設けたりするなど、ユーザーの関心を引くような仕組みも考える。

　ゲームの最初の方で、ある程度アイテムが集まるようにすると、ユーザーは収集行為に夢中になりやすい。これはコーヒーショップのスタンプカードに、最初からスタンプひとつ押してある方が、収集欲を刺激する効果があるのと同じである。

　人は欠けているところを補完したくなるので、コレクションは1から順に埋まっていくのでなく、途中の番号が抜けた状態で揃っていく方がよい。コレクションが完成する後半まで、1〜5といった初期の番号が抜けていると、よりユーザーの収集欲を刺激する。こうしたコレクション性の導入は、飢餓感をあおる手法の一種である。

　ただし、コレクションを完成させるとユーザーの関心が一気に低下するので、コレクション完成後のゲーム展開に慎重にならなくてはならない。ゲーム内で集めたものを、実際の世界でも自慢できるような環境を整えると、コレクションの価値がさらに高まる。またスマートフォン向けアプリのように随時内容を更新することで、コレクションを永遠に完結させないようにもできる。

　以下に、コレクション性導入のポイントを記す。

a. アイテムやキャラクターを新たに追加するなどのコレクション性を導入する
b. 集めたものを閲覧できるメニュー画面を用意する
c. コレクションには番号や関係性を持たせ、ゲーム内容とコレクションを連動させる
d. コレクションをし始めたときには、ある程度アイテムがすぐに集まるようにする
e. コレクションの集まり方は1から順にするのではなく、あえて抜けているところを残して飢餓感をあおる
d. 特に、初期番号のアイテムは、なかなか入手できないようにする
e. コレクションを完成した後の展開を慎重に検討する

【a,eの例】「大乱闘スマッシュブラザーズX」では、プレイ中に特定の条件を満たすことでフィギュア、追加ステージ、CDなどのコレクションアイテム類を入手することができる。獲得したアイテム類はコレクションモードでいつでも閲覧可能で、さらに飾られた位置のすぐとなりに隠されたアイテム類の存在および出現条件も明らかにされる仕組みになっている。これによって、集めたアイテム類を図鑑として楽しむと同時に、ユーザーのさらなる収集欲を刺激する効果を生み出す。

©SEGA
The use of real player names and likenesses is authorized by FIFPro and it's member associations.
adidas, the adidas logo, FEVERNOVA and the trigon logo are trade marks which are owned by the adidas-Salomon Group, used with permission.
【例】「J.LEAGUEプロサッカークラブをつくろう！3」では、ユーザー同士でメモリーカードにセーブした選手を交換するシステムを導入している。また、ごく一部の能力が特に高い選手を入手すると選手図鑑にリストアップされるようにもなっているので、本物のスポーツ選手のトレーディングカードを集めるのと同じ楽しみ方ができる。

3-D-⑧ 4ステージを基本構成にする

　読みやすい文章を書くためには、起承転結の四つの順番でその内容を構成するとよいとされるように、ゲームにおいても4ステージを1セットにする。加えて、比較的変化が少ない「静的なステージ」と、激しいアクションを求めるような「動的なステージ」を交互に設けるなど、ステージ構成にメリハリを付けると、ユーザーは飽きにくくなる。

　なお、人の集中力の限界は7〜10分とされているので、1ステージの長さは10分、できれば7分に調整するとよい。隙間時間にプレイするスマートフォンアプリでは、1〜5分になる。

a. ゲームの1構成単位を4ステージに設定する
b. 4ステージのそれぞれに静と動を設定しゲームテンポを演出する
c. 4ステージ目は1〜3ステージ目のアイテムが使えるなど、集大成的なステージとなるようなゲームデザインを行う
d ステージの最大時間は10分程度とする
e. ステージ内の時間が10分を超える場合は、ステージ内に息抜きになるような要素を組み込む

4ステージでは、直前の3ステージ分の合計タイムが加算される
ステージ1　　ステージ2　　ステージ3　　ステージ4

©NBGI
【例】「メトロクロス」では、最初の3ステージ分の残りタイムの合計が4ステージ目の制限時間に加算される仕組みになっている。このため、序盤のやさしいステージでタイムを稼ぐほど4ステージ目を有利に進められる。

【例】「パックランド」から。最初の3ステージが妖精を送り届ける往路、4ステージ目が自宅に帰る復路という4ステージ単位の構成を繰り返す。

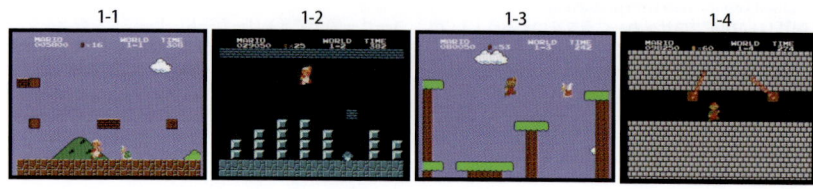

【例】「スーパーマリオブラザーズ」も4ステージで1セットとなっている。

3-D-⑨ デジタル感を排除したセリフを導入する

　仮想的なゲーム内の世界は、コンピュータが作り出したデジタル空間である。一方で我々は、そのデジタル空間に独自の価値観とファンタジーを見出している。そのため、ゲーム内にある「デジタル感」を極力排除することで、ゲームに没頭してもらえる。中でも忘れがちなのが、会話システムである。以下に、会話システムのデジタル感を取り除く手法を記す。なお、その時のユーザーの心情を反映したセリフを導入すると、ユーザーの共感を喚起し、意欲を持続させることができる。

a. 「実行する」「やめる」などのデジタルな選択表現を、「やってみるか」「今回はやめておく」などのようにアナログ的な表現に変える
b. 「はい」「いいえ」などのデジタルな選択表現を、「これにしよう」「違うと思う」などのアナログな表現にする
c. ゲーム内の表現全般から「デジタル感」を減らし、アナログ的な温かい雰囲気を表現する
d. ユーザーが無理と思う時に、キャラクターに「そんなの無理だよ」とユーザーの気持ちとセリフを同期させ、「それはこうすればいいんだよ」と他のキャラに対応策を話させることで意欲を持続させる

【例】「MOTHER」では、温かみのある世界観を作り出すためにアナログ的な会話の表現を徹底させている。

3-D-⑩ リアルとリアリティーを混同しない

　ゲーム内の映像や表現を現実に近づけるほど、ユーザーがゲームに没頭するようになると考えがちだが、それは間違いである。例えば、レースゲームはよりリアルな方向へと進化してきたが、誇張されたゲーム性の楽しさが失われた側面もある。

　また、RPGは自分が主人公である。ファミコンの低解像度な画像だからこそ、主人公を自分だと思い込めていたはずで、逆にリアルなキャラクターでは自分だと思い込みにくくなっている。ゲームのようなインタラクティブメディアにとってのリアリティーは、現実に近づけることだけではないのだ。

a. リアル（現実）とリアリティー（現実味）を混同しない
b. リアルな現実味をアプリケーションに持ち込む場合、そのリアルの本質を見極める
c. その本質のみを誇張して仮想世界（ゲームなど）に再現することを熟考する

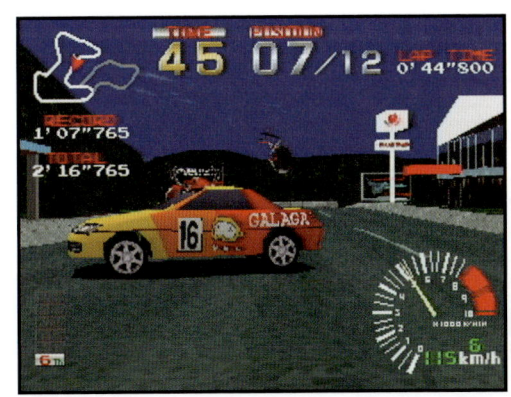

©NBGI
【例】「リッジレーサー」などのようなリアル志向のドライブゲームであっても、ゲームとしての面白さを残すために、あえて実車の挙動とは違った部分を残す場合がある。

©SEGA
【例】「バーチャストライカー3 Ver.2002」は試合中の時間が現実の時間と連動していて、昼間の時間帯にプレイしたときはデーゲームに、夜にプレイした場合はスタジアムに照明が灯るナイトゲームになり選手の影が複数現れる。

3-D-⑪ 発表できる場の提供

　コレクションしたものや上達レベルなどの成果を、他人に公開できる環境を用意することで、ユーザーをゲームに没頭させることができる。

　また、ユーザー同士でお互いに持っていないものを交換できる仕組みを導入して、集める楽しさと仲間に与える楽しさの両方の要素を盛り込むのもよい。1996年に発売された「ポケットモンスター」のシリーズ第1作目は、ゲームボーイ本体に接続できる通信ケーブルを利用して、ユーザーがお互いに集めたキャラクターを交換できるようにしたことでヒットした好例である。こうしたユーザーとの交流要素を入れることで、ユーザーはゲームにハマっていく。

a. コレクションしたものや、上達した状態などを発表する環境を構築する
b. コレクションしたものを交換できる環境を設ける
c. ゲーム以外の他のアプリケーションからも、アイテムやキャラクターを入手する経路を考慮する
d. ランキングを競う場を提供する

【例】ニンテンドー3DS用ソフト「ポケットサッカーリーグ カルチョビット」は、ユーザーがプレイ中に決めたゴールシーンの動画を保存してPCで見られるようにするとともに、公式サイト上にデータを送信して他のユーザーに自慢できるサービスを導入している。また、ユーザー同士でオンライン対戦をした試合の結果が随時公式サイトにアップされ、誰でも自由に閲覧することができる。

黄色い丸印の顔がユーザー自身、青い丸は国内・世界最高記録のユーザー

【例】「マリオカートWii」では、インターネットに接続することで各コースごとの国内・世界ランキングを参照できる。また、世界中のユーザーとの対戦（走行データを再現したゴースト対戦）も可能である。

3-D-⑫ 協力・対戦プレイの導入

　毎回同じ順番でCPUの対戦相手が登場したり、いつも同じ攻略パターンのステージばかりだったりすると、ユーザーに早々に飽きられてしまう。そこで、ユーザー同士で対戦できるモードを導入して、パターン化できない人間同士の駆け引きを楽しめるようにする。対戦は、同じゲームでも、1人でプレイした時とはまったく異なる面白さを生み出せる。加えて、1対1の個人戦、2対2でのダブルス、あるいは多人数同士での団体戦など、参加人数を変えることでも、違った面白さが出てくる。

　ユーザー同士で勝敗を競うだけではなく、力を合わせて共通の目標達成を目指す「協力プレイ」を取り入れることでも、新たな遊び方をユーザーに提供できる。1人では達成できなかった目標を、仲間と力を合わせることで達成したときにも、ユーザーは大きな快感を得る。

　この他、協力プレイ時は1人プレイでは登場しない特別なアイテムやイベントなどを盛り込んだり、全員の合計スコアを集計してグループ同士で競わせたりするなど、みんなで遊びたいと思わせる付加価値を生み出すことも重要である。みんなと一緒に遊びたいと思わせることで、アーケードゲームであればコンティニューを、ソーシャルゲームではアイテム課金を促せる。

　なお、複数のユーザーが同時に遊べる対戦・協力プレイを導入するにあたっては、必要以上に厳格なルールを作らないことが重要である。仮に、ルールに従わないユーザーにペナルティを与えるような仕組みにすると、それを実際にユーザーが体験した場合、ユーザーの意欲が激減するからだ。そこで場合によっては、ユーザーの発想に任せて遊べるような余地を、ゲームルールにあえて残すことで、ユーザーをゲームに没頭させられる場合もある。

a. 対戦プレイを導入して、ユーザー同士で勝敗を競う楽しさを提供する
b. 協力プレイを導入して、ユーザー同士で共通の目標達成を目指す楽しさを提供する
c. 1人プレイ時ではできない遊び方や付加価値を提供する
d. ユーザーが独自の遊び方を見つけられるような余地を残す

【例】「Newスーパーマリオブラザーズ Wii」では、マルチプレイ時にパートナーの頭上をジャンプ台代わりに利用して通常よりも高く跳べるなど、1人プレイ時にはできない協力プレイの要素が多数用意されている。

© CAPCOM CO., LTD. 2005, 2006,
© CAPCOM U.S.A., INC. 2005, 2006 ALL RIGHTS RESERVED.
【例】対戦格闘ゲーム「ストリートファイターII」では、アーケード用から家庭用に移植する際、対戦専用モードを導入して対戦プレイがより面白くなるように配慮している。

2人同時に遊べることによって、ユーザー同士でコンビネーションプレイを編み出しながら楽しめる

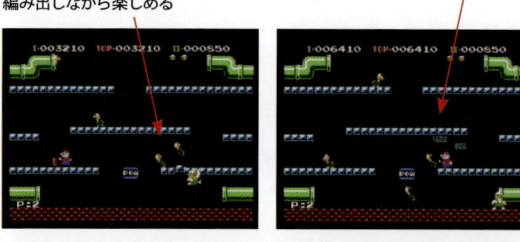

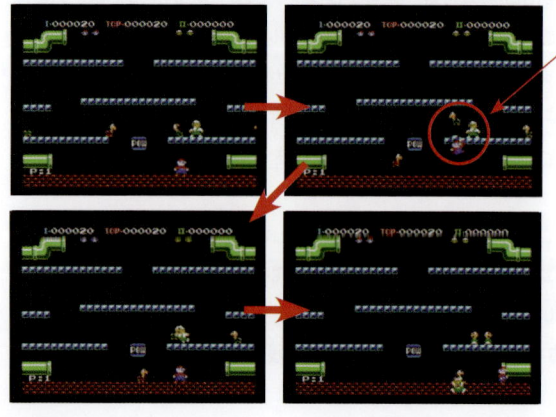

わざと敵を起こすなどして、あえて味方の邪魔をしてしまう

【例】「マリオブラザーズ」では、2人で協力しながら敵を倒せば1人プレイ時よりも有利に戦える仕組みを取り入れている。逆に、ユーザー同士であえて敵対して戦うなど、独自のルールを考案して自由に楽しむことも可能である。

©SEGA
【例】アクションパズルゲーム「ぷよぷよ」では、対戦開始時にレベルを5段階に設定可能で、上級者に対してハンディキャップを付けられる。習熟度にかかわらず、幅広いユーザーに楽しめるようにしている。

原則3-E　音楽理論の導入

　ゲームにとって、音楽や効果音は「おもしろさ」よりも「適切さ」が重要である。ゲームにおける音楽（BGM）の基本は、演奏者のリズムをユーザーに提供するのではなく、ユーザーのリズムを反映させたものでなくてはならない。つまり、ユーザーの行動とシンクロニシティのある音楽や効果音を作らなくてはならない。状況に合わせた音楽を使用することによって、ユーザーの心理をうまく誘導したり、快感を喚起させたりできる。

　他のエンターテインメントと違ってゲームが特徴的なのは、「インタラクティブ（双方向）」であることはここまでもたびたび述べてきた。実はもう一つ大きな特徴がある。それはゲームの世界はすべてプログラムで作られており、その場の偶然や奇跡といったことは一切起こらない。すべてのシーンや動きには何らかのロジックやルールがあり、その意図通りにしか動かないということである。

　映画は生身の人が演じるので、演出意図はあるとしても役者の個性やその場の天気など、人の手を離れた状況が作り出す雰囲気が存在する。音楽も、メロディだけではコントロールしきれない歌手の個性というものが関係している。演劇は、役者と観客というその場限りの関係が作り出す環境もある。そうでなければ、どの監督が演出しても、どの役者が出演しても、歌手が誰であろうとも、結果は全て同じになってしまう。

　クラシック音楽においては、その数百年の歴史の中で形式的な理論構成は確立している。どのようにして作曲すれば不協和音がなく美しい響きになり、無理なく破綻しない曲として成立するのかなどをテーマに、その音楽が人にどのような効果をもたらすかに関しては理論的な検証がかなり進んでいる。長音階（勝利・陽気・快活・心地よさ）、短音階（苦悩・陰気・悲しさ・冷淡）など、感情の起伏すら音楽で規定できるし、不協和音（不安定）から協和音（安定）へと移行する、心理的「解決」という概念もある。

　ゲームとはルールのビジュアル化であり、明確な勝利条件が規定されている。もちろん、

ゲームのそれぞれの場面にどのような音楽を流すかについては決まった規定などはない。しかし、ゲームが意図する状況を分類して、クラシック理論と同期できれば、ユーザーの心情とゲーム内容の同調を促せることはまちがいない。

本項では、音楽理論の中からゲームの意図と連動することによって効果が現れるものを選び出し、組み合わせるという提案を試みた。不協和音ですら「解決を期待する質問時の音楽」として有効な曲として設定している。音楽理論について、以下の六つにまとめた。現在はまだ仮説の段階であり、より正確な理論として確立させるためには、検証を数多く行いたい。制作者の意図が明確に仕組まれているゲームだからこそできる研究テーマとして、今後も取り組んでいくつもりである。

① 状況によって音楽をインタラクティブに変化させる
② 全編を通しての音楽
③ 障害（課題）を提示する時の音楽
④ ミス時のメロディ、ファンファーレ
⑤ クリア時のメロディ、ファンファーレ
⑥ その他の音楽効果

3-E-① 状況によって音楽をインタラクティブに変化させる

ゲームはインタラクティブであり、ユーザーによって状況はつねに変化している。ユーザーの行為に応じて音楽も合わせて変化することがゲーム音楽の一番の特徴であり、そのことでユーザーをアプリケーションの世界へとさらに没入させることができる。

タイムアップ近くになるとテンポが変化、危険な場所に来ると音階が変化、といったように音楽によって状況を知らせられる（音楽依存情報）。またメインであるゲーム画面では長いメロディで構成、サブ画面であるセレクト画面ではメロディは控えめで短いループの繰り返しにする、一息つくミニゲームコーナーは楽しい音楽にする、など構成ロジックや画面意図を音楽で示すことも可能である。

「画面を見なくても音楽と効果音だけで状況が把握できる」。これがゲーム音楽が目指す方向性である。

a. ゲーム特有のリズム（アクション・ボタンを押すタイミング等）を把握する
b. 主人公キャラクターの効果音は中央で鳴らし、BGMは左右に振るようにしてキャラを浮かび上がらせる
c. 環境の変化をインタラクティブにBGMで表現する（1-A-⑦-e参照）
　　→制限時間が残り少なくなると音楽が速くなる
　　→下方に向かうと音程も下がり、上方に向かうと音程も上がる
　　→地上から水中に入るとストリングスが加わる

→セットアップするごとに構成楽器が増えて行く

→障害物の向こうに敵がいるので音質が悪くなる

→状況が高揚するにつれて音階と音量が上がっていく

→装備など要素が加わる度に、楽器も増えて音楽ボリュームが増す

d. 主人公キャラの変化をインタラクティブにBGMで表現する（1-A-⑦-e参照）

　　→無敵（良い）や、弱っている（悪い）と音楽が変化

　　→別のキャラが加わるとメロディや楽器が増える

　　など

e. キャラクター選択場面などのゲーム開始前や休憩時間などは、短いメロディのループにして主張をさける

f. 1曲のメリハリを重視せず、ゲーム全体としてのバランスに配慮して、全体のテンポを構成する（3-A-⑨「シーンリズムの調整で操作的快感を演出」参照）

g. BGMと効果音で和音構成が成立するようにし、良い状況の時は長調の効果音、悪い状況の時は短調の効果音を鳴らして、BGMと効果音が同時に鳴ることで、長調、短調が完成するようにする

h. 画面外で音楽や音が鳴ることで、画面外の脅威や状況を知らせる（オフ効果）

E-①-c 例 スーパーマリオブラザーズ3

タイムアップ近くになるとBGMが速くなる

E-①-d 例 スーパーマリオワールド

ヨッシーに乗ると太鼓が鳴る
（BGMと連動した快感増幅効果）

【例】「スーパーマリオブラザーズ」から。スーパースターを取ると主人公マリオが一定時間無敵状態になり、同時に軽快なBGMに変化する。無敵状態が解除されると元の曲に戻る。

「MOTHER」

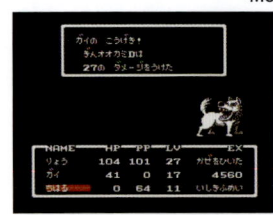

【例】RPGの「MOTHER」では、戦闘で勝利すると「YOU WIN！」という派手なメッセージを表示するとともに、ユーザーを称えるジングルが流れて快感を生み出す。続編の「MOTHER2」でも同様のシステムを継承することで、シリーズ定番の演出にしている。また、戦闘中のBGMの一部は両タイトルとも同じものを使用している。

「MOTHER2」

【例】SCEの「パラッパラッパー」に代表される音楽ゲームでは、ユーザーが上手にプレイするほどBGMがリズミカルに演奏される。グラフィックスもプレイの結果に連動して展開が変化する。（写真：SCE）

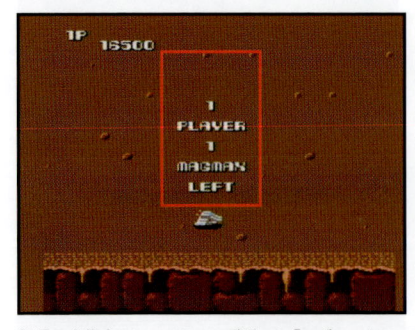

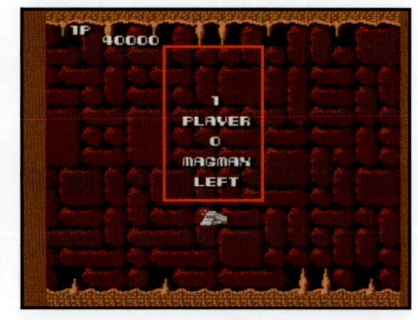

【例】日本物産のシューティングゲーム「マグマックス」では、ミスした後のリスタート時に鳴るジングルを自機のストックがまだ残っているときと残りゼロの場合とでそれぞれ変えている。これは、ラスト1機の状態に追い込まれたという緊張感をユーザーに与える効果がある。

3-E-② 全編を通しての音楽

　ゲームには明確なステージ構成がある（3-A-①「ゲームテンポを意識した全体構成」参照）。この構成と音楽構成を意図的に編み上げていく。解法的なフィールド、情報を集める街や全体マップ、危険なフィールド、などと音楽の理論を合わせていく。

　「長音階」は、陽気・快活・心地よさ、といったプラス感覚のメロディ構成で、「短音階」は、陰気・悲しさ・冷淡といったマイナス感覚のメロディ構成である。これを意図するシーンに割り当てていく。「4・7抜き音階（よなぬきおんかい）」は日本人が好むメロディ構成で、主音（ド）から四つ目のファと、七つ目のシがない音階（ドレミソラ）のことである。

　「テーマ曲の変容」は、全編を通してのテーマ曲を決めて、そのテーマ曲をそれぞれのシーンに合わせてアレンジしていくことである。そうすることでひとつのゲームを通して遊ぶ音楽的快感が生まれてくる。

　「ライトモチーフ」は、特定の人物（ボスキャラ）や特定の状況（戦闘シーン）に、決まったメロディを割り振ることである。簡単にいえば「ボスキャラのテーマ」「戦闘のテーマ」である。こうすることで音楽が鳴るだけで、「あれは敵である」「そろそろ戦闘が始まるぞ」といった状況を映像以外でも伝えられる。これを利用すれば「見た目は味方だが、実は変装した敵である」といったサスペンスを音楽によって演出できる。

a. 長音階で全編を通して、問題や課題の解決後は短音階で終わる
　　→短い課題提示時間とその解決時間が繰り返して続く場合に効果的
b. メロディの骨格で、音階（鍵盤を飛ばさずに隣り合っている続いた音）を用いる
　　→歌やすい・親しみやすい・楽しい
c. ドリア旋法・フリギア旋法・ミクソリディア旋法といった、メロディを強く支配する「主音」がない、中世の教会旋律法を使用する
　　→長調短調という音階の誕生以前の旋法で、明るくもあり暗くもある、その両方の雰囲気を内包した浮遊感がある旋律として使用する
d. 4・7抜き音階で快適な意欲気分を演出する
e. 全編を通してテーマ曲の変容による展開のワクワク感を演出する
f. メヌエット風（甘い）、舞曲（軽やか）、バロック調（荘厳）、フランス風序曲（別世界への誘い）など、シーンに合わせた曲調に設定する
g. 音の高さと音量を一致させて、問題や課題解決までの盛り上がりを演出する
h. ライトモチーフを導入する
　　→問題定義にキャラクターを割り振った場合、ライトモチーフを導入して効果的に演出
　　→同じメロディでも、楽器を変える、アレンジを変える、シャープ系の調べとフラット系の調べのように変える、といったライトモチーフ効果もある

note 1

音階

　音階とは、音を高さの順に一つずつ並べたものである。よって「ドレミファソラシド」は音階だが、「ドミレファソラシド」は高さの順になっていないので、音階とは呼べない（メロディとは呼べる）。

長調と短調

　音楽は音階の音を用いて作られるが、明るい楽しい雰囲気の音階のことを「長調」、暗く落ち込んだ雰囲気の音階のことを「短調」という。
　長調で一般的なのは「ドレミファソラシド」であるが、重要なのはその音階の構成にある。

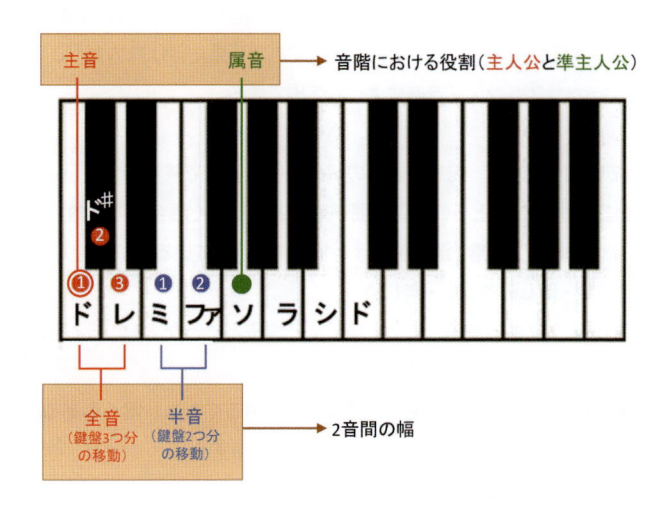

　例えば上図の場合、ドとレを全音（鍵盤3つ分の移動/1と3の関係・●参照）といい、ミとファは半音（鍵盤2つ分の移動/1と2の関係・●参照）という。これでみるとドレミファソラシドは、鍵盤で3/3/2/3/3/3/2（全全半全全全半）の構成になっている。これが長調の音階である。
　短調で一般的なのは「ラシドレミファソラ」である。

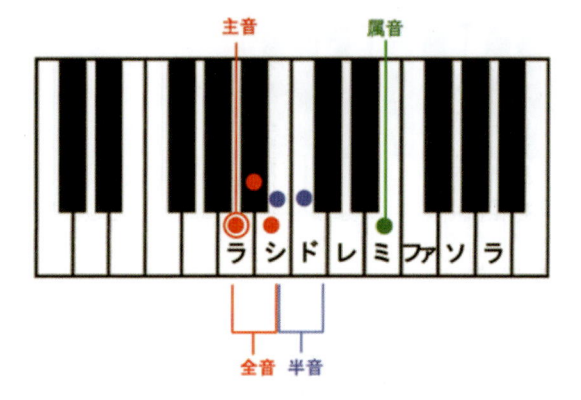

その音階の構成をみてみると、ラとシは全音（鍵盤3つ分の移動・●参照）で、シとドは半音（鍵盤2つ分の移動・●参照）である。これでみるとラシドレミファソラは、3/2/3/3/2/3/3（全半全全半全全）の構成となっている。これが短調の音階である。

「ド」で始まるか、「ラ」で始まるかが重要なのではなく、ポイントはこの音階の構成なので、鍵盤のどこから始めようとも、3/3/2/3/3/3/2であれば「長調」、3/2/3/3/2/3/3であれば「短調」になる。

メロディを作る上で重要となるのが主音である。主音とは、音階をスタートさせるときの音である。一般的に、曲の最後に主音を置くと気分よく聞き終われる。

主音と属音

主音とは音階をスタートさせるときの音のことである。

長調、短調ともに主音は1番目の音（上記例であれば「ド」と「ラ」・●参照）で、次いで重要となる音が5番目の属音である（上記例でいえば「ソ」と「ミ」・●参照）。ちなみに属音の左隣の音（4番目の音）が下属音（かぞくおん）で（上記例では「ファ」と「レ」）、主音、属音につぐ重要な音としてメロディに大きな影響力を持つ。

上記図例は、「ハ長調」と「イ短調」。

ハ長調とは

どの音から始まっても、3/3/2/3/3/3/2の構成になっていれば「長調」であると解説したが、どの音から始まっているかを示すのが「●長調」という表現である。上記例の「ドレミファソラシド」の音階は「ハ長調」と呼ぶ。

古代ギリシャの基本音階は「ラシドレミファソラ」であった。これにアルファベットを当てはめると、「ABCDEFG」となる。しかしその後、基本音階が「ドレミファソラシド」になったため、アルファベットも「CDEFGABC」となった。このABCに対応するように日本語の「イロハ」を当てはめていくと、「ハニホヘトイロハ」となり、「ド」に対応するのが「ハ」であるため、「ハ長調」になる（次ページの図参照）。ちなみに英語では「C Major」となる。

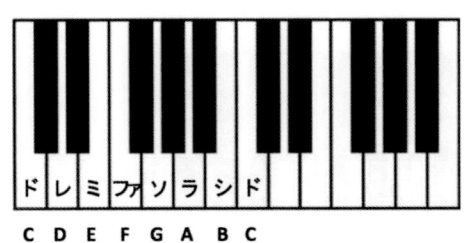

3-E-③ 障害（課題）を提示する時の音楽

不協和音は聞き手に不快感を与えるが、あえてこの不協和音を入れることで聞き手の関心を引き、強く注意を促すのに利用できる。

ゲームにおいても、以下のような場合には不協和音を用いることによって、ユーザーに今自分が置かれている状況を把握させ、その結果としてハマる演出を作り出すことができる。

クラシック理論における解決とは、「不協和音」（不安定な響き）から「協和音」（より収まりがよく安定した響き）へと音楽が変わることや、「属和音」（主和音に戻りたい性質を持つ）から「主和音」へ進むことによって、音楽的快感と興奮をもたらすことである。課題提示中にこの「不協和音」や「属和音」を流し続けることで解決への渇望が高まり、クリア後に「協和音」や「主和音」によって音楽的解決がされることで喜びへと導く。こののち再び不協和音状態になった時に、解決への渇望から、無意識に前向きな姿勢で課題に取り込む心理状態を作り出す。

a. 掛留音や倚音（いおん）をメロディに加えることで、異物感を加えて解決を求める気分を誘う
b. 属七の和音や減七の和音といった、七の和音（不協和音）を連続させる→ゴールがないので解決を求める気分になる
c. サビなしの展開→早急に解決したい気分
d. 隣り合わせの音（ミファ、シドなど）の（半音動機・強不協和音）の連続→次に安定を求める緊張感を持続させる
   →これに半音上昇を加えていくとさらに緊張感（安定への渇望感）は高まる（逆に半音下降していくと気分が落ち込んでいく）
e. 安定感のある主音・属音の持続音が不協和音をつなぎとめ、障害提出を続けさせる
   →障害に応じて音楽展開をひんぱんに変えても、主音・属音の持続音が鳴っくいれ ばひとつのシーンを保証することになる（ただし、属和音は主和音への解決を期待させる）
f. 減七の和音が続く→何調かわからず不安定なため、解決したくなる
g. クラリネットのきらびやかで派手なクラリーノ音域と、重厚でドラマチックなシャリュ

モー音域を使い分ける
h. テンポが速い場合は、1拍目を休符にすることで闘争のイメージを作る
i. 増三和音で曲を作ることで、不安定さ、あいまいさ、どっちつかずの雰囲気をつくり、多様な安定先を提示して、正解時に一気に解決させる
j. 無限旋律で曲を作り、展開のない雰囲気にして、早く解決させたい気分にする
k. 全音音階（すべてが全音で構成されている音階）で曲を作り、いつ終わるかわからない雰囲気にして、早く解決させたい気分にする
l. 後ノリの8ビートの執拗な繰り返し→トランス感覚でハマっていく

note 2

音程

音程とは2音間の幅のことで、単位は「度」で数える。
音程を数える場合は白鍵（ドレミファソラシ）を基本とする。

和音

和音とはいくつかの音を同時に鳴らすことである。基本的に「3度」の積み重ね（音階で1個飛ばしにした音）で出来ている音で、三つの音を同時にならせば「三和音」であり、四つの音を同時にならせば「四和音」である。

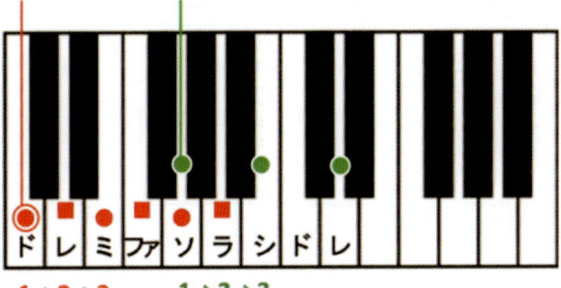

ハ長調（上図）だと、「ドミソの和音」は3度ずつ鍵盤が移動している（●参照）。「レファラ」の和音も3度ずつ鍵盤が移動している（■参照）。ハ長調の場合、ドが主音なので「ドミソ」が主和音であり、ソが属音なので「ソシレ」が属和音である（●参照）。ただし「三和音」が基本で、2音だと一音足りない感じがして、4音だと一音多い感じがする。

なぜすべての場所に黒鍵がないのか

　音程をカウントする場合、基本的に黒鍵（♯や♭がつく音）は数えない。音符が存在する前から、もともと歌いやすい「ドレミファソラシド」という音階があって、それに鍵盤を当てはめてみたところ、すべてが全音ではなかった。「ミ」と「ファ」、「シ」と「ド」は半音の関係にあり、その他の音にはそれぞれ半音が存在したため、現在のような鍵盤になった。

倚音（いおん、アポジャトゥーラ）

　和音構成音の隣の音（ひとつずれた音・下図の■参照）。「レファラ」の和音のうち、「レ」を「ド♯」にして、「ド♯ファラ」の和音にすると、異物感がある雰囲気の音になる。下図では、レの半音下のド♯を使っているが、「ファ」の半音下の「ミ」を使用して、「レミラ」にしても同じである。

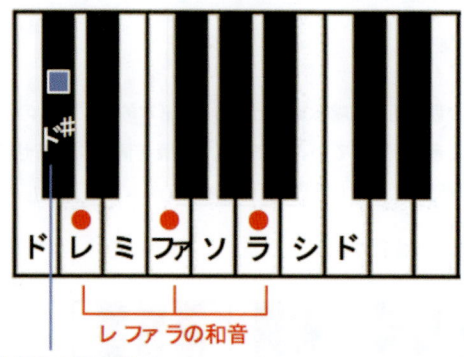

ド♯
ドレミファソラシド
レファラの和音
構成音の隣の音

掛留音（けいりゅうおん）

　前の音を引きのばすことで、次の和音に移ったときにその音が不協和になることを指す。ただよう雰囲気や柔軟性、陰影を表現した例として、ラヴェル作・亡き王女のパヴァーヌがある。

全音音階

　長階調の3/3/2/3/3/3/2や、短諧調の3/2/3/3/2/3/3のように、「2＝半音」を用いず、3/3/3/3/3/3/3と、「3＝全音」のみでできた音階のこと。ピアノの鍵盤は白鍵、黒鍵の順に並んでいて、半音ずつ上がっていくが、ところどころ黒鍵がなく白鍵が並んでいる。黒鍵が間にある部分は白鍵だけを弾くと全音になるが、（鍵盤は半音ずつ上がっていくので）白鍵が並んでいるところをそのまま弾くと半音となる。ハ長調のドレミ

ファソラシドでは白鍵だけを弾くと2か所半音が混じっている（ミ→ファ/シ→ド）。これを避けて（黒鍵を使いながら）全てが全音になるように弾くと全音音階となる。

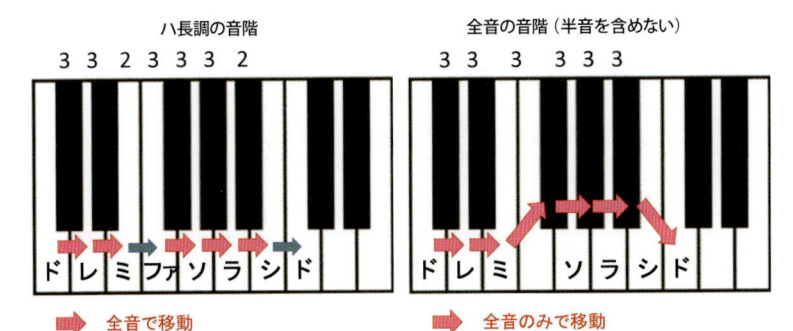

ハ長調の音階　　　　　　　　　　　全音の音階（半音を含めない）

3　3　2　3　3　3　2　　　　　　　3　3　3　3　3　3

ド　レ　ミ　ファ　ソ　ラ　シ　ド　　ド　レ　ミ　ソ　ラ　シ　ド

➡ 全音で移動
➡ 半音で移動

➡ 全音のみで移動

全音→間ひとつ飛んだ音（鍵盤で3つ分移動）

（例）ドとレ

半音→本当に隣あっている音（鍵盤で2つ分移動）

（例）ミとファ/シとド/ドとド♯/ド♯とレ、など

減七の和音

まず「和音」を整理すると以下のようになる。

・三和音→五の和音（鍵盤を5度移動しているから）
・四和音→七の和音（鍵盤を7度移動しているから）
・五和音→九の和音（鍵盤を9度移動しているから）

減七の和音における「減」とは、本来の音より半音下がっていることをいい、一番低い音と一番高い音との差が7度で、一番高い音が半音下がった和音である。たとえば「シレファラ」の和音に対して「シレファラ♭」が減七の和音となる。次に進みたい和音（解決のための和音）がいくつか決まっている。例えば、チャイコフスキー作の「くるみ割り人形」や「こんぺいとうの踊り」がある。

増三和音

「増」とは、本来の音より半音上がっていることをいう。「ドミソ♯」に代表される、長三和音の5度音の音（ここでは「ソ」）を半音上げて（ここでは「ソ♯」）増五度としたため、不協和音扱いになる。長三和音は長調の響きのする和音で、短三和音は短調の響きのする和音である。

無限旋律

段落感や終結感をもたないメロディ（旋律）のことで、ワーグナーがオペラの中でよく用いた作曲法。

3-E-④ ミス時のメロディ、ファンファーレ

タイトルの通り、ミスした時、クリアできなかった時、戦いに敗れた時に流れる音楽である。短音階の音楽は当然として、苦しさや、空虚感、苦悩、不安感、といった感情を呼び起こす和音やメロディである。

a. 空虚5度の和音→間の抜けた感じ/哀調/プリミティブ
b. 倚音（いおん）の効果
　　→伴奏の和音にメロディの倚音がぶつかることで、もだえるような音色を生み出す
c. 前打音で苦しさを強調する
d. ジャズのブルー・ノート・スケールで哀調を出す
e. 音階は上げるが、音量は下げる音作りで苦難をイメージさせる
f. 増4度または減5度（鍵盤7つ分の音程）というトリトヌス（悪魔の音程）で不安感を演出する
g. 2度下がる→溜息と悲しみの表現→さらに3度下がる→溜息と悲しみが増す
h. 減七和音で悲劇性をアピール

note 3

空虚5度

完全5度のみの響きを指す音楽用語。長三和音、短三和音の3度音を欠いている（2音しか鳴らさない）ことで、長調・短調を決める音がないので、「どっちにいくのか」がわからない。

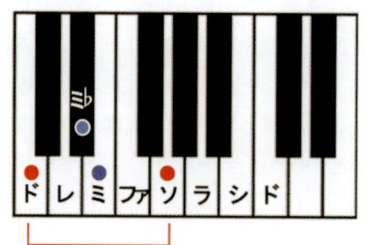

●の部分のみの和音→空虚5度の和音
→長調・短調を決める●（ミ・ミ♭）がない

前打音

装飾音のひとつで、ある音符に付随し、それに先だって短く奏される音。

ブルー・ノート・スケール

メジャー・スケール（長音階）の第3音、第5音、第7音を半音下げて用いるもので、ジャズの典型的な音階。

トリトヌス

中世以来、「悪魔の音程」と呼ばれている音程で、鍵盤で7つ分の幅の音程のこと。黒鍵も入れた鍵盤6つの幅や鍵盤8つの幅なら安定した音程だが、鍵盤7つの幅はどっち付かずの調性感で聴く者に曖昧な印象を与える。

3-E-⑤ クリア時のメロディ、ファンファーレ

前項④とは逆で、正解時、クリア後、勝利後の画面に流れる曲である。派手な勝利だけでなく、希望、穏やか、ノリの良さや、それを実感させる構成要素を挙げている。

a. メロディの骨格に音階（鍵盤を飛ばさずに隣り合っている続いた音）を用いる→親しみやすい
b. 遠隔転調（希望変化）→思いがけないうれしさ、意表をついたプレゼント
c. マーチ（タン・タン）やダクチュル（タンタタ・タンタタ）といった行進曲的リズム
d. 属九の和音（緊張感・不安）がBGMから抜けていく（おだやかな気分）構成
e. 3連符を効果的に取り入れる
f. 減七の和音での問題定義の場合→解決時の和音もいろいろ決まっている（これが決まると解決時の快感が増幅）
g. 増三和音の解決により、音階を提示
h. 5度範囲内で（可能であれば）隣り合った音階で作曲し、わかりやすく親しみやすいメロディ
i. ノリのよい後打ちリズム（ラグタイムなど）

note 4

遠隔転調

元々の調から遠く離れた調に移ることではっとするような新鮮な効果を得られる。

属九の和音がBGMから抜けていく

テーマ曲が繰り返し演奏されるうちに、不協和音である属九の和音から緊張感・不安が抜けていくと、おだやか気分の効果が出る。

属九の和音

三和音にさらに、3度上に音の加えた和音を「七（しち）の和音」（根音から七度上だから）といい、さらに3度上の音を加えた和音を「九（く）の和音」（根音から九

度上だから）という。

　ハ長調の場合、属九の和音は、音階（ドレミファソラシ）の7つの音のうち、5音を同時に鳴らすことになるので、不協和音になる。

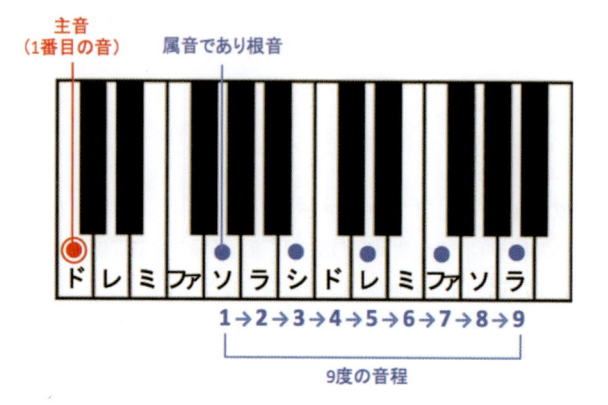

3連符

　ある音符を3分割した長さを持つ音符を総称して3連符という。これを連続させると盛り上がる。4分音符を3分割した4分3連（1拍3連）、8分音符を3分割した8分3連（半拍3連）、2分音符を3分割した2分3連（2拍3連）などが代表的である。

3-E-⑥　その他の音楽効果

　本項では、②～⑤以外の状況でいままでの方法論を他の用途に使用したり、発話旋律のように特殊な作曲法をまとめたりしている。発話旋律とは言葉そのものが持っている抑揚をそのままメロディ化したもので、歌いやすいので童謡によく用いられる手法である。正解時に「せいかい」という言葉の抑揚そのもののメロディが流れれば、日本人であればなんとなく「正解」と言われている気がする、という利用法となる。

a. 同メロディで音程を変える、音階を変化させることで、回答が好調かどうかをBGMで教え、盛り上げる
b. 正解に近付いているときは、正解メロディ（ライトモチーフ）がBGMに重なるなどしてヒントとして活用
c. 回答選択時を推移部として設定し、回答後の音楽を構成として効果的に取り込む
　→質問時を第1テーマ曲、回答選択時を第2テーマ曲、回答正解時を第3テーマ曲、回答不正解時を第4テーマ曲とした場合、回答選択時の状況によって、第2テーマ曲に第3、第4テーマ曲を組み合わせて鳴らす
d. 発話旋律で、状況を感じさせる

なおこの音楽理論にあたっては玉川大学 芸術学部 メディア・アーツ学科の野本由紀夫教授氏に仔細にご教示いただき、野本教授が監修されたNHK-BS「名曲探偵アマデウス」もおおいに参考にさせていただいた。(もちろん、ゲームにおける音楽理論応用に関する内容は、著者独自の解釈である)。

解説監修　　**野本 由紀夫** (のもと ゆきお)
　　　　　　玉川大学芸術学部メディア・アーツ学科　教授
　　　　　　元NHK-BSテレビ「名曲探偵アマデウス」監修者・解説者
　　　　　　(現NHK-Eテレ「ららら♪クラシック」ららら委員)

原則4 段階的な学習効果

原則4-A 目標設定
① スタート時のつかみ
② 最終目標の設定
③ 直近目標の設定
④ 中間目標の設定

原則4-B 段階的に難易度を上げる
① ゲーム全体の難易度設計の基礎
② 難易度の上昇を調整する
③ AIで難易度を調整する
④ 反復学習の場を設ける
⑤ 平均的な習熟度のユーザーを決める

原則4-C ユーザーの習熟度を確認
① 個人情報で習熟度を調べる
② 質問で習熟度を確認する
③ 簡単なゲームで習熟度を確認する
④ 習熟度確認を気づかれないようにする
⑤ 習熟度を随時チェックする

原則 4-D
習熟度に応じて
内容を変える

① 習熟度に応じて課題や障害を変える
② 各ステージのプレイ結果に応じて選択肢を増やす
③ 最終目的達成後に分岐させる
④ ミス後に分岐させる
⑤ 迂回ルートを準備する

原則 4-E
習熟度に応じて
メニューなどを変える

① 習熟度に応じてトップメニューを変化させる
② 習熟度に応じてゲーム内のメニューを変更する
③ 上級者向けにメニューを絞る
④ 習熟度に応じて行為の種類を増やす
⑤ 習熟度に応じてヘルプ内容を変える
⑥ シリーズものなどは前作のデザインを引き継ぐ

●原則4　段階的な学習効果

ユーザーを「ゲームにハマる」状況にするには、以下の二つが重要になる。
1. 長時間遊んでも、ユーザーがあまりストレスを感じないようにする（熱中する）
2. 長時間遊んでもらうための動機付けを、ユーザーに与え続ける（集中する）

　原則4の「段階的な学習効果」は、この熱中と集中を実現するための方法である。初心者のユーザーには自分が上達していく様子を実感してもらい、上級者には熟練度に応じた多様な展開分岐による発展性を感じてもらう。これにより、各ユーザーに無理がないプレイ環境を提示する。

　ポイントは、ユーザーの習熟度に応じてゲーム内容を変えていくことだ。これで、ユーザーは無理なく段階的にゲーム内容を学習しやすい。ただし、ユーザーの習熟度によらずに、ゲーム内の目標をしっかりと設定し（A：目標設定）、ゲームが進行するにつれて難易度を上げていく（B：段階的に難易度を上げる）。そして、ユーザーの習熟度を調べて（C：習熟度を調べる）、その結果に応じてステージやメニューの数を増やしたり、内容を変えたりする（D：習熟度に応じて内容を変える、E：習熟度に応じてメニューなどを変える）。

　以下、A～Eについて解説していく。

A：目標設定
B：段階的に難易度を上げる
C：ユーザーの習熟度を確認
D：習熟度に応じて内容を変える
E：習熟度に応じてメニューなどを変える

原則4-A　目標設定

　ユーザーに集中してもらう、熱中してもらうにはどうすればよいか、ということが本書のテーマであるが、その重要な項目の一つが目標設定である。もしゲームの途中でユーザーに飽きられた場合は熱中どころか、最後までゲームを続けてもらえない。そこで、まず、ゲーム開始時にユーザーをゲームの世界観に引き込む「つかみ」が必要になる。次に、ユーザーが迷うことなく自力でゲームを進められるようなゲーム内容や視覚的デザインにする必要がある。これらを実現するために重要なのが、目標設定である。ユーザーに対して、目標にどの程度近づいているかどうかを教えて、ユーザーのやる気を高める。

　心理学者ミハイ・チクセントミハイ（Mihaly Csikszentmihalyi）は、我を忘れて熱中する状態を「フロー体験」として、その構成要素をまとめている[注]。ゲームニクスと共通するのは、目標に関する項目である。「フロー」状態になる目標は、

・自分にとって価値があるもの
・最終目標が明確で、現在の自分でコントロールできるもの
・困難をともなうが達成する見込みがあるもの
・達成感がフィードバックされるもの
としている。

注) Mihaly Csikszentmihalyi 1990: Flow: The Psychology of Optimal Experience: New York: Harper and Row

　ゲームにおける目標は、直近目標と中間目標、最終目標の三つに大別できる。直近目標とは、ユーザーがすぐにすべきことを指す。例えば、RPGでいえば、目の前の敵を倒すことの他、場面ごとに応じた操作方法（はなす、しらべるなど）も、直近目標に含まれる。最終目標は、その名のとおり、ゲームをクリアするための目標を指す。RPGであれば、大魔王を倒すことに相当する。この2つの目標設定はゲーム側から一方的に提示することで、ユーザーはなんの迷いもなくすぐにゲームを始めることができる。

　最終目標と直近目標の間にあるのが、中間目標である。この中間目標の誘いを目的としたビジュアル的要素やヒントは、必要に応じて適宜提示していく。要するに、中間目標も制作側でコントロールしていくのだが、中間目標をうまくユーザーに設定させることで、ゲーム内の3つの目標すべてが「自分にとって価値があるもの」になり、「ゲームを自分でコントロールしている」とユーザーは認識する。こうして ユーザーの自主性を刺激することで、ゲームが進行していくことに大きな達成感を与えられる。4-Aでは、この目標設定のノウハウを解説する。以下がその項目である。

① スタート時のつかみ
② 最終目標の設定
③ 直近目標の設定
④ 中間目標の設定

> **keyword ▶▶▶ ステージに上げる**
>
> ユーザーのモチベーションを喚起させることを「ステージに上げる」と表現する。無意識のうちに「やる気」を持ってもらうことが目的で、目標設定は最重要課題

4-A-① スタート時のつかみ

　なぜ、自分がこのゲーム世界にかかわるかなどを最初に提示することで、ユーザーを「その気」にさせる。この「つかみ」を用意することが、まず重要になる。

　方法は二つある。「ロジックの可視化」と「ストーリーの導入」である。前者は、ゲームのルールや目的を可視化する方法である。アクションゲームやシューティングゲームなどでは、ゲーム開始時に簡単なデモ映像を流し、ゲームのルールや目的をユーザーに伝える。スマートフォンアプリなどの場合も、ゲームやツールの魅力をいかに可視化して提示するかが、そのまま続けてプレイしてもらうキーになる。

　後者は、ゲームの世界に物語を導入する方法である。この方法は、ロジックの可視化が難しい場合か、あるいはRPGなどのストーリー性を重視するゲームの場合にだけ盛り込む。「物語」は人を引き付ける要素だが、必ずしもストーリーをゲームに盛り込む必要はない。「ロジックの可視化」の他、前述した「ストレスと快感のバランス」を上手に設計できれば、それだけでユーザーのモチベーションを上げられるからだ。

　ストーリーを主体としたRGPのようなゲームでないならば、ストーリー性に頼らない「ロジックの可視化」に注力すべきである。ストーリーはゲームの「おまけ」にすぎない。ゲームのおもしろさの本質は、ルール（ロジック）にある。ロジックの構築をおろそかにすると、ストーリーはおもしろいのに、ゲームはつまらない、ということになってしまう。

a. ストーリーを導入し、ユーザーのコンテンツへの敷居を低くさせる
b. キャラクターの位置付けを明確にし、特別性を強調してユーザーの自尊心をくすぐる
c. 直近目標・中間目標・最終目標とストーリーを関連付ける
d. 直近目標や中間目標を達成して得られた知識を、簡単に確認できるようにする
e. キャラクターや世界観（背景）、動きなどでストーリーを提示することが第一で、物語としてのストーリーは必要なときにのみ取り上げる

©CAPCOM CO., LTD. 1984, 2010 ALL RIGHTS RESERVED.
【例】初期のアクションゲームでは、オープニングでのみ簡単なストーリーがわかるデモをユーザーに見せてステージに上げるパターンが非常に多い。写真は「ソンソン」。

©SEGA
【例】「ワンダーボーイ モンスターランド」では、オープニングでのみ最終目標を教えるストーリーが語られ、さらに「おお！ゆうしゃよ」と呼びかけてユーザーの自尊心をくすぐる。

4-A-② 最終目標の設定

　最終目標を明確にすることが、ユーザーのモチベーションの維持につながる。金銭といった「外的な報酬」は効果があるものの、その報酬額が少しでも減ると行動しなくなる。これに対して、目標に向かって進むという「やる気」と、その達成感という「内的な報酬」はいつまでも持続する。だが、ユーザーは自分で目標を立てることには消極的である。そこで、ユーザーに目標をさりげなく提示して、誰でも簡単に内的な報酬を得られるようにすることが、A-②〜④の目的である。

　まず、最終目標の設定のコツを紹介する。ゲームにストーリーを設けない場合と設ける場合で異なる。ストーリーを設けない場合は、全体の進行を提示して最終目標までの到達を明確にする。一方、ストーリーを設ける場合は、「姫を助けてほしい」などのわかりやすい最終目標を最初に示す。

　以下が、最終目標設定のポイントである。

a. 最終目標をシンプルにする
b. 最終目標を最初に必ず提示および説明をする
c. 簡素化した全体の進行を画面上に表示するか、もしくは最終目標を画面レイアウトで分かるようにする
d. 最終目標を表示しない場合は、確認ボタンなどでいつでも確認できるようにする
e. 最終目標の表示も確認もできない場合は、随時ストーリー内のテキスト等で提示していく
f. 最終目標を途中で変更しても構わないが、理由を明確にして、すぐ次の目標を定める
g. あえて最終目標をあいまいにする場合は、その理由を明確にする

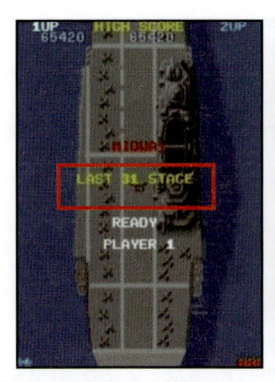

© CAPCOM CO., LTD. 2005, 2006,
© CAPCOM U.S.A., INC. 2005, 2006 ALL RIGHTS RESERVED.
【例】カプコンのシューティングゲーム「1942」(左)は、各ステージ開始時に残りのステージ数を表示して現在地点を示す。任天堂の「スーパーマリオブラザーズ3」(右)の場合は、各ワールドともスタートした直後から最終ステージである城の位置をあえて見せるようにして、目標を明示している。

©NBGI
【例】アクションゲーム「ドラゴンバスター」は、各ラウンドの最後の地点にいるドラゴンを倒すとラウンドクリアになる。敵と戦う前に、まずは全体マップ画面で明確に最終目標地点を示すとともに、ルートをユーザーに自由に選択させる仕組みになっている。

4-A-③ 直近目標の設定

　ゲーム全体の仕掛けとして、「今(今日)なにをすればよいのか」ユーザーが悩まないようにする。これが、直近目標を設定する理由である。本来は自分で考えてスケジュールを組み、そのスケジュールをクリアするための手段をユーザーの自由意思に委ねるべきである。しかし、すべてを委ねてしまうと脱落者が発生する可能性が高まる。そこで、毎日するべきことを5種類ほど発生させるようにアプリケーション全体を構成し、そのうちの3種類くらいは「今日は××をしよう」とゲーム側から提示すると、ユーザーは迷うことなくゲームを進められる。その上、こうしたゲーム側からの誘導に沿って課題をこなしていくと、自然にレベルがアップするように全体を構築する。

友人同士で遊ぶときは、大乱闘モードやトーナメント戦で対戦

遊ぶ時間が少ない、ちょっとした時間つぶしのときは短時間で終了するイベント戦や競技場モードでイベントのクリアおよび自己記録の更新にチャレンジ

時間があるときは、エンディング到達までに多くのプレイ時間を要するアドベンチャーモードにチャレンジ

【例】「大乱闘スマッシュブラザーズＸ」より。1人プレイ専用であるアドベンチャーモードのストーリーを進めるだけでなく、その時々の気分やプレイできる時間、その場にいる友人の数などによっていろいろな遊び方ができるようになっている。

以下、直近目標の設定のポイントを二つの場合に分けて、紹介する。

・全体構成として、直近目標を確実に提示する
  a. 常に5項目程度の目標をユーザーに持ってもらえるようにする
  b. aのうち、3項目程度の目標を直近目標として、次に何をしたらよいかをトップ画面で明確に提示する。例えば、今日のテストをクリアしよう、集めた教科カードを確認しよう、など
  c. 直近目標をクリアし続けていくと、確実にレベルアップすることを、ユーザーが実感できるようにする
  d. 5つの目標のうち、3項目程度の目標は直近目標のためのものとする

・各ステージ（場面）で直近目標を確実に提示する
  a. 常に直近目標（直近作業）を明確に提示する
  b. 直近目標の提示にはアニメーションを用いて、変化していることが視覚的に分かるようにする
  c. 解説テキストと一緒に直近目標を提示する場合は、解説テキストの近くに表示する
  d. 解説テキストを利用しない場合は、全体進行の表示部の近くに直近目標を表示する

【例】「スーパーマリオギャラクシー」では、ステージをクリアしたりアイテムのパワースターを集めたりするなど、達成度が上がるにつれて仲間のキャラクターたちが次に向うべき場所や新しいマップの開放などの情報を知らせてくれる。

4-A-④ 中間目標の設定

「コインを100枚集めよう」「レベルを10にしよう」「ステージ10までクリアしよう」などというように、「近々こうしたいな」と思わせる中間目標をユーザーに設定させる。このような中間目標を用意することで、ユーザーに対して直近目標および最終目標を含めたゲーム全体を、いかにも自分でコントロールしているかのように演出する。これでユーザーの快感が増し、モチベーションの持続につながる。

中間目標はゲームを進める動機の中核をなすもので、中間目標に熱中できるものを仕掛けられなければ、ユーザーを「フロー」状態にできない。ゲームで遊ぶユーザーを想定したうえで、「こうして遊んでほしい」「こう活用してほしい」といった思いをロジック（ルール）化して、中間目標として設定すると効果的である。

加えて重要なのが価値観の設定である。ユーザー同士で競う点数であったり、一発逆転

のアイテムといったように、ゲーム内に登場する様々な要素に価値観を付与していく。そしてその獲得を中間目標となるように仕掛けていく。（原則5-A・参照）

そしてこれらの中間目標を設定する際に重要なのが、「少し先に見える完了感」である。作業の集中力が最後に特に強くなることを心理学では「終末努力」としている[注]。

締め切り直前や試験直前にならないと集中できないことは誰でも経験があることで、もう少しで課題が終了するという状況で人は集中する。中間目標においても、ユーザーが課題の完了感を短いサイクルで得られるようにすることが重要である。中間目標は、終了間際に直前目標に切り替わるので、そのときに、次の中間目標をユーザーに提示してユーザーの終末努力が続くようにする。

中間目標の内容は、「すぐ覚えられるが習得が難しい」といった、ゲーム性に関することだと非常に効果的である。

注）初頭努力と終末努力：人間は、一定時間作業をするときに、はじめの方と終わりの方に高い集中力を発揮できるという性質がある。作業中盤では集中力が欠け、「中だるみ」が起きる。中間目標のゴールを常にすぐそこにあるように見せるのはこの「終末努力」をできるだけ継続させるためである。スタート段階でストレスよりも快感要素を大きくしてユーザーを引き込むノウハウは、最初の集中力である「初頭努力」を利用してユーザーを引き込むというものである。

もう一つ、中間目標で夢中にさせるノウハウがある。それは、「ルーチンワークの気持ち良さ」である。目標を達成させるために必要な単純作業を設定する。その単純作業は短時間で結果が出るようにする。単純作業の繰り返しを、アニメや効果音でリズミカルに演出すると、その単純な繰り返しそのものが快感になる。人は常に目標に向かっていると意識してしまうと疲れるが、息抜きとしての単純作業そのものが目標達成につながっていると意識できると、ついつい作業を続けてしまう。

このように終末努力を持続させるための目標と、息抜きになるような単純作業をうまく混ぜて提示すると、ユーザーは知らず知らずのうちに夢中になっていく。

なお、ソーシャルゲームなどネットワークを通じた交流を前提としたゲームの場合、この中間目標を他人と比較できるような構造にすると、ユーザーはよりハマっていく。

a. 全5目標のうち2目標は中間目標のためのものとする
b. 中間目標を明確にせず、ユーザー自身に設定させる。例えば、苦手部分を集中的に克服しよう、100点を取れるまでテストにトライし続けよう、など
c. ユーザーが自分で中間目標を設定しているという感覚を持てるように配慮する
d. 中間目標を想定してもらうための材料（ビジュアル的な仕掛け、情報提供）は、あらかじめゲーム内に多数盛り込んでおく
e. 中間目標を達成したときの喜びや報酬は大きなものとする
f. 中間目標は「すぐ覚えられるが習得が難しい」というゲーム性が効果的である
g. 単純作業の繰り返しが必要な中間目標を構成し、その単調な繰り返し自体が快感になるように、アニメや効果音を使ってリズム感を演出する

【例】「ファイアーエムブレム」シリーズのような、シミュレーションRPGあるいはRPGでは、多くの味方キャラクターを育てるためにコマンド入力を何度も繰り返して、敵と戦闘し続ける。単調な作業が苦痛にならないよう、次のレベルアップまでの目標数値（経験値）を示すなどの工夫が施されている。本シリーズでは各キャラクターの経験値を数値とバーの両方で示し、合計100ポイントに達するごとにレベルアップする。また、100という区切りのいい数値にすることで次のレベルアップまでの目安をユーザーに対して分かりやすくする効果もある（写真は「ファイアーエムブレム トラキア776」）。

ミス

©SEGA
【例】「ソニック・ザ・ヘッジホッグ」から。各ステージにある中間ポイント（ポイントマーカー）を発見してこれに触れると、ミスをした後は中間ポイントからゲームが再開される。

> **keyword ▶▶▶ 目標の流動化**
>
> 中間目標は、達成間近になると、直近目標に入れ替わる。3個程度の直近目標と、2個程度の中間目標を常に流動させる。この絶妙なバランスが「ハマる効果」を生む。

原則4-B　段階的に難易度を上げる

　ゲーム開始直後の難易度を高くしすぎると、ついていけないユーザーはすぐにあきらめてゲームで遊ばなくなる。ゲーム開始時では難易度を低めに設定し、先へ進むにつれて少しずつ難しくする方がよい。

まずは、ゲーム内の基本的なルール（操作方法や最終目的など）を理解させるところから始める。次に、実行できる行為の数を徐々に増やし、少しずつ難しい課題をクリアできるようにする。こうして課題をクリアする快感をユーザーに提供できれば、ユーザーはゲームにハマりやすくなる。最初から高い難易度に設定するのは、それを望む一部のマニア層向けに限定すればよい。

段階的に難易度を上げる上で重要になるポイントを下記に示す。

① ゲーム全体の難易度設計の基礎
② 難易度の上昇を調整する
③ AIで難易度を調整する
④ 反復学習の場を設ける
⑤ 平均的な習熟度のユーザーを決める

> **keyword ▶▶▶ 「肩越しの視線」**
>
> 難易度を調整するために、何度もユーザーにプレイしてもらうと、調整を任せたユーザーの腕が上達してしまう。その結果、自然と難易度が上がってしまう傾向にある。もちろん制作者自身にもそれがあてはまる。制作者が想定するユーザー習熟度が、ゲーム制作中に徐々に上がってしまう。そこで、制作者は、調整の都度、ゲームを初心者に遊んでもらって、その肩越しから観察して調整をしていくことが望ましい。

4-B-① ゲーム全体の難易度設計の基礎

　難易度の設定にあたっては、ゲーム全体のバランスを取れるような調整を行うべきである。ゲーム内の各ステージでも、難易度上昇を適宜調整するほうがよい。難易度を上昇させる手法としては、序盤で登場した場面を単純に難しくしたステージを後で登場させるのが一般的である。こうした単純に難しくする方法とは別に、簡単な課題を二つ同時に要求する方法がある。難易度を調整する上で重要なのはこの方法である。人が一度に処理できることは一つだけということが分かっていて、一つでは簡単なことでも、二つ同時に要求されると難しくなる。この方法はそれぞれの課題が簡単なだけに「できないわけがない」「自分でも何とかできる」という気持ちをユーザーに持たせながら、ユーザーに難しいことに挑戦させることができる。

a. ゲーム全体で難易度の上昇具合を考慮してステージを構成する
b. ゲーム内の各ステージで、難易度の上昇具合を調整する
c. a,bの方法としては、似たような系統の課題を、以前よりも少しだけ難しくして再登場させるのが一般的

d. bの方法として、「簡単な行為を二つ一度にさせると難しくなる」という手法を適用するのがよい

e. コンテンツ全体での難易度と、ステージの難易度を組み合わせて、難易度の上昇具合をジグザグ（非線形）にする

最初のアイテムは歩いているだけで誰でも取れる。2個目は助走をつけてジャンプしないと取れない高さに出現

「ジャンプでアイテムを取る」と「岩をよけて進む」の2つを同時に求めている例。
ジャンプのタイミングを間違えると岩に当たりダメージを受けてしまう場所にアイテムが出現

ダメージを受けたところ

上記の応用パターン。さらに先に進むと、触れると即ミスになる炎の真上にアイテムが置かれた場所が現れる

©SEGA
【例】「ワンダーボーイ」の1面より。取ると得点や主人公の体力が増えるアイテムの取り方を段々と難しくし、ジャンプなどの操作テクニックをユーザーが自然に学べるようにしている。

4-B-② 難易度の上昇を調整する

　難易度のバランスは、次の図のようにするとよい。ポイントは導入部である。導入部では、少ない努力でたくさんの報酬（得点やアイテム、経験値など）を得られるようにすることで、ゲームの魅力全てをユーザーに感じてもらう。ゲームが進行するにつれて、徐々に難しくする。こうすれば、下手なユーザーにも「自分は上手い（賢い）」と感じさせることができる。

ゲーム内で体験できる基本要素は、導入部ですべて提示した方が良い。全ての基本要素を簡単に体験できる導入部でユーザーの気持ちを掴めないのであれば、ゲーム自体に魅力がないと考えるべきである。

　このように、最初にゲームの面白さを感じてもらったら、次から次へと直近目標を提示していく（4-A-③参照）。そして中間目標達成のための繰り返し作業へと導く（4-A-④参照）。ここまでできれば、難易度の調整は成功する。

a. 導入部でストレスと快感の基本要素をすべて提示する
b. 導入部のみ少ない努力で、大きな利益を上げられるような構成にしておく
c. bの見せ方としてユーザーには努力して達成した感じを演出する
d. 最初のパワーアップは、誰でもできるようにする
e. cの見せ方としてユーザーにはあまり難しく感じさせないような演出をする
f. 直近目標を次々と提示して、作業が途切れないようにする
g. 初期導入が終了したら、単純作業の繰り返しによる中間目標の達成を体験させる
h. 中盤は難易度の上昇率を抑えて、途中途中で適度に低い難易度の課題と高い難易度の課題を組み込む
i. 後半は難易度の上昇率を高めて、ユーザーのチャレンジ精神をあおるようにする
j. 終盤直前は難易度よりも得点を増やして盛り上げる
k. 終盤は一気に難しくする
l. 難易度と緊張感はセーブ方法によって大きく変わるのでよく検討する（3-B-⑦）

最初の敵は動かない　　次の敵は体当たりしてくる 　　ジャンプ攻撃でないと倒せない敵が出てくる

ステージ終盤では必ず強力なボス敵と戦うことが必要

©SEGA
【例】「ワンダーボーイ モンスターランド」
開始直後は自分から動いて攻撃してこない弱い敵だけが出現する。少し進むと、体当たりで攻撃する強い敵、およびジャンプしながら攻撃しないと倒せない位置に敵（スネーク）が出現する。終盤には強力なボス敵が出現し、ステージをクリアするためにはボスを倒して扉の鍵を奪い取らなければならない。

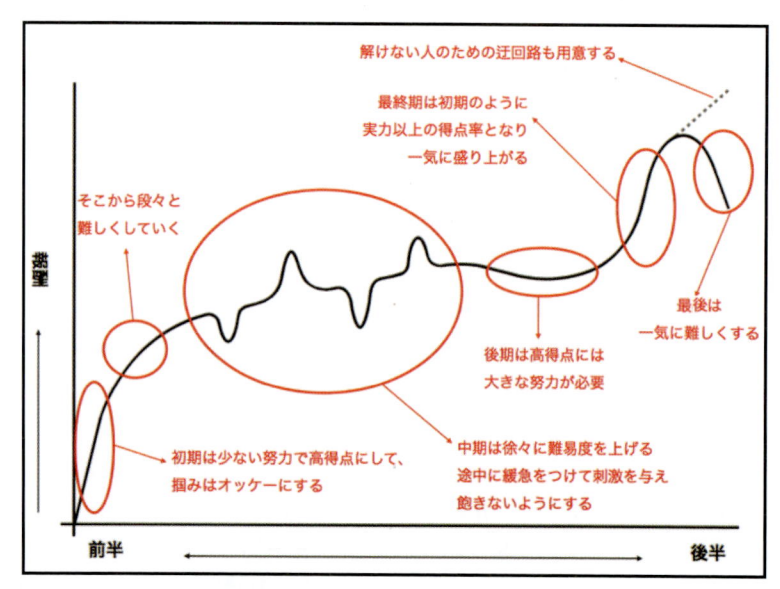

【図】 ゲームバランスの基本曲線

図中注釈:
- そこから段々と難しくしていく
- 解けない人のための迂回路も用意する
- 最終期は初期のように実力以上の得点率となり一気に盛り上がる
- 最後は一気に難しくする
- 後期は高得点には大きな努力が必要
- 初期は少ない努力で高得点にして、掴みはオッケーにする
- 中期は徐々に難易度を上げる 途中に緩急をつけて刺激を与え飽きないようにする
- 軸: 難度 / 前半 — 後半

4-B-③ AIで難易度を調整する

　ゲーム内のAIアルゴリズムを調整して難易度を調整する。例えば、最初に出てくる対戦キャラクターの思考レベルやパラメーターなどを低めにして、登場順に段階的に上げていく方法である。ユーザーのレベルに合わせて対応ができるのが、この方法の長所である。

a. 対戦相手がいる場合、相手の登場順にパラメーターを上げて難しくしていく
b. 対戦相手はパラメーターを強くするだけでなく、その思考過程や選択肢の多様化で難しくする
c. AIアルゴリズムで難易度を調整する場合、相手のレベルに合わせて対応することが可能である

序盤の相手はユーザーの攻撃に簡単に当たってくれる

©CAPCOM CO., LTD. 2005, 2006,
©CAPCOM U.S.A., INC. 2005, 2006 ALL RIGHTS RESERVED.
【例】「ストリートファイターII」から。
序盤は相手が弱いが後になるほどAIが強化（難易度が上昇）される。

4-B-④ 反復学習の場を設ける

　簡単な課題、難しい課題はユーザーによって変わってくる。それぞれのユーザーの進行度合いを見極め、反復練習させる場所を設けて、ユーザーの習熟度を上げていく。

　難しいステージで反復練習させる場合、難しい課題にばかりトライさせるとユーザーは無力感を覚え、ゲームを続けなくなる。そこで難しい課題の前に、簡単な課題を用意しておく。ユーザーは簡単な課題をクリアして気分が高揚している。この状態で、ユーザーに難しい課題に挑戦できるようにしておくと、反復率が高まる。

a. ゲーム内で習熟度をチェックするポイントを何箇所か設ける（4-C参照）
b. それぞれの習熟度に応じた反復練習ステージを用意する
c. ユーザーを振り分けて自然と反復ステージを体験できるようにする
d. 攻略が難しい反復ステージは、直前に簡単な攻略を体験させて弾みをつけてから難しいステージに取り組めるようにする
e. 習熟度が上がったことを体感できる仕組みを組み込んでおく

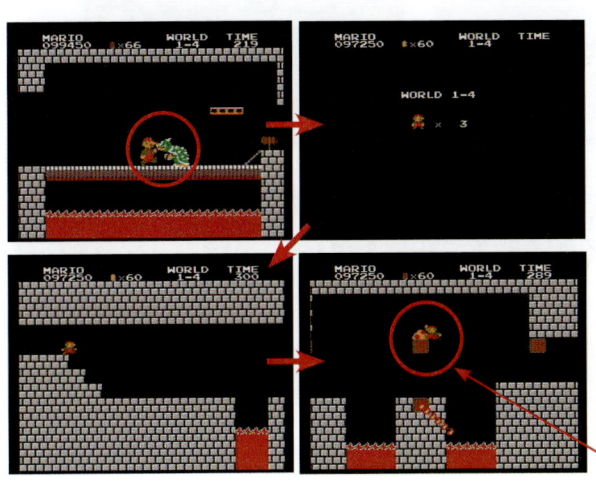

【例】「スーパーマリオブラザーズ」から。各ワールドの最終ステージでは、最後にいる強敵にやられてしまった場合に必ずスタート地点に戻される。強敵がいる目の前ですぐ再開すると難易度が高くなってしまうのでこれを防ぐとともに、スーパーキノコが隠された「？」ボックスの出現地点に行けるようにしてチャンスを与えるためである。つまり、難しいことにチャレンジする前に、簡単なことを課題としてクリアさせておいて、ユーザーの気分を高揚させた上で、強敵と戦えるようにしている。

?ブロックにスーパーキノコが隠れている

2章　ゲームニクス理論　●　原則4-B

ビジネスを変える「ゲームニクス」

4-B-⑤ 平均的な習熟度のユーザーを決める

　ゲーム中の障害の配置場所や数、あるいはコンテンツ全体のレベルを決めるにあたっては、そのコンテンツをプレイするうえで平均的レベルとなるユーザー像を設定する必要がある。設定の際は前述の「肩越しの視点」がなにより重要である。

a. 開発において重要なのは、平均的レベルのユーザー像を制作側で設定することである
b. この平均レベルを元に、さまざまなバランスを構成していく
c. 制作側で設定した平均レベルが、正しいのかを常にチェックする制作体制が必要である
d. cをチェックするには、制作途中で何度も対象となるユーザーに遊んでもらう。ただし、ゲームに慣れていない新しいユーザーで常にチェックする

©NBGI

【例】(写真左)「スーパーマリオブラザーズ」など、家庭用ソフトの場合は前述のスーパーマリオクラブなどを利用したテストプレイヤーの雇用で、「パックマン」のようなアーケードゲームは、試作段階でゲームセンターに実験的に稼働させるロケテストで、実際にプレイしたユーザーの反応などを観察する。その結果を見てバランスを調整して完成させていく。

原則4-C　ユーザーの習熟度を確認

　ゲーム開始時点で、ユーザーのレベル（習熟度）を初級者（ライトユーザー）、上級者（ヘビーユーザー）などに振り分ける。ゲーム内のルールに初めて接するユーザーに対しては、初期段階ではすぐに理解できるメニューだけを提示し、時間をかけて覚えてもらえるようにする。一方で、ゲーム内のルールをある程度理解しているユーザーには、最初から多様なメニューを用意して、すぐに使いこなしてもらえるように配慮する。

　ただし、あからさまに「あなたは初心者」「低レベルです」などと提示すると、ユーザーの向上心やモチベーションが低下してしまう。そこで、レベル確認のための質問を設ける他、ゲームの進行具合からレベルを確認するなど、レベルの確認行為をユーザーに気付かれないようにする。

①個人情報で習熟度を調べる

② 質問で習熟度を確認する
③ 簡単なゲームで習熟度を確認する
④ 習熟度確認を気づかれないようにする
⑤ 習熟度を随時チェックする

【例】「糸井重里のバス釣りNo.1」の場合、安易に「初心者」「熟練者」といったメニューを出すのではなく、一人でプレイを始める人は知識がある人と判断し、仲間を誘って釣りに行く場合は初心者と判断する。これによって、初期装備の釣り道具や最初に用意するメニュー、釣り場所などを変える。また、選択する仲間によって難易度があり、アドバイス内容が変化する。例えば、「うさぎさん」は初心者用のパートナー。パートナーはキャラクターとユーザーの会話の内容で決まる。

4-C-① 個人情報で習熟度を調べる

ユーザーの年齢や性別といった個人情報で習熟度を調べる。子供用コンテンツや高齢者用コンテンツなど、年齢によって難易度が違うものを提供する。例えば、子供用にはひらがなしか使わない、ユーザーが女の子ならば選択できるキャラクターを女の子でスタートさせる、といった具合だ。

a. 入力された年齢で、メッセージの使用漢字を変える
b. 入力された年齢で、課題や障害のレベルを変える
c. 男の子の場合は、タイミングを競う要素のものやシステマチックな課題を多くする
d. 女の子の場合は、じっくり取り組むものや何度も繰り返すタイプの問題を多くする

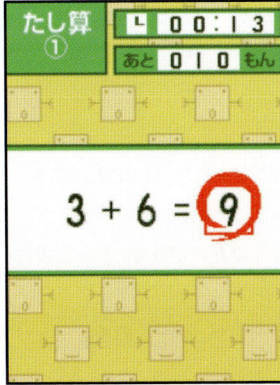

DS陰山メソッドます×ます百ます計算
©2006 HIDEO KAGEYAMA/SHOGAKUKAN
【aの例】「DS学習ソフト DS陰山メソッドます×ます百ます計算」から。小学校一年生以下向けの問題出題画面（写真左）ではすべてひらがなとカタカナ表記で、小学校二年生以上向けの画面は漢字交じりの文章になる。

4-C-② 質問で習熟度を確認する

ゲーム本編を始める前にユーザーに対して質問して解答を求め、その結果に応じて個々のレベルを確認する。その上で、本編のレベルを調整する。「いきなり質問です」では不躾なので、ゲームシステムに寄り添わせて自然な流れの中で質問する必要がある。

a. 的確な質問をすることでユーザーのレベルをチェックする
b. 質問は、あからさまに「レベルを確認しているな」と気づかれないような工夫をする
c. ストーリーの中にうまく組み込むのが一般的

「そうだよ」を選択した場合

「ぷろだよ」を選択した場合

スーパーぐっすんおよよ
ⓒ1993 IREM SOFTWARE ENGINEERING INC. ⓒBANPRESTO 1995-2008
【例】アクションパズルゲーム「スーパーぐっすんおよよ」から。ゲーム開始時に、ユーザーのゲームの腕前を問う質問を投げかけ、その回答によってスタートするステージを決定する。難易度は4種類あり、最も易しい「そうだよ」を選ぶとチュートリアルを経てステージ1から始まり、最高難度の「ぷろだよ」を選ぶといきなり21面から始まる。

4-C-③ 簡単なゲームで習熟度を確認する

ゲーム本編とは別の簡単なゲームをプレイさせて、ユーザーの習熟度を確認する方法である。ユーザーに大きな快感を与えるノウハウやゲームチュートリアルなどと組み合わせると効果的である。

a. レベルを確認するようなゲームを最初に実行する
b. そのレベル確認のゲームは、本編の一部であるように見せかけることが望ましい
c. ユーザーの習熟度チェックだけでなく、ゲーム操作の慣れに対するチェックにも利用する
d. レベル確認のためのゲームが、ゲームのチュートリアルと連動するデザインにするとより効果的である

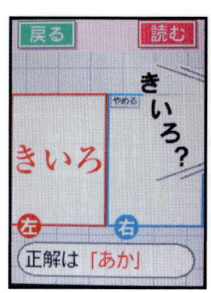

【例】「東北大学未来科学技術共同センター川島隆太教授監修 脳を鍛える大人のDSトレーニング」では、初回プレイ時に簡単なテストを実施してから、本編の毎日繰り返すトレーニングを記録するための個人データを作るようになっている。同時に、初回のテストがチュートリアルの役目も果たしている。

4-C-④ 習熟度確認を気づかれないようにする

前掲の4-C-②と③を実装する場合には、質問や簡単なゲームをゲーム本編のストーリー内に盛り込むほうがよい。そうしないと、ゲームが持つ本来の面白さを損ねてしまう恐れがある。

a. レベルチェックであることを悟られない工夫をする
b. あえてレベルチェックを認識させる場合は、その理由を明確に提示する
c. ストーリーに組み込み、キャラクターとの会話の中から情報を取るのが一般的
d. ゲームの場合はチュートリアルと連動させると気づかれない（4-A-①参照）
e. 高レベルと判定した場合にのみ、「あなたは最初から高レベルですね」と提示して自尊心を満足させる

4-C-⑤ 習熟度を随時チェックする

導入段階でユーザーの習熟度を判断し、ゲームの初期設定を調整するが、習熟度の判定があっているかどうか、チェック項目に基づいて随時判断し、その診断結果によって以後の習熟度の判定を変更していくとよい。

a. ユーザーに目的を気づかれないように、レベルを判断するためのステージを用意し、ユーザーレベルの判断が適切かどうかを随時調べる
b. 同一場面を再度プレイする場合は、クリア後の成績を参考にして初期の難易度を調整する
c. ゲーム進行状況から当初設定よりユーザーの習熟度が上と判断できる場合は、即座にゲームの難易度を変更して対応する
d. 再プレイ時にユーザーの習熟度が上がっている場合は、それを確実に伝えることでユーザーの持続力をアップさせる

原則4-D 習熟度に応じて内容を変える

上級者には適度に難しい課題を出し続け、逆に初心者のユーザーには適度に解答できる簡単な課題を提出する。ゲームの途中でレベルの分岐するポイントを用意し、さらに習熟度によって展開を変えていくことによって、ユーザーのモチベーションが下がることのない状況を作り出し、なおかつ学習意欲を持続させるモチベーションへとつなげる。その方法をまとめると、以下のようになる。

① 習熟度に応じて課題や障害を変える
② 各ステージのプレイ結果に応じて選択肢を増やす
③ 最終目的達成後に分岐させる
④ ミス後に分岐させる
⑤ 迂回ルートを準備する

平凡な成績の場合：次のステージには難易度が低いコースしか出てこない

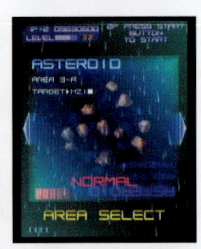

好成績を収めた場合：より難易度が高いステージを選択可能になる

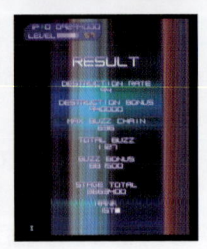

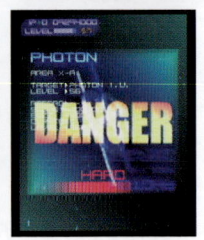

難易度が高いステージでも好成績を収めると、最高ランクの「デンジャーステージ」が出現

サイヴァリア リビジョン
©2003 SUCCESS

【例】シューティングゲーム「サイヴァリア リビジョン」から。ユーザーの成績に応じて、ステージクリア後に選択できるステージの数と難易度が変化する。上級者ほど難易度の高いステージを選択できる。特定のステージで好成績を収めると最高ランクの「デンジャーステージ」に自動的に進むようにして、ユーザーを習熟度に応じて振り分ける。

4-D-① 習熟度に応じて課題や障害を変える

　ユーザーの習熟度に応じて、ゲーム内の課題や障害の難しさを変える。プログラム側で常に最適な難易度を設定すると言い換えてもよい。初心者にはやさしく、上級者には難しくする。

　　a. ゲーム内でユーザーの習熟度を察知するロジックを構築する
　　b. ユーザーの習熟度に応じてゲーム内の課題や障害を変えていく
　　c. ゲームの分岐をレベルによって変更する
　　d. ユーザーの習熟度に応じて敵の強さを変える（常に競っているという緊張感の演出）
　　e. ユーザーの習熟度に応じて「縛り」(問題への解答制限時間など) を変更する
　　f. 上達時にのみ、上達したことをユーザーに伝える構成にする
　　g. レベルが低いほど、褒める行為は大げさにする
　　h. レベルが高いほど、褒める行為はさりげなく自尊心をくすぐるようにする
　　i. BGMをレベルによって変更する

（下位の場合：ライバルをあっという間に吹き飛ばせる強力なアイテムが出やすい）

（上位の場合：強力なアイテムがもらえず、逆に後続のライバルからの攻撃を受けやすくなる）

【例】「マリオカートWii」では、順位が下位のユーザーほど強力なアイテムが出やすくなる。逆に上位のユーザーは、順位を保つには下位のユーザーからの攻撃を何度も克服しなければならない。

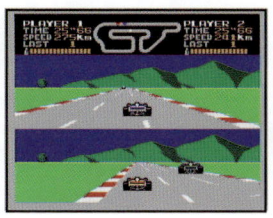

©NBGI
【例】レースゲーム「ファイナルラップ」は、トップを走るユーザーの車の最高速度が必ず低下するようにプログラムされている。これによって、負けている側のユーザーに逆転できるチャンスを増やし、最後までスリリングな対戦が楽しめる効果をもたらしている。

ノーミスで進んでいるとき：
強敵および敵弾が次々に出現

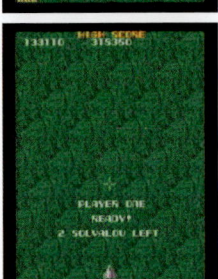

ミス

ミスした直後：
敵弾をあまり撃たない弱い
敵が出てくる

©NBGI
【例】「ゼビウス」のようなシューティングゲームでは、長時間ノーミスでプレイするほどより強力な敵が出現したり、敵弾の数が増えたりするなど、難易度が上昇する仕組みになっている。

高いレベル（上級者向け）を選択すると、ゲーム開始直後から障害物が積まれている。

©SEGA
【例】「ぷよぷよ」のような対戦ゲームにおいては、ユーザー同士の実力差がある場合にハンディキャップをつけられる機能を盛り込み、実力差のあるユーザー同士でも楽しめるよう配慮している。

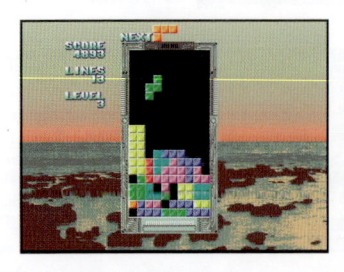

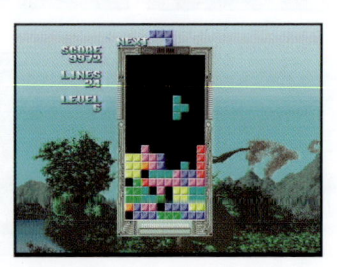

©SEGA
【例】「テトリス」では、難易度が上がるごとにブロックの落下速度がアップし、BGMもそれに合わせてテンポが速くなる。また、レベルが上がるごとに背景のグラフィックスも変化するので、ユーザーに対してゲームが上達しているという達成感を与える効果もある。

4-D-② 各ステージのプレイ結果に応じて選択肢を増やす

　ゲーム内の各ステージのプレイ結果に応じて、その後に進むステージを分岐させて選択の幅を増やす。上級者だけでなく、初級者に対しても配慮することが望ましい。

a. 上達するごとに、ステージの選択（分岐）を増やしていく
b. 分岐した問題を解くことで、数々の特典が体験できる喜びを演出する
c. 分岐を体験しなくても、そのゲームやステージ自体は、クリアできる構造にしておく

旗のデザインがいつもと違うことで発見する喜びも演出

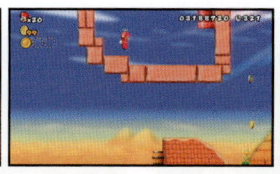

矢印に沿って進むと普通にゴール地点に着く　　↑矢印のない、上空の土管を発見して入ると「裏ゴール」を発見できる

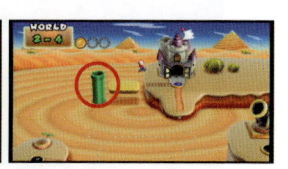

最初はこのような道しか存在しない　　↑「裏ゴール」を出ると分岐ルートが出現、新ルートに入ると最終ステージへショートカットが可能になる

【例】「NewスーパーマリオブラザーズWii」のステージ分岐の例

現在どのルートに進行しているかは、移動画面の主人公のマークの動きでわかる。左向きに回転、右向きに回転、無回転の3種類のアクションがあり、行動の結果次第で随時変動する。

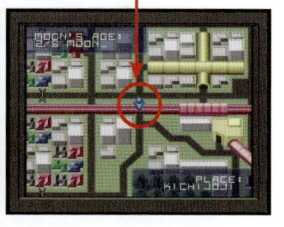

真・女神転生
ⒸIndex Corporation 1992,2007 Produced by ATLUS
【例】「真・女神転生」から。ゲーム中に選んだ選択肢など、ユーザーの行動に応じてその後のシナリオが大きく変化する。展開によって3種類のエンディングがあるので、一度クリアした後でも次は違うルートにチャレンジしてみようというモチベーションをユーザーに与えられる。

4-D-③ 最終目的達成後に分岐させる

　通常は、最終目標を達成（いわゆるゲームクリア）すれば、ゲームは終わる。だが、成績やクリア状態などによって、その後の展開を分岐させてゲームの奥深さを演出する。成績がよい上級者に対しては、さらに難しいステージを新たに選べるようにする。また、クリア時の成績に応じたラストシーンを複数用意する方法（いわゆるマルチエンディング方式）もユーザーのモチベーションを高める上ではよい。

　スマートフォン向けアプリのように、更新し続けることで終わりがないものの場合には、このようなクリア後の展開を設けることは必要不可欠である。

a. クリア後のエンディングを上達レベルによって変化させる
b. クリア後に上級者だけが挑戦できる、上級の障害や課題が用意されている
c. クリア後に新たな展開が始まる
d. クリア後のレベルが保持され、再プレイの場合の状況が変化する快感を考察する

通常のタイトル画面

裏モードの隠しコマンド

コマンドを入力すると色が変わる

【例】ファミリーコンピュータ版「ドルアーガの塔」では、全ステージクリア後のエンディング画面が終了すると、通常ステージとは謎解きの方法がまったく異なる裏モードで遊べる隠しコマンドが現れる。

©NBGI

【例】「マリオカートWii」より。150ccクラスのすべてのカップで優勝してエンディング画面を見ると、以後コース配置が通常とは左右対称に変化したミラーモードが新たにプレイ可能となる。

4-D-④ ミス後に分岐させる

　ユーザーのミス（失敗）を、ユーザーの習熟度を判断する基準として利用する。ミスを繰り返し、なかなか先の場面へ進めないユーザーに対して、ミスした回数などによってレベルを下げて再スタートさせ、ユーザーのストレスを極力ためないように配慮する。

　例えば、ゼビウスのようなシューティングゲームにおいては、ミスをしたり、追加クレジットを投入したりすると、難易度が下がった状態からゲームが再開する。ミスした際、各ステージの70％以上の地点に到達していた場合は、次のステージの開始地点から再開する救済措置も盛り込まれている。

　また、「NewスーパーマリオブラザーズWii」では、同じステージで8回連続ミスをすると、「！」マークのブロックが登場し、これを叩くと主人公の弟のルイージがステージクリアまでの模範演技をする「おてほんプレイ」を見られるようになる。ルイージが動いている間は、いつでもユーザー自身で主人公のマリオを操作できるようになっている。このため、苦手な場所だけで模範を見て、プレイすれば時間を節約できる。他の例として「謎」を説くことができない場合、時間が経過することで段階的にヒントを開示していき「時間さえかければ誰でも解ける」、努力してコインを集めれば「コインとヒントを交換できる」、などがある。

　a．ミスの回数などに応じて、レベルを徐々に下げてクリアの障壁を下げる
　b．ミスの回数などに応じて、特殊なヘルプを出して救済してクリアへと導く
　c．ミス後にクリアの障壁を下げても、クリア時の優越感を損なわないようにする
　d．クリアへのモチベーションを高める救済処置となるように工夫する

エリアの開始直後の地点　　エリア終盤でミスした場合は次のエリアの最初の地点から再開

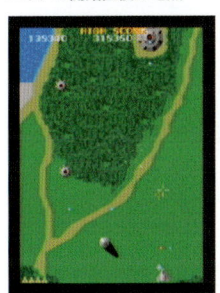

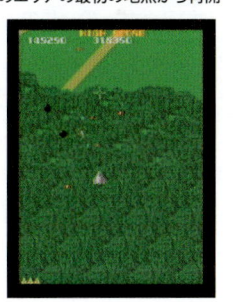

序盤でミスした場合は、再度同じエリアをプレイすることになる

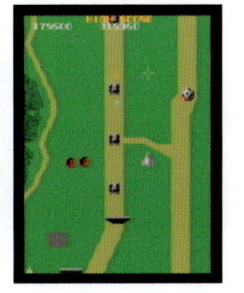

©NBGI

【例】「ゼビウス」では、各エリアの70％以上の地点でミスをした場合は次のエリアからプレイが再開され、70％未満の場合はそのエリアの最初からやり直しになる。

【例】「Newスーパーマリオブラザーズ Wii」では、同じステージで8回連続ミスすると「!」マークのブロックが出現し、これを叩くとノーミスでクリアする「おてほんプレイ」を見られる。また、「おてほんプレイ」の再生中から任意のタイミングでユーザーがプレイを再開できる。

4-D-⑤ 迂回ルートを準備する

何度挑戦しても先へ進めないユーザーに対する救済措置として、迂回ルートを用意する。スーパーマリオブラザーズの土管による回避はその好例である。実際の実現方法はゲーム内容によって異なるが、ある条件を設定し、その条件をクリアすれば、迂回ルートに向かえるようにするのが一般的である。迂回路の設計で重要なのは、ユーザーに「努力すれば解決できる」と思わせることである。

a. 先へ進めないユーザーのための迂回路（問題）を設定する
b. 迂回ルート（問題）を隠すことで「逃げ」に価値を与える
c. 迂回ルートを発見させることで「逃げ」に優越感を与える
d. 視覚的な迂回ルートを提示し、それとなく迂回方法を提示する
e. 迂回せずに挑戦することのメリットをはっきりと提示する
f. 迂回したことでデメリットがあることをそれとなく提示する
g. 最初は迂回したが、再度挑戦した場合は褒めてあげるようにする
h. 上記a～gのいずれも、自分が上達したことによって状況が変化していることを確実に伝える

【例】「スーパーマリオブラザーズ」から。ワールド1-2では、通常の出口に入らずに天井のブロックに乗って先に進むと、さらに先のワールドにショートカットできるワープゾーンがある。

【例】「すってはっくん」から。最初から1-1〜3-10までの合計30ステージを自由に選択可能なので、もし途中でクリアできないステージに出会った場合は、飛ばして先のステージに挑戦するという遊び方ができる。また、クリアしたステージの合計数が画面上部に表示された「NEXT STEP」に達すると、さらにプレイ可能なステージが増える。よって、番号順にプレイせずに迂回して進めてもユーザーは十分に達成感を堪能することができる。

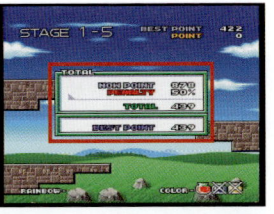

ヒントを見るとクリアしやすくなるがペナルティを受ける

ノーヒントでクリアした所はユーザーを称える

【例】アクションパズルゲーム「すってはっくん」から。どうしてもクリアできないユーザーには「ヒントを見る」を選ぶとクリアへのヒントとなるデモを見られる救済措置があるとともに、選択可能なステージであればどこからでも遊べるようになっている。ただし、ヒントを見てクリアしたステージは得点が減点されるなどのペナルティがある。

原則4-E 習熟度に応じてメニューなどを変える

　習熟度に応じて変えるのは、ゲーム内容だけではない。メニューやゲーム内で実行できる行為、ヘルプなども変える。こうすることで具体的な変化を可視化して、上達の実感と快感を伝えるとともに、サポート内容もユーザーに寄り添うものとなる。

① 習熟度に応じてトップメニューを変化させる
② 習熟度に応じてゲーム内のメニューを変更する
③ 上級者向けにメニューを絞る
④ 習熟度に応じて行為の種類を増やす
⑤ 習熟度に応じてヘルプ内容を変える
⑥ シリーズものなどは前作のデザインを引き継ぐ

4-E-① 習熟度に応じてトップメニューを変化させる

　ゲーム開始前に選択する「メニュー」の種類を限定しておき、ユーザーの上達に応じて選択できる種類を徐々に増やしていく。これで、上達していることをユーザーが実感できるようになる。また、上級者に限定したメニューを増やすことで、一種のプレミアム感や満足感を与えられる。

　ただし、ゲーム・メニューを増やすことができない初心者のユーザーに対しては、上級者向けのゲーム・メニューがなくても、そのゲーム自体はクリアできるような配慮をすべきである。

a. 上達するごとに、トップメニューの数が増えていく
b. 上達するごとに、ステージ内のメニューが増えていく
c. a、b ともに、メニューが増えることを感じさせる演出を考慮。例えば、反応のない空白のメニューを画面内に用意する
d. 上級者にしか出てこないメニューを設定し、そのメニューの存在を予感させる演出を考慮
e. 上達して上級者になったユーザーには、初級者用のトップメニューをなくしていく
f. a～eのいずれにおいても、自分が上達したことによって状況が変化していることを確実に伝える（例：画面の変化、主人公がより達人らしい姿に変化、など）
g. 上級者メニューや設定を体験しなくても、そのゲーム自体はクリアできる構造にする

上達したご褒美として新たなクラスが出現

【例】レースゲーム「F-ZERO」より。初期状態で選べるクラス（難易度）はビギナー、スタンダード、エキスパートの3種類だが、これらのクラスですべて総合優勝すると新たに最高難度のマスターが選択可能になる。

全キャラクターのエンディングを見る
とシアターモードが追加される　　　　ビーチバレーのようなお遊びモードも追加される

©NBGI
【例】プレイステーション版の対戦格闘ゲーム「鉄拳3」では、ゲームの腕を上げて本編でエンディングに到達するなどの条件を満たすと、使用できるキャラクターの数がどんどん増えていく。また、さらに別の条件を満たすと新たなモードが追加される。

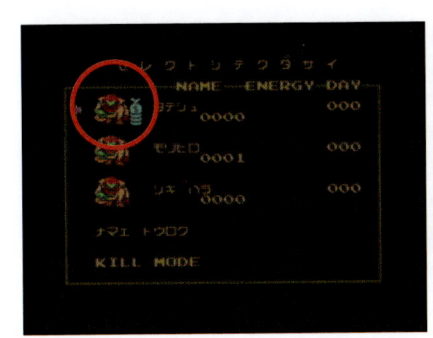

【例】「メトロイド」（写真左）は、一度エンディングまで到達したセーブデータにはそのランクに応じたマークが表示されるようになる。「大乱闘スマッシュブラザーズX」（写真右）では、アドベンチャーモードでエンディングまで到達したセーブデータの番号部分には赤い王冠のマークがついてプレイヤーの健闘を称えてくれる。

4-E-② 習熟度に応じてゲーム内のメニューを変更する

上達したユーザーには初級者向けのメニューやゲーム中の障害などを初めの方で出さないようにする。これで、簡単で単純な内容を繰り返すことで、上級者が感じるストレスを、防止する効果を得られる。

a. 上達して上級者になったユーザーには、初級者用のコマンドメニューをなくしていく
b. 段階的に難易度を上げる内容の場合、上級者に対しては、初期の障害や課題を提示しない
c. 自分が上達したことによって、ゲーム自体が変化している快感を演出する
d. a、b、cいずれにおいても、上達したことでゲーム内容が変わっていることをユーザーに確実に伝える
e. 再プレイ時にレベルが上がっている場合は、それを確実にユーザーに伝えることで、ユーザーの継続利用を促す。例えば、前回プレイした際に取得したアイテムを画面に表示させるなど
f. BGMをレベルによって変更する

敵に接触

【例】「MOTHER2」から。フィールドの移動中に触れた敵のレベル（強さ）が主人公よりもはるかに弱い場合は、マップ画面から戦闘画面へと切り替えるプロセスを省く。具体的には、「たたかう」などのコマンドを一切入力しないままでもその場で敵に勝利したものとみなし、瞬時に経験値を獲得できる。熟達したユーザーに対して、戦う前から勝つのは戦闘の時間を短縮するとともに、味方パーティの強さを称える配慮をしている。

4-E-③ 上級者向けにメニューを絞る

4-Cの判定によって上級者と判断され、上級者にとって余計だと感じる恐れがあるメニューはあらかじめ省いておく。

- a. 上級者には、初級者用のコマンドメニューなどは最初から提示しない
- b. ステップ用のステージがある場合は、上級者に限り初期ステージは飛ばしてしまう
- c. 上級者に対しては、時間制限やクリア規定数などの環境も最初から難しくする

ゲームA　　　　　　　　　　　敵の数がAモードよりも多いゲームB

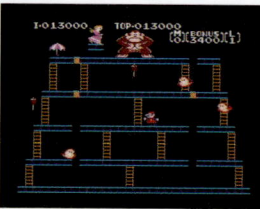

【例】「ドンキーコング」のように、初期のファミリーコンピュータ用ソフトはゲームBがAよりも難しい上級者向けの難易度調整になっている。

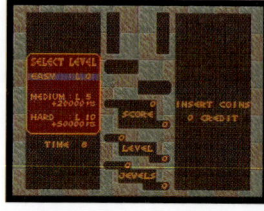

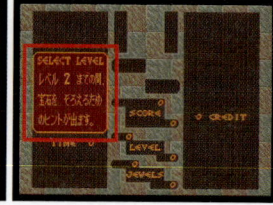

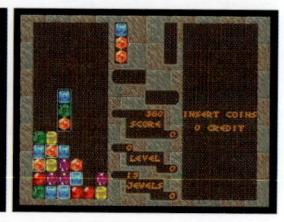

©SEGA
【例】「コラムス」では、3種類の難易度選択が可能で、EASY選択時のみゲームの序盤に宝石（ブロック）をそろえて消すためのヒントが示される。中・上級者向けのMEDIUMとHARDではヒント表示がない。

4-E-④ 習熟度に応じて行為の種類を増やす

ユーザーが上達するにつれて、ゲーム内で実行できる行為の種類を増やしていく。覚えなければならないことが多いと、ユーザーが今何をすべきなのかが分からなくなり、混乱した

り、モチベーションが低下したりする。そこで、これらを防ぐために、ゲーム開始時に実行できる行為をあえて制限する。

　プレイ中、実行できる行為の種類が増えた場合には、それを祝福するような演出を盛り込むことで、ユーザーに対して快感を与えて、モチベーションを喚起する。

　　a. 上達することによって、実行できる行為の数や種類が増えていく
　　b. ゲーム内で取得したアイテムによって、できる行為の数や種類が増えていく
　　c. ゲーム内で取得したアイテムによって、ユーザーの自由度が高まる

ボタン連打で敵をパンクさせるのは誰でも簡単にできる

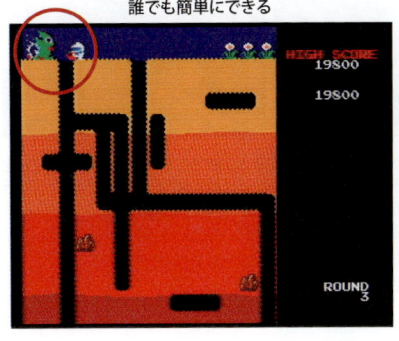

岩石落としを成功させるためには相応の練習が必要

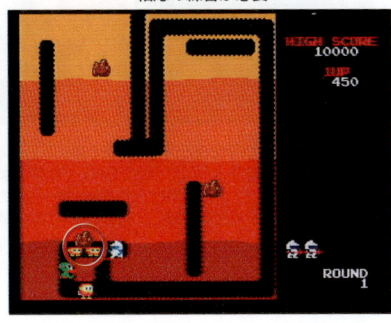

©NBGI
【例】「ディグダグ」での敵の倒し方は、ボタンを連打してパンクさせる方法と、頭上から岩石を落とす方法の2種類がある。前者はボタンを連打するだけで誰でも簡単にできるが、後者は敵をおびき寄せるので、自らもつぶされてミスするリスクを負う。このため、使いこなすためには、繰り返し練習しなくてはならない。また、岩石落としはリスクが高い分だけ、成功したときは得点が高く、まとめてたくさんの敵を倒すとさらに高得点のボーナスを得られる。

通常は2回叩かないと壊せない壁も一撃で破壊

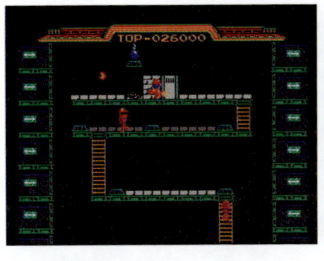

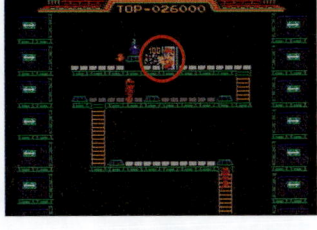

敵を直接叩いて攻撃

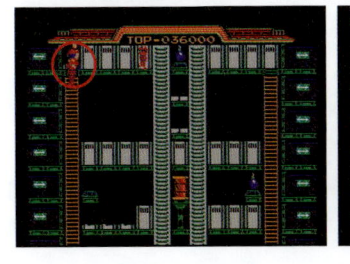

空中を移動

【例】「レッキングクルー」より。特定の条件を満たすと出現する「ゴールデンハンマー」を取ると、通常時よりもハンマーを振るスピードが速くなり、どんな壁でも一撃で壊せるようになる。また、敵キャラクターを直接叩いて一時的に気絶させられるようになるとともに、ボタンを連打すると空中を移動できる裏技もあるので、ユーザーが実行できる行為の種類が増えていくとともに、多用な攻略パターンを構築しながら楽しめる。

開かなかった扉を開けられるようになる

ボムによる隠し通路の発見

【例】アクションアドベンチャーゲーム「メトロイド」より。ミサイルを入手すると、通常のショットよりも敵に大きなダメージを与えられるようになるとともに、それまでは開けることのできなかった扉を開けられるようになって行動範囲が広がる。また、ボムを手に入れると、主人公のサムスが丸まった状態でもボムを使って敵を攻撃できるようになり、特定の壁や地形を破壊して未知のマップに進めるようにもなる。

4-E-⑤ 習熟度に応じてヘルプ内容を変える

初心者には丁寧なヘルプを、上級者には簡潔なヘルプを提示するなど、ユーザーの習熟度に応じて最適なアドバイスを示せるように、ヘルプの出し方やその構成を変える。

a. 初心者には丁寧なヘルプ、上級者には簡単なヘルプ
b. 同じヘルプ内容でも、初心者と上級者とでは内容を変えるのが望ましい
c. 習熟度に合わせて、ヘルプキャラクターを変える方法も有用

初期状態：アニメーションを表示後、結果を示すメッセージを表示

「そのた」メニューで設定を変更

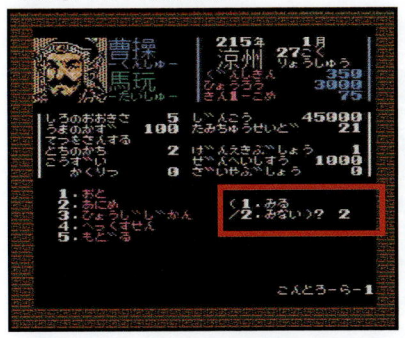

アニメーション表示を省き、メッセージの表示時間も短縮する上級者仕様になる

『三國志』©コーエーテクモゲームス All rights reserved.
【例】シミュレーションゲーム「三國志」より。ゲーム開始時は、各コマンドを実行後にその都度アニメーションが流れてからパラメーターの変化が表示される。ただし、「そのた」(設定)コマンドを使用することで、アニメの表示をなくしたり、メッセージの表示速度を短くしたりして、スピーディにゲームを進められる。これを利用して、どんなアニメやメッセージが表示されるのかが分かっている上級者は、設定を自分好みに変更して、不要な表示を飛ばせる。上級者にとっては、コマンドを実行した前後でのパラメーターの変化さえ読み取れればよく、他のアニメやメッセージを読まなくても問題なく楽しめる。

4-E-⑥ シリーズものなどは前作のデザインを引き継ぐ

いわゆる続編タイトルなど、以前に開発したゲームの内容を継承したシリーズ作品においては、前作をそのまま引き継いだデザインにすることで、過去のタイトルを知るユーザーがスムーズに新作を遊べるようになる。

a. シリーズものとして展開する場合は、前作のデザインを継承する構成をとる
b. シリーズものは、アイテムなどの名前は引き継ぐようにする

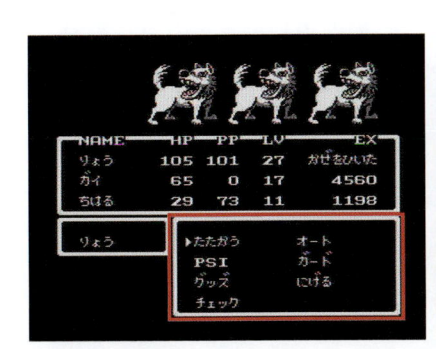

【例】写真左が初代「MOTHER」、右が「MOTHER2」。シリーズ第2弾の「MOTHER2」では主人公たちのステータスウィンドウの表示位置が画面下部に変更されたが、基本となるコマンドやアイテム・ステータス類の名称や意味がそのまま継承されている。

2章 ゲームニクス理論 ● 原則5

原則5 仮想世界と現実世界のリンク

原則5-A 現実世界の取り込みと仮想世界の持ち出し
① 現実世界を仮想世界に取り込む際の基本事項
② 仮想世界の価値を現実世界で利用
③ 仮想世界の交流に最適な距離感

原則5-B 現実の抽象と誇張
① 現実世界の抽象化
② ゲームジャンル
③ ワールドの設定
④ 感情の抽象化と誇張化

原則5-C ライフログの活用
① ユーザーの位置と日時
② ユーザーのコミュニティ
③ コンテンツ利用時の状況
④ その他の情報と機能

ビジネスを変える「ゲームニクス」

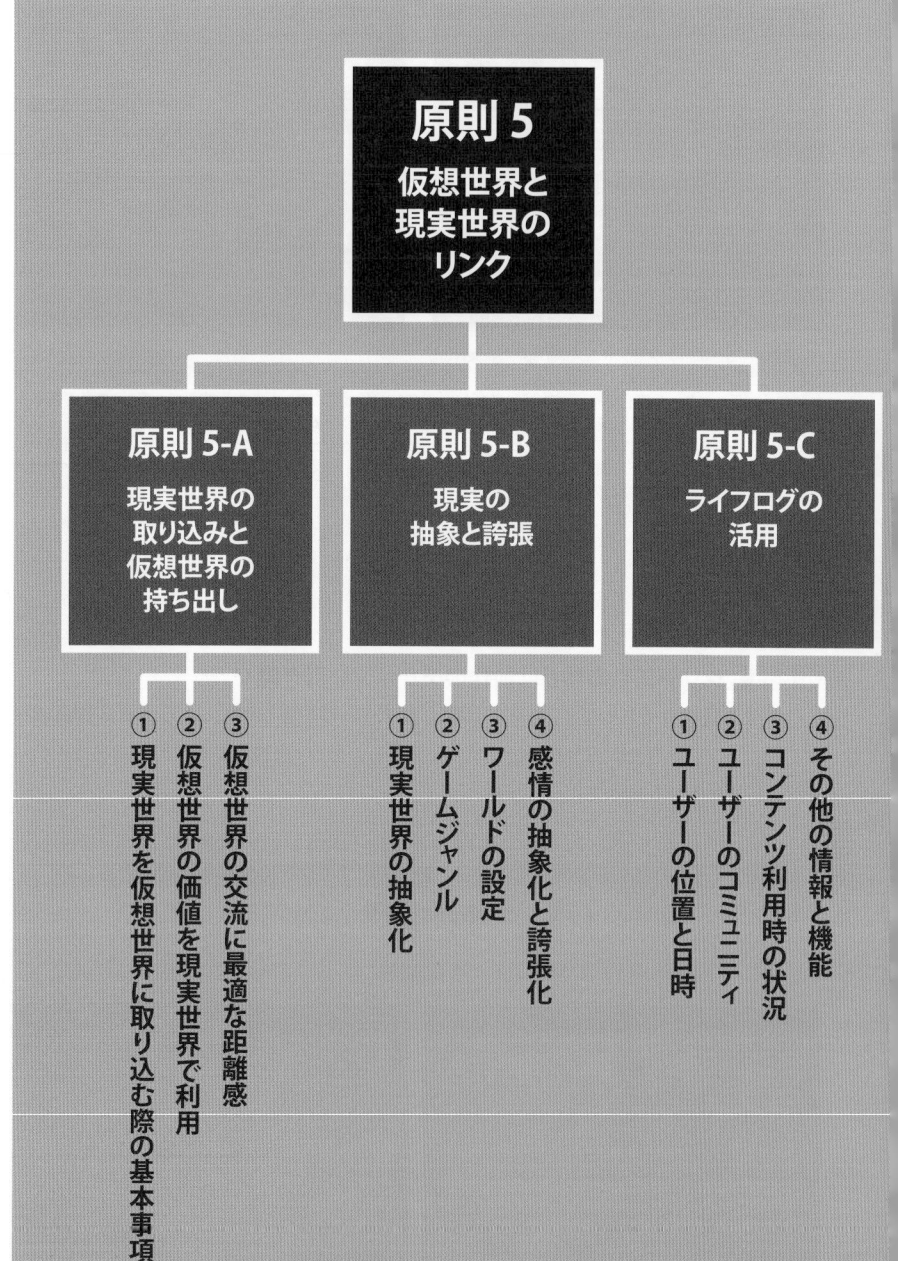

208

●原則5　仮想世界と現実世界のリンク

　テレビゲームの黎明期は、ブラウン管テレビの普及期と重なっている。1958年にウィリアム・ヒギンボーサムが制作したテニスゲーム「Tennis for Two」は、オシロスコープモニターを使用した。1960年に発売されたDEC社の「PDP-1」もブラウン管のディスプレイを備えていた。これらを見たスティーブ・ラッセルは「Spacewar!」という世界初のコンピュータゲームを開発した。世界初の家庭用ゲーム機「オデッセイ」は、ラルフ・ベアがテレビ技術者としての「世界中のテレビを放送信号の受信以外に使いたい」という興味が、そのスタートになっている。

　初期のテレビゲームは、「テレビの中の画像を自分で動かしたい」という欲求から始まった。つまり、あくまでテレビの中の世界（仮想世界）に自分が入り込むことが主な目的だった。言い換えれば、現実世界の現象を抽象化して仮想世界で再構築することであった。

　ゲームが登場したころは、現実世界を極端に抽象化しており、ゲームの内容は単純でゲームの操作も簡単だった。そのため、老若男女の誰でも操作できた。

　実際、ファミコンに始まったゲーム業界の黎明期のテーマは、現実世界のゲーム要素をいかに仮想的なデジタル世界に取り込むか、ということであった。その証左が、ファミコン発売直後に登場したゲームソフトである。ファミコンの発売時期は1983年7月で、その年の年末までに発売された主なソフトは次のとおりである。

7/15 ドンキーコング 　　7/15 ドンキーコングJr.　　7/15 ポパイ

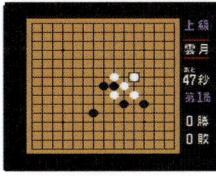

8/27 五目ならべ 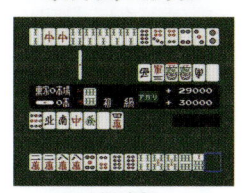　　8/27 麻雀 　　9/9 マリオブラザーズ

11/22 ポパイの英語遊び 　　12/7 ベースボール 　　12/12 ドンキーコングJr.の算数遊び

「ドンキーコング」や「マリオブラザーズ」「ポパイ」はゲームセンター（現実世界）における任天堂のヒットゲームの移植、「麻雀」「五目ならべ」「ベースボール」は現実に存在するゲームそのものである。また、「ドンキーコングJr.の算数遊び」では教育効果を意図しており、算数という現実世界の学問を会得するためのゲームである。

1984年2月には、テレビ画面のキャラクターを撃つ光線銃シリーズ「ワイルドガンマン」が発売されていることからも、ファミコンはあくまでも「おもちゃ」であり、現実世界の玩具の延長線上に位置付けられていたことが分かる。

ファミコン用光線銃　　　　　　　光線銃専用ソフト「ワイルドガンマン」

だが、ゲーム機のハードウエアが進化することで、ゲーム業界のテーマは、現実世界の抽象化から、現実世界の再現へと変わっていく。現在では、一見すると、現実世界の映像なのか、ゲームの映像なのか分からないほどになってきている。その結果、現実世界と整合性を取らざるをえなくなり、操作が複雑になっている。そのため、一部の人しかうまく操作できなくなる。

誰でもゲームを遊べるようにするには、現実世界の抽象化は悪いことではない。物事の本質を抽象化して、ゲームによってインタラクティブにユーザーにその本質を体験させることは、ユーザーに新しい知見をもたらす。

このように、現実世界とゲーム内の仮想世界の関係性が、ゲームのおもしろさを左右する。その関係性をうまく構築するためのノウハウが、「原則5　仮想世界と現実世界のリンク」である。

現在は通信環境の進化によって、どこにいても仮想世界とやり取りできるようになっている。それはゲームだけでなく、あらゆるコンテンツや電子機器なども同様だ。そのため、原則5は、今後あらゆる業界で不可欠な要素になるだろう。

本稿では、原則5について、以下の順に解説していく。

A：現実世界の取り込みと仮想世界の持ち出し
B：現実の抽象と誇張
C：ライフログの活用

原則5-A　現実世界の取り込みと仮想世界の持ち出し

　現実世界と、ゲーム内の仮想世界の関係性を構築する上で必要なのが、現実世界を仮想世界に取り込むことと、仮想世界の要素を現実世界に持ち出すことである。
　5-Aでは、現実世界をゲーム内の仮想世界に取り込む際の留意点や、仮想世界を現実世界に持ち出すコツについて解説する。

① 現実世界を仮想世界に取り込む際の基本事項
② 仮想世界の価値を現実世界で利用
③ 仮想世界の交流に最適な距離感

5-A-① 現実世界を仮想世界に取り込む際の基本事項

　実生活において全く経験がない状況に放り込まれてルールを説明されても、イメージも膨らまないしルールにも納得できないので、ユーザーを夢中にさせることは難しい。現実に存在するさまざまな現象や体験をモチーフにして要素を抽出し、仮想世界に持ち込んでルールを構築する。これがテレビゲーム制作の基本である。このとき、重要な点は大別して四つある。
　第1に、面倒な作業や人間が間違えそうな作業をコンピュータに肩代わりさせることである。純粋にゲームだけをユーザーに楽しんでもらうためだ。
　例えば、麻雀の点数計算や算数問題の回答の正誤判断などは、手間が掛かる上に、正確性が求められる。野球のストライクの判断は、正確に判断するには訓練が必要だ。こうしたことをコンピュータに肩代わりさせれば、すばやく正確に処理してくれる。
　現実世界のゲームでは、結果の判断について、ゲーム参加者同士でもめることがある。これは、「人間はどこかでミスしたり、判断を誤ったりするもの」とユーザーが考えているからである。
　そこでコンピュータにゲームの結果の判断をゆだねる。コンピュータであれば、点数計算、セーフやアウト、正誤判断、全てにミスはなく厳正かつ瞬時に判定する。このため、ユーザーはミスや曖昧さ、嘘や欺瞞といった不安定要素がある人間よりもコンピュータの方を信頼する。現実世界を仮想世界に取り込むには、この信頼感を裏切ってはいけない。
　ただし、ゲームの結果を左右する「偶然性」を取り除いてはいけない。原則4のAで紹介した「目標設定」の項目では、我を忘れてゲームに熱中する「フロー」状態にするには、ユーザーに「自分が状況をコントロールしている」と実感させることが重要だと説明した。
　だが、完全にコントロールできてしまうと、ゲーム特有の「ドキドキ感」や「ハラハラ感」がなくなってしまう。そこで偶然性が必要になる。
　麻雀やトランプ、競馬、パチンコ、宝くじも偶然性が鍵になっている。そしてその偶然性

をも自分の努力と実力でなんとか切り抜けられると感じさせることが、ユーザーを夢中にさせるフックとなる。もちろんこの偶然性に対して、作為があるとユーザーに感じさせてしまっては、コンピュータに対する信頼感が消失してしまう。

第2のポイントは、「自分が状況をコントロールしている」とユーザーに実感させることである。その象徴が「時間」だ。現実世界では、時間の流れをコントロールできないが、仮想世界であれば支配が可能である。例えば野球ゲームであれば、選手交代の時間をカットできる。競馬ゲームであれば、馬の育成に数年という長い時間をかける必要はない。ソーシャル・ゲームの中には、ゲーム内の時間進行を制御できるアイテムを、現実のお金で購入できるものがある。つまり、金で時間を買えるわけだ。

第3のポイントは、仮想世界の得点やアイテムなどに価値を与えることである。現実世界では、金や高級車、家を所有すればそれは資産になる。ゲーム内の得点やアイテムの数などの仮想的な資産には、本来は現実世界での価値はない。

こうした現実世界で無価値なものに対して、ユーザーに価値を感じさせることがゲームでは重要になる。ユーザー同士で点数を競わせれば、点数を上げることに価値が生まれる。ユーザー同士で対戦している場合、あるアイテムで逆転できるとすると、ユーザーはそのアイテムを欲しがる。言い換えれば、ゲーム内の点数やアイテムなどによって、ユーザーに満足感や優越感を感じさせる。

加えて、ゲーム内の成果を現実世界に持ち出すことで、その成果の価値をリアルに実感できる仕組みを設ければ、さらにゲーム内の仮想資産の価値は高まる。

第4のポイントは、現実世界での体験やイメージを壊さないこと。現実世界の要素を仮想世界に取り込んだときに、大きなギャップが生じると、ユーザーはゲーム内容を直感的に理解できない。そこで、ゲームの画面構成やUIに気を配る。例えば、野球ゲームであれば、実際の野球放送のような視点で映像を構成する。

これらが、現実世界を仮想世界に取り込む際の基本的なポイントである。以下、詳細を列挙する。

a. コンピュータへの信頼感を崩さない
b. 人間が判断することのみを見極め、しなくてもよいことはコンピュータに判断させる
c. 判断は確実に、結果はすぐに提示する
d. 予測できない偶然性を残す
e. 偶然的な要素に対して、作為的だとユーザーに感じさせない
f. ユーザーの努力や実力によって偶然性の一部を支配できるようにする
g. 時間概念に配慮してルールを構築し、そのルールの一部は、ユーザーがコントロールできるようにする
h. ゲーム内の多様な要素に価値を設定し、価値の獲得を目的化して獲得時の満足感を高める
i. 満足感を可視化する

j. 現実に存在するものを仮想世界に取り込む場合は、ユーザーが違和感を覚えないようにする

サイコロの目（ランダム：偶然性）　　　　　アイテムの購入（戦略性）

参加者全員で対戦するミニゲーム（偶然性と戦略性が混在）

特定のマスでのイベントの発生（偶然性）と、攻撃対象とする相手のセレクト（戦略性）

【a～fの例】バラエティゲーム「マリオパーティ2」から。決められたターン数の終了後に、スターを最も集めたユーザーが勝ちとなるゲームである。初心者も楽しめるような「偶然性」と、上級者がやりこめるような「戦略性」を混在させており、絶妙なゲームバランスを構築している。例えば、マップ上の移動に関しては、サイコロの目の数だけ進めるので偶然性がある。一方で、アイテムを購入するのはユーザーの意思にゆだねられている。また、毎ターン終了時に必ず発生するミニゲームの種類はランダムに決まるのに対して、ゲームの勝敗はユーザーの腕前に左右される。この他、特定のマスに止まったときなどに発生する突発的なイベントで相手を攻撃できるなど、初心者も楽しめるような偶然性を設けている。

> **keyword ▶▶▶ 仮想世界の特性**
>
> 1. 曖昧のない正確な世界（デジタル）
> 2. 自分でコントロールできる世界（バーチャル）
> 3. リアルでは手に入れられない価値がある
>
> しかし全ては偶然性に左右される

5-A-② 仮想世界の価値を現実世界で利用

　テレビゲームではユーザーとゲーム世界の1対1の関係が長く続いていた。他人と交流しなくても、遊びの種類が増えたり、遊びの対象範囲が広がったりしたことは、テレビゲームの普及を促した。だが、家にこもって長時間一人で遊び続けられることに対して否定的な見方もあった。こうした状況を変えたのが、1989年に任天堂が発売した携帯型ゲーム機「ゲームボーイ」である。ゲームボーイは外に持ち出せるほど小さくて、通信対戦機能も備わっていた。専用ケーブルで2台のゲームボーイをつなげれば、対戦も可能であった。この対戦機能が受けて、パズルゲームの「テトリス」が大ヒットした。

　これまで対戦するには、ファミコンを置いた部屋に集まらなくてはならなかった。ゲームボーイであれば、自宅外でゲーム対戦が可能になる。このゲームボーイの登場で、ユーザー同士の対戦が盛んになった。

　この流れに拍車をかけたのが、ゲームボーイに向けて任天堂が1996年に発売した、「ポケットモンスター 赤・緑」である。同ゲームでは、ゲームボーイをユーザー同士で接続してお互いのキャラクター（ポケモン）を交換しないと全てのキャラクターを揃えられなかった。このため、この時から「対戦」だけでなく、ゲームを通じた「交流」が盛んになり、その楽しさがポケットモンスターの大ヒットにつながった。

　また2006年に任天堂が発売したWiiはみんなで遊ぶということがコンセプトのひとつになっており、いまやゲームは一人で遊ぶものではなくなってきた。

　5-Aでは、ゲーム内の得点やアイテム、キャラクターなどに価値を与えることが重要だと説いた。これらに現実世界でも価値が生まれれば、ユーザーはゲームに没頭していく。

　例えば、ゲーム内の得点が高いと仲間に尊敬される、ゲーム内で集めたポイントで実際の製品が購入できる、キャラクターのレベルが上がると他のユーザーを助けられる、仮想世界で役職が高くなると現実世界の特別な場所に招待される、などである。こうして、ゲーム内の成果を現実世界に持ち出せれば、さらにゲームの成果の価値は高まる。

a. ゲーム内の多様な要素に価値を設定する
b. 最初は価値あるものが簡単に手に入るようにする
c. 中盤以降は努力しないと価値あるものを入手できないようにする

d. 仮想世界だけでは価値の上昇に限界が訪れるようにする
e. 価値あるものを自慢できる場を現実世界に用意してブランド化する
f. 価値を競争する設定を作る
g. 仮想世界の価値ある要素を現実世界に持ち出せるようにする
h. 仮想世界の価値を現実に持ち出す動機を設定する
i. 現実世界で仮想世界の価値を利用(売る・買うなど)できるようにする
j. 仮想世界の価値を、現実世界での他人との交流に役立つようにする
k. 現実世界で、仮想世界の価値がバージョンアップするように設定する
l. 現実世界の要素で、仮想世界内の価値が上がるようにする
m. ユーザー自身の努力や実力だけでは手に入らない価値を仮想世界に用意して、現実世界へのかかわりを促す

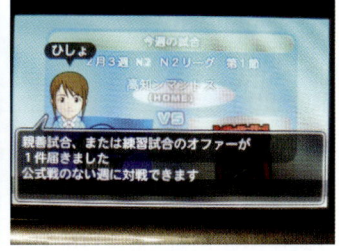

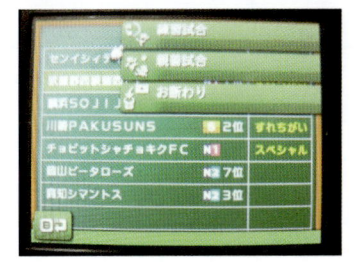

【例】ニンテンドー3DS用ソフト「ポケットサッカーリーグ カルチョビット」から。ユーザー同士がすれ違うと、それぞれが育てたチームデータを他のユーザーに送ることが可能。他のユーザーが作ったチームと練習試合をすることで自チームの強化に利用できる。

5-A-③ 仮想世界の交流に最適な距離感

　ゲームボーイでは、ユーザー同士が交流するには、ユーザー同士が近づいてケーブルをつなぐ必要があった。だが、インターネットを使えば、物理的にユーザー同士が近くなくても交流できる。以前は、場所と時間の制約から多数のユーザーとの交流は不可能だったが、ネットワーク環境の整備によって場所と時間に縛られなくなった。携帯電話の通信網が広がっている上、データ伝送速度も高速化している昨今、ユーザーはいつでもどこでも交流できるようになった。

　人間は社会的(ソーシャル)な生き物であり、人と人とのつながりはやる気を起こさせる強い動機になる。そこには協力があり、競争があり、紹介があり、招待がある。

英国の人類学者ロビン・イアン・マクドナルド・ダンバー（Robin Ian MacDonald Dunbar）によれば、安定した強いつながりを形成する集団の個体数上限は150人だという[注]。この人数は「ダンバー数」と呼ばれているが、現実世界ではこのようにお互いに顔が見える強い繋がりが主であるのに対し、ネットを介した交流は匿名性も含めて非常に緩い不特定多数との繋がりが主となる。

ゲーム黎明期における他人の存在は競う存在であり、得点を自慢する相手であった。この状況は今でも変わらない。ゲームで他人と競う要素を設定する場合、競う相手は多くて10人までとした方が良い。人は競う相手が多いと勝てる気がしなくなるためである。

[注] Robin Dunbar: How Many Friends Does One Person Need？: Dunbar's Number and Other Evolutionary Quirks: Faber and Faber（2010）

note 1

スティーブン・ガルシア（Stephen Garcia）らの研究

10人以上だとやる気の度合いが低下し、100人だとやる気がなくなる、という説を唱えた。論文名は「The N-Effect: More competitors, less competiton: Psychological Science 20」。

最近では「モンスターハンター」に代表されるように、仲間と力を合わせないと敵を倒せなかったり、欲しいものを手に入れるには紹介が必要だったりと、他人の協力が不可欠になってきた。

物理的に近い場所で一緒に同じ行動をすることを「同期活動」という、同期活動には結束を強め、幸せを感じさせるという効果がある。ツイッターやフェイスブックなどのオンライン上でのつながりは「非同期活動」なので、同期活動ならではの喜びは生まれにくいだろう。だが、同じ趣味や目的をもった同士が仮想世界で一緒に行動することは、同期活動と同様の共感効果を発揮すると考えられる。

現実社会ほど強い人間関係に煩わされることもなく、適度な距離感で共感できれば心地良い幸福感が生まれる。仮想世界と現実世界のリンク効果を利用して、このような環境をゲームで構築できれば、ユーザーを夢中にさせることができる。会話による距離感の例として、オンラインゲームにおけるコミュニケーションを挙げる。

- 1人だけの会話：ささやき
- 近辺にいる複数のユーザーとの会話：チャット
- 比較的広い範囲の複数ユーザーとの会話：シャウト
- 限定の仲間との会話：ギルドチャット
- ギルド間の会話：グループチャット

　分類の仕方によってはまだまだ考えられるだろうし、UIの設計や画面デザインによっても距離感の印象は随分と変わってくる。

　仮想世界でありながら、現実世界との接点が多くなるということは、現実にある人間同士の交流ルールに従うということである。仮想世界では、現実世界のようにお互いの感情やその場の空気感を共有できないからこそ、その点により留意すべきである。

　例えば、Webサイトで、その内容を確認しようとして操作すると、いきなり名前と住所を入力させるようなものがある。これを現実世界に置き換えると、初対面の相手にいきなり個人情報を聞いてきていることになる。現実世界ではこうしたことはまず起きないはずで、社会的なルールを仮想世界でも尊重することはとても重要である。

　この他、同期（常にネットワークにアクセスしなければならない）か、非同期（必要な時だけネットワークにアクセスすればよい）かで、ゲーム内容は大きく変わってくる。そのため、どちらかを選択することも重要である。

a. 現実世界の交流ルールやマナーを尊重する
b. 表現できる関係性を設定する（競争、協力、恋愛、友情、師弟、紹介、自慢、など）
c. 人間関係の距離感を設定する（少数の強い人間関係、多数の緩い人間関係、など）
d. 強いつながりを必要とするなら画面構成やUI設計にもそれを反映させる
e. 弱いつながりにするなら、関係性を曖昧にする画面やUI設計にする
f. ネットワーク同期か非同期かでUIのコンセプトは大きく変わる
g. グルーピングを重視する。例えば、「交流」なら同じ趣味や思考の同士が集まれるように、「競争」ならば同レベルのユーザー同士で戦えるようにする
h. ユーザー同士の関係性や親密度が分かるとよい（あしあと、など）
i. 一人ではできない条件を設定する（欲しいモノが手に入らない、先に進めない、など）
j. 仲間ではなくても自分のステータスや状況を見せられるようにする
k. 仲のよい友達だけでは飽きてくるので、紹介などで交流を広げられるようにする
l. システム側で仲間の交流を刺激するシステムを作る
m. リアルタイムでのやり取りはワクワク感につながる

©SEGA
NPC（CPUキャラと会話）

©SEGA
パーティを組む仲間のみで会話

©SEGA
所属チームのメンバー間での会話

【例】「ファンタシースターオンライン2」ではチャットを利用してユーザー間でリアルタイムでの交流が楽しめる。ユーザーの所属するコミュニティや設定に応じて、入力内容を公開する範囲が変わるようになっている。

原則5-B　現実の抽象と誇張

　ゲームが架空の世界とはいえ、スポーツゲームやカーレースゲームは言うに及ばず、ファンタジーゲームであろうと、現実世界の人間の体験や経験を基に作られている。
　その現実世界にある存在や現象の特定の法則を抽象化して、仮想世界の空間に表現している。野球ゲームを作る場合、リアルな野球を再現すれば1ゲーム2時間〜3時間かかるわけだが、それでは退屈で面白くないし、仮想世界のゲームにする意味もない。野球の本質はどこにあるのかを見極め、それをロジック化し、そのロジックをビジュアル化していく。これこそがゲームをデザインするというそのものなのだが、ここではあくまでもゲームのノウハウを他分野で応用するという観点で取りまとめている。

① 現実世界の抽象化
② ゲームジャンル
③ ワールドの設定
④ 感情の抽象化と誇張化

5-B-① 現実世界の抽象化

　現実を抽象化する上で、最初に考えなければいけないのは、画面内の表現方法を決めることである。その種類は5種類ある。「2次元の横視点」「2次元の俯瞰視点」「2.5次元視点」「ファーストパーソン（一人称視点）」「サードパーソン（三人称視点）」だ。ファーストパーソンとサードパーソンでは、視点（カメラ）は自由に変えられる。残りの三つは、視点（カメラ）は固定される。

　2次元の視点は初期のゲームに多くみられる画面表現で、サイドビュー（横）とトップビュー（俯瞰）に分けられる。電子マニュアルやツールなどは横視点となっている。いずれも紙文化の延長だからである。

　2.5次元は、2次元表現ながら、3次元的な表現を目指したものである。やや斜めからの視点でとらえた画面表示を指す。2.5次元表示の代表例が、「アイソメトリック（アイソメ）」である。アイソメは、縦・横・奥行きそれぞれを等角度で投影したもの（等角投影法）である。トップビューとアイソメトリックは、いわゆる「神視点」の世界を表現したいときに利用する。

　ファーストパーソンは3次元表現のひとつで、あたかも自分が見たような映像を表示する。サードパーソンは、自分を背後から見た視点である。ファーストパーソンと同じく、自分を中心にした表現だが、自分の映像が入ることで、俯瞰性と客観性が増してより多くの情報を取得できる。いずれもリアルタイムに視点の移動が可能である。

　これまでゲームでは、2次元→アイソメトリック→3次元とその表現が進化してきた。しかし、必ずしも3次元がよいわけではない。抽象化する現実世界の要素に応じて、適した表現がある。前述の5種類の中から、表現しようとするゲーム世界に最適なものを選択する。もちろん2次元と3次元の組み合わせ、ファーストパーソンとサードパーソンの組み合わせといったハイブリッドも可能である。

　ただしいずれの場合も、文字や静止画などは、視認性の面で2次元が望ましい。とくに3次元画面内に、2次元の情報を提示すると、差がはっきりとして目立つので、2次元の情報の視認性が向上する。

　表示視点を決めたら、次は、画面上に表示する情報を整理する。ボタンに割り当てた機能や操作方法など示す「操作情報」と、残りの体力や所持アイテム、位置情報などを示す「状況情報」の二つに分けると、分かりやすい[注]。前者はユーザーがすべきこと、後者はユーザーが知るべきことである。

注）ゲーム業界ではこの「状況情報」を「HUD（Head-Up Display；ヘッドアップディスプレイ）」と呼んでいる。人間の視野に直接情報を映し出す手段で、もともとは軍事航空分野において開発され、現在では車の情報提示にも使用されはじめている。

a. インタラクティブという観点で現実世界を構成し直す
b. 現実を抽象化するには、まず、画面表現を決める。固定視点と自由視点の二つがある
c. 固定視点は、2次元の横視点と2次元の俯瞰視点、2.5次元視点の3種類がある
d. 自由視点には、ファーストパーソンとサードパーソンの2種類がある
e. cとdを組み合わせてもよい
f. インタラクティブ化する際には、ユーザーが「するべきこと」と「知るべきこと」に分けて整理する
g. fで整理した、するべきことを操作情報に、知るべきことを状況情報に分けて、ゲーム画面内に表示する
h. 情報はできるだけシンプル、最小限に絞る

【例】「ゼルダの伝説 スカイウォードソード」から。画面上部に状況情報、下部に操作情報を表示している。

©SEGA

©NBGI

【cの例】初期の2Dアクションゲームの例。左上は、2次元の横視点の「スーパーマリオブラザーズ」、右上は、2次元の俯瞰視点による「ゲイングランド」である。下は、2.5次元視点の「パックマン」をリメイクした「パックマニア」で、斜め視点によりフィールドおよびキャラクターの立体感を演出している。

（ファーストパーソン視点） 　　　　　　　　　（サードパーソン視点）

ⓒ 2013 Microsoft Corporation. All Rights Reserved.
【dの例】米Microsoft社の「Halo」シリーズでは、ファーストパーソンとサードパーソンの二つの視点で遊べる（写真は「Halo4」）。

5-B-② ゲームジャンル

　ゲームジャンルを整理して理解しておくことは、ゲーム内で現実世界を表現したり、本質をビジュアル化したりする上で参考になる。このときポイントになるのは、「ユーザーを楽しませる」という考え方である。現実世界の本質とゲームジャンルが一致しないと、ゲームはとたんにつまらなくなる。教育ゲームは、この状況に陥りやすい。

　子供がゲームに夢中になることから、教育にゲームを利用しようとする試みは以前から行われている。だが、そうした試みはこれまであまり成功してこなかった。それは、ゲームに教育を当てはめようとしたからだ。計算の答えをレースゲームのコース上に配置して拾わせたり、ダンジョンを抜けると次の問題が出るようにしたりして、ゲーム自体がそこそこ面白くても、子供はすぐに飽きるだろう。加えて、問題の答えが分かっている子供や、早く次の問題を解きたい子供にとって、ゲーム要素は邪魔になる。教育をゲームに応用するのであれば、教学自体が持っているロジックそのものをゲームにしないといけない。そのとき、そのロジックに適したゲームジャンルを選択する。

　ゲームのジャンルを詳細に説明した書籍は数多く出版されているので、本書では、ゲームニクス的な視点で見たゲームジャンルを紹介する。加えて、各ジャンルのゲームが、現実世界のどういった分野に適しているのかを解説した。なお、各ジャンルは完全に独立しているものではなく、「アクションアドベンチャー」や「シミュレーションRPG」といった二つのジャンルの特徴を備えたものもあるので、留意したほうがいい。

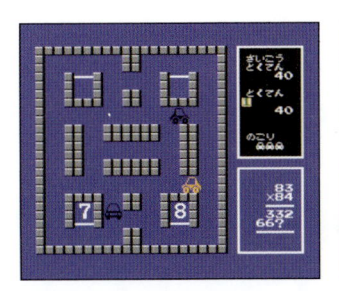

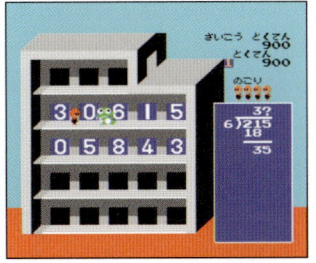

ⓒTokyo Shoseki Co., LTD.
【例】アクションゲームに教育を当てはめていたファミコン初期の例　東京書籍の「けいさんゲーム算数3年」

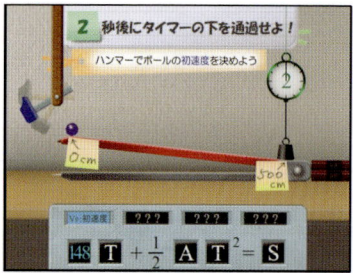

等加速度直線運動をアクションゲーム化

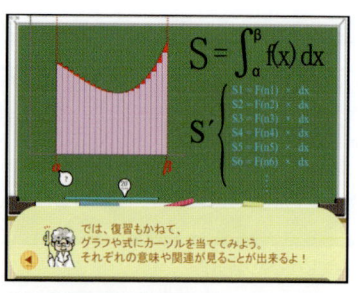

積分公式の理解をアドベンチャーゲーム化

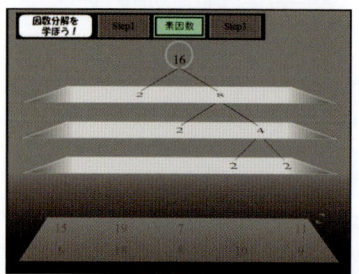

素因数原理をシミュレーションゲーム化

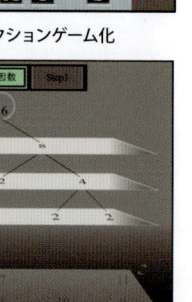

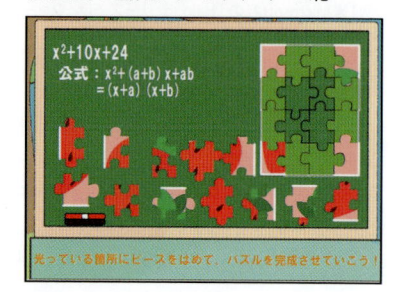

素因数分解をパズルゲーム化

周期表をインタラクティブツール化

【例】教学の本質からゲームジャンルを選択してインタラクティブ化。立命館大学・サイトウゼミ学生作品。

● スキルベース・アクション

　ゲームの代表的なジャンルである。ユーザーのゲーム経験や身体的スキルを要求するゲームだ。ゲーム性もそのスキルを高めることに重きが置かれ、スキルに応じた報酬が用意されている。アクションの定義として、なんらかの敵と戦うゲームなので、当然ながら明確な敵がいる。そのため、自分が操作するキャラクターと敵キャラクターの明確な区別が必要である。アクションである以上高い即応性が求められる。

　アクションゲームは高いゲーム性が要求されるとともに、ユーザーの意識がアクションに集中してしまうため、ゲーム以外の分野に応用するには、その本質がアクションにあるもの以外には向いていない。

a. ファーストパーソンシューティング（FPS）とサードパーソンシューティング（TPS）は、現在このジャンルの主流になっている。視野範囲は狭く、状況や状態をどのように表示するかが、ゲームの没入感を左右する。状況情報のような非現実的な情報を極力少なくして、映像や音の変化で情報を知らせた方が良い。視点重視のゲームなので、カメラの設定とコントロールも重要である

b. 格闘ゲームは1対1で戦うゲームで、2次元のサイドビューが基本である。指の連打速度と正確性という非常に高いスキルベースを要求するゲームである。お互いのダメージライフが表示されており、それを少なくすることが目的となるため、残りライフの視認性が一番大切である。ハマる要素としては、格闘アクションによるテンポ構成と習熟度に合わせた段階的な難易度調整がポイントとなる

c. シューティングは敵の弾を避けながら、相手を撃ち落とすゲームである。これも指先の微妙なコントロールという高いスキルを要求される。画面は2次元のサイドビューと2次元のトップビューの2種類である

d. スクロールアクションは2次元のサイドビュー、あるいは2次元のトップビューで、上下左右どちらかの方向に移動しながら敵と戦うゲームである。ゲーム黎明期からあるおなじみのジャンルで、高いスキルを要求するものから戦略的な要素を持つものまで、多彩に展開できる。情報提示の仕方も大きく特筆すべきことはなく、一般的な慣例を順守すればよい

e. 映像や音の変化で、没入感を高められるようにする

Ⓒ2013 Microsoft Corporation. All Rights Reserved.
【aの例】FPSの一例。写真は、米Microsoft社の「『HALO 3：ODST』」。

ⒸCAPCOM CO., LTD. 2005, 2006,
ⒸCAPCOM U.S.A., INC. 2005, 2006 ALL RIGHTS RESERVED.
【bの例】対戦格闘ゲームでは、ほとんがサイドビューを採用している。写真は「ストリートファイターⅡ」。

©SEGA 　　　　　　　　　　©NBGI 　　　　　　　　　　©SEGA

【cの例】シューティングゲームの例。左がサイドビューを採用した「ファンタジーゾーン」で、中央がトップビューの「ギャプラス」。右は3Dの「スペースハリアー」である。

©SEGA

©CAPCOM CO., LTD. 2005, 2006,
©CAPCOM U.S.A., INC. 2005, 2006 ALL RIGHTS RESERVED.

【dの例】スクロールアクションゲームの例。左がサイドビューの「ワンダーボーイ モンスターランド」で、右がトップビューの「戦場の狼」である。

● 体験シミュレーション

　シミュレーションは、現実世界の現象を仮想世界に再現したものという定義なので、コンピュータゲームはすべてシミュレーションとなってしまう。ここでは、体験を仮想化したものとして、野球やサッカーといった体験型ゲームの特性を整理しておく。レースゲームやフライトシミュレーターも本来はこのカテゴリーであるが、状況情報の提示に特化しているので別項目にして後述している。

　ここで注目すべきは、現実世界の多様な行動体験を整理して抽象化し、単純な方法で操作できるようにする点である。整理の方向性も、実在選手が登場するサッカーゲームのように現実的な表現にするのか、デフォルメされたキャラによる誇張化に特化するかによっても違ってくる。体験型であるため、身体と直結している入力デバイス特性が大きく関係してくるのもこのジャンルの特徴である。

　スポーツの場合、リアルな時間経過を再現すると退屈になる。現実世界のスポーツ体験や観戦の場合は、スポーツ以外の楽しみも随所にある。しかし、ゲーム内でそれを再現することは不可能なので、どうしてもスポーツ行為そのものだけにスポットが当たっている。

　野球の先攻後攻時の選手交代の時間や、ゴルフにおけるコース移動の時間をそのまま再現してしまうと退屈になる。そういった時間がどのように調整されているかにも注目すべきである。以上をふまえて、すでに発売されているゲームを以下の点で参考にしてほしい。

a. 現実世界における行動を抽象化して仮想世界に置き換える際に参考になる
b. メニュー設計において、操作情報の表示の参考になる
c. 多様で複雑な行動を抽象化して仮想世界に取り込む際に参考になる
d. より現実的に抽象化する方法と、誇張して抽象化する方法の違いを比べて、抽象化の違いを見極めると参考になる
e. 時間経過の抽象化と調整が参考になる

©SEGA
The use of real player names and likenesses is authorized by FIFPro and it's member associations.
adidas, the adidas logo, FEVERNOVA and the trigon logo are trade marks which are owned by the adidas-Salomon Group, used with permission.
【例】「J.LEAGUE プロサッカークラブをつくろう！3」では、試合観戦時に「ダイジェスト」を選択する（左上）と、主にゴールに直結する場面だけを編集した映像のみを流すようにする（右上）。これで、実際には90分間行われる試合を数分で見終えることが可能。「ハイライト」またはハーフタイム中に「結果を見る」を選ぶ（左下）と、ダイジェスト映像をさらに簡略化した図とメッセージだけで経過を表示するようになり、わずか1分程度で試合が終わる（右下）。

©SEGA
【例】ゲームキューブ版「バーチャストライカー3 ver.2002」から。ハーフタイム時に選手が控室に移動するデモを飛ばせるようにしたり、スローインのためにボールを拾う動作などのゲームには不要なアクションを省いたりしている。

●レース、フライトシミュレーター

　現実世界を仮想世界に再現するシミュレーションタイプのゲームとして、レースゲームも一般的である。長いレースゲームの歴史の中で状況情報の提示方法が非常に洗練されてきているので、その表示方法や処理の仕方はゲーム以外の分野でも非常に参考になるだろう。実際、自動車のメーターをゲームスタッフが開発した実例もある。

　自動車の運転そのものは非常に単純な操作なので、その操作性をゲームの入力デバイスにどのようにして取り込んでいるかを研究するには好材料である。

　ただ、現実世界を抽象化して仮想世界に取り込むという点では、実際の自動車の制動を忠実に再現することがゲームとして面白いのかどうかは、考慮する必要がある。加速時や、コーナーを曲がるときの重力のかかり具合を誇張したり、ありえない起伏の道路を設けたり、バナナを投げて対戦相手を邪魔したりするなど、現実の面白さの本質を単純化して誇張している「マリオカート」の方が、現実世界に近いレース体験を提供するゲームよりも、面白くて興奮しやすい、と筆者は考えている。

a. レースゲームは状況情報の表示方法の参考になる
b. フライトシミュレーターゲームは、大量の状況情報を表示する際の参考になる
c. 操作性という点でも、現実世界を仮想世界に取り込む手段の参考になる
d. 現実世界の抽象化と誇張という点では多様なレースゲームを参考にするとよい

©NBGI
エースコンバット3　エレクトロスフィア

マリオカートWii

●アドベンチャー

　「物語」は仮想世界に感情を持ち込むのに適したツールであるとともに、人が情報を処理するのに適した形態である。学習や訓練といった味気ないものでも、物語形式を使えば、ユーザーの興味を引き、情緒を刺激して記憶の補助役になる。

　アドベンチャーゲームは、規定された物語にそってさまざまな謎を解いていく思考型のゲームで、順序立てて知識を習得していくような学習コンテンツに向いている。

　「レイトン教授」シリーズは頭の訓練となるような謎が多く、ユーザーの習熟度に応じた分岐設定のノウハウを使って、ユーザーが努力すれば誰でも謎を解けるようにしている。

「かまいたちの夜」といったテキストアドベンチャーというジャンルは、テキストを主体とした謎解きゲームである。「文字の表示方法」、「一度に提示する文字量」、「状況に合わせて文字を色で区別して表示」、「既に読んでしまった文章へのアクセス」などに関して、1-A-⑧で解説した文字表示のノウハウを駆使している。これにより、紙の書籍で文章を読むという行為を抽象化して、「文字を読ませる」というエンターテインメントにまで昇華させている。電子書籍の開発には大いに参考になるはずである。

a.「物語」と「謎」には人を引き付ける要素がある
b.「物語」形式は、無味乾燥なデータに感情を与えることができる
c.「物語」は長期記憶につながる
d. テキストアドベンチャーは文字情報の処理が巧みである
e. テキストアドベンチャーは電子書籍で参考になるアイデアが豊富である

【例】アドベンチャーゲームの例。左は「ふぁみこんむかし話 新・鬼ヶ島 前編」、右は「ファミコン探偵倶楽部PART II うしろに立つ少女」。

【例】順列（パーミテーション）を物語化して解説。立命館大学・サイトウゼミ学生作品

●ロールプレイング
　ロールプレイングゲームは「物語」を利用する点ではアドベンチャーゲームに似ているが、「役割（ロール）を演じる（プレイ）」としているので、「主人公が成長する」という点に重きを置かれている他、いくつかの特徴があり、それらを理解しておくと、そのノウハウを他の分野へ転用するのに役に立つ。
　まず「会話」が情報取得の手段となっているので、会話処理の参考となる。アイテム、街、

敵、など情報が多いのも特徴で、大量の情報をどのように整理してユーザーに提示すべきか、という点で参考になる。また「ステータス」「マップ表示」など常時表示されている情報と、「会話ウインドウ」「アイテム情報」などダイアログとして表示する情報の切り分け方法も、参考になる。取得したアイテムをコレクションすると特典が用意されている、複数のアイテムを合成して新しいアイテムを精製することでアイテムの価値が向上するなど、アイテムの価値転用という点で、5-Aで解説した、仮想世界内の価値を現実世界で利用するための方法として活用できる。

a. 「物語」と「成長」には人を引き付ける要素がある
b. 「物語」とシステムの相互リンクがされている
c. 成長システムがゲーム以外の分野でも参考になる
d. 大量の情報の処理方法が、ゲーム以外の分野でも参考になる
e. 大量の情報の表示方法がゲーム以外の分野でも参考になる
f. 会話ウインドウや状況ダイアログの表示方法が洗練されている
g. 仮想世界内での価値の付与の方法と使い方が参考になる
h. 単調な作業でハマるシステムが参考になる

【例】RPGの例。左は「MOTHER」、右はアクションRPGの「ゼルダの伝説」。

●ストラテジー（戦略）ゲーム

　「三國志」などの戦略ゲームは、教育分野と親和性が高い。本来はかなり込み入っている内容でも、インタラクティブに落とし込むことで敷居が低く記憶に残る体験になるからだ。
　ウォー（戦争）シミュレーションはもともと軍隊の戦術や作戦を机上で考えるところから始まっている。それがパソコンゲームとして進化してきた経緯もあり、条件や機能、命令系統など本来はかなり複雑なので、そのままでは初心者には向かない。
　しかし、ファミコン用に簡略化されたウォーゲームなどは、数学や科学、歴史、経営、都市の運営などのゲーム化に大いに参考になる。現実世界では多様な条件の組み合わせを前提としているが、そういった条件をどのように整理して抽象化して、ゲーム内に落とし込んでいるのかを見極めるとよい。

a. 秩序立った戦略を理解させることに向いているジャンル
b. 指先などのスキルベースではないのでゲームマニアでなくても遊べる
c. 高度な知識を分かりやすいルールに落とし込む際の参考になる
d. 教科書といった紙ベースでは限界があった学習体験に応用できる
e. 戦略ゲームは、リアルタイム制（複数の命令が同時に進行）とターン制（先攻、後攻が交互に命令する）の2種類に分類される

『三國志』
©コーエーテクモゲームス All rights reserved.

©SEGA
The use of real player names and likenesses is authorized by FIFPro and it's member associations. adidas, the adidas logo, FEVERNOVA and the trigon logo are trade marks which are owned by the adidas-Salomon Group, used with permission.

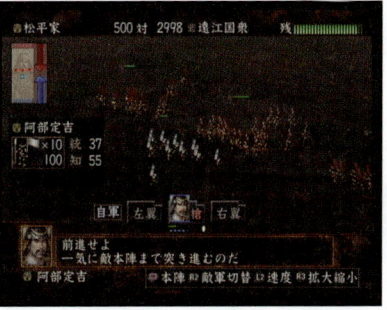

『信長の野望・蒼天録』
©コーエーテクモゲームス All rights reserved.

【例】ストラテジーゲームの例。上は歴史シミュレーションの「三國志」、左下はサッカークラブ経営・選手育成シミュレーションの「J.LEAGUEプロサッカークラブをつくろう！3」、右下は合戦時にリアルタイムストラテジーの要素を取り入れたシミュレーションゲーム「信長の野望・蒼天録」である。

● パズルゲーム

　ストラテジーゲーム同様、戦略思考型のゲームである。パターン化した手順で繰り返す作業や、数学や科学などパズル要素が多い学問は、パズルゲームのノウハウを適用しやすい。ゲームニクスはユーザーの創造性を必要としないことが前提だが、立体把握や空間認識などをうまくパズル化できれば、ユーザーに創造力を要求しても楽しくすることができる。

a. パターン化した手順のゲーム化に向いている
b. 科学や数学など学問そのものにパズル要素があるもののゲーム化に向いている
c. 繰り返し作業を楽しくするゲーム化に向いている
d. 空いた時間に携帯機器でプレイすることに向いている
e. 「簡単にすぐできて奥が深い」構造にすると、ユーザーがハマる
f. ユーザーの立体把握能力や空間認識能力などを生かしやすい

©NBGI
ひらがなをマス目に埋めて単語を作る
「ことばのパズル もじぴったん」

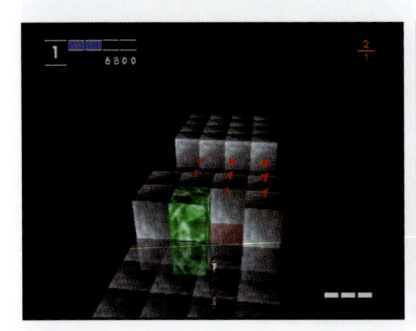

©SEGA
(左) SCEのアクションパズルゲーム「I.Q」(写真：SCE)
(右) 上からブロックが落下してくることから、落ち物パズルゲームとも呼ばれる「ぷよぷよ」

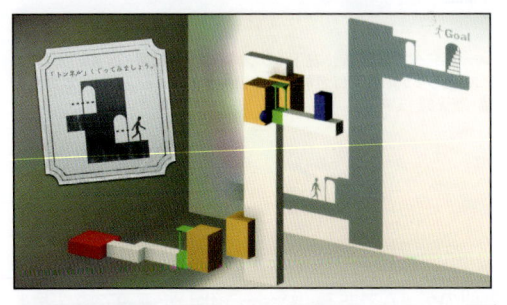

立体把握と空間認識を要求するSCEの「無限回廊・光と影の箱」(写真：SCE)

【例】様々なパズルゲームの例を示した。

●マルチプレイヤーオンラインゲーム

　同じ場所で、ひとつのゲームを数人で遊ぶことを「ローカルマルチプレイ」と呼ぶが、同じ画面に、ユーザーが操作する複数のキャラクターが登場する場合と、画面を分割して各自違う場面で行動する場合の2種類がある。

　一方で、マルチプレイヤーオンラインゲーム（Multiplayer Online Game、以後MOG）は、インターネットを通じてひとつのゲームを複数人で遊ぶものである。通常「MOG」というと、数人がネットワークを通じて遊ぶものを指し、ポーカーゲームあたりが分かりやすい例である。これに対して、数百人が同時に遊ぶ「マッシブリー・マルチプレイヤーオンラインゲーム（Massively Multiplayer Online Game、以後MMOG）」がある。最近では「ドラゴンクエストX 目覚めし五つの種族 オンライン」のオンラインプレイなどがこれにあたる。ゲーム以外でも、スマートフォンのオンラインサービスなどもMMOGといってよい。

　MMOGにはいろいろなものがあり、それぞれユーザー間の「距離感」が異なる。まずはこの距離感に注目してほしい。またゲーム内の通貨があって、アイテムの売買をその通貨で行うなど、仮想世界内での価値創造と、その価値を現実世界に持ち出す試みもいろいろと行われている点も参考になる。

a. MMOGは、スマートフォン向けゲームの先駆けといえる
b. MMOGのユーザー間の距離の取り方とそのUI設計はゲーム以外の分野でも参考になる
c. ユーザー間の会話システムとUI設計はゲーム以外の分野でも参考になる
d. MMOGの仮想内におけるユーザー間のマナー設計とそれを実現するためのUIデザインはゲーム以外の分野でも参考になる
e. 仮想世界内の価値創造と、その価値観を現実世界に持ち出す方法はゲーム以外の分野でも参考になる
f. インターネットにアクセスしてからゲームを開始するまでの一連の流れとそのテンポは、ゲーム以外の分野でも参考になる

©SEGA
【例】近年のMMOでヒットした例としては、「ファンタシースターオンライン2」（左）がある。オンラインではない、ローカルマルチによる古い対戦アクションゲームの例としてはファミリーコンピュータ用の「アーバンチャンピオン」がある（右）。

●その他のジャンル

　ゲームのジャンル分類は、見方によって変わるので、決まった法則はない。本書では「ゲームノウハウを他分野で応用」という観点でジャンル分類してまとめたが、これまで解説した以外で、ゲーム以外の分野で応用できる可能性があるものをいくつか挙げておく。

　a. 音楽・リズム
　　音楽のリズムに合わせてなんらかのアクションをするもので、身体的な運動をともなうものが多い。このため、リハビリなどに応用できる。

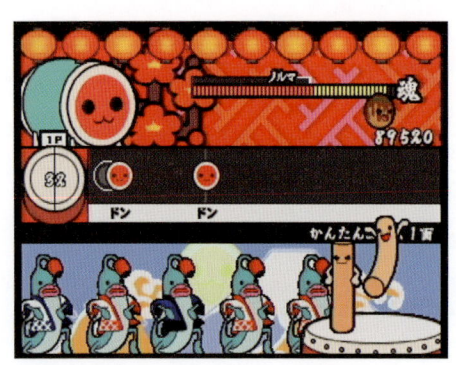

©NBGI
「太鼓の達人 あっぱれ三代目」

　b. ステルス
　　闘うのではなく、隠れたり、避けたりすることが主体となるゲーム。逃げるロジックを教学と組み合わせると面白いかもしれない。

©2013 Microsoft Corporation. All Rights Reserved.
写真は、米Microsoft社の「HALO 3：ODST」。

c. パーティ

　複数人数で遊ぶことを前提としたもので、本来はローカルマルチプレイに含まれる。だが、ミニゲームを数多く体験できるものなので、あえて分けて取り上げた。コミュニケーションをテーマとしたものであれば、ゲーム以外の分野でも参考になる。

さまざまなミニゲームでユーザー同士が対戦できる「マリオパーティ2」

5-B-③　ワールドの設定

　仮想世界に設ける「ワールド」の設定も重要である。ワールドとは、宇宙や空、炎、水、ダンジョン、城などを指す。ゲームのルールや目的、イメージに合ったワールドを選択すれば、ゲームへの没入感が高まる。ワールドの種類は多数あるが、本書ではゲームで代表的なワールドと、各ワールドと関連性のあるルールや目的、イメージなどを下記に示す。

a. 宇宙→重力がない、上下左右に移動できる

b. 空→風、疾走感

c. 炎→熱、溶岩

d. 水→コントロールが不自由（水中）、すべる（氷）

e. ダンジョン→視界が限定される、出口を探索する

f. 城・工場→仕掛けがある

g. 学校→恋愛関係や友人関係、師弟関係がある

h. 不可思議な場所→幽霊やしゃべる動物が出てくる、透明になる、隠し扉がある

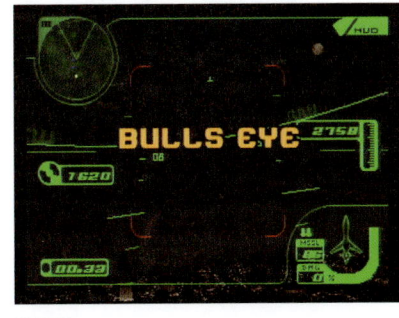

©NBGI　　©NBGI

【例】左は宇宙の例でアクションゲームの「バラデューク」。右は空の例で「エースコンバット3 エレクトロスフィア」。

【例】左は炎の例でアクションアドベンチャーゲーム「メトロイド」。右は水（氷）の例で「アイスクライマー」。

ⒸSEGA
【eの例】ダンジョンの例：
「ワンダーボーイ モンスターランド」。

ⒸSEGA
【fの例】城・工場の例：
「ソニック・ザ・ヘッジホッグ2」。

【gの例】学校の例：
「ファミコン探偵倶楽部PARTⅡ うしろに立つ少女」。

ⒸCAPCOM CO., LTD. 2005, 2006,
ⒸCAPCOM U.S.A., INC. 2005, 2006 ALL RIGHTS RESERVED.
【hの例】不可思議な場所の例：「魔界村」。

5-B-④ 感情の抽象化と誇張化

　仮想世界の大きな特徴は、「デジタル」ということである。そのデジタル世界で、人間の気持ちを抽象化して表現するということは「気持ちの数値化」を意味する。この感情の数値化は、ユーザーの継続利用を促す上で重要なポイントである。「喜び」は目標達成として数値化、「向上心」はレベルアップで数値化、「名誉」は得点で数値化、「支配」はパワーで数値化、となる。これらを数値化して可視化することが、仮想世界での感情表現になる。

　これらの人間の気持ちの中でも、「欲望」の数値化が最も重要である。ゲームニクスにおいて、ハマる演出も、段階的な学習効果も、「ゴールに着きたい」「強くなりたい」「欲しい」「自慢したい」といった「欲望」がカギになっている。ゲームだけでなく、リハビリテーションや学習も、「目標を達成したい」という「欲望」をうまく引き出すことが鍵となる。

　この欲望を数値化したのが報酬である。報酬の量を調整することで、ユーザーを誘導したり、ユーザーを虜にしたり、仮想な価値を現実に転換したりできる。

　数値化は難しいが、「もう一度やり直したい」という「悔しさ」も重要だ。この悔しさをうまく活用して継続利用を促す。ユーザーが、「失敗したのは自分が悪い」と思う構成にした上で、その「悔しさ」を克服した先に「ご褒美」があるようなゲーム内容にする。この流れを繰り返し体感できるようにすることで、ユーザーは刺激的な快感を覚えるようになる。

a. 感情の抽象化とは数値化のことなので、感情を数値化するロジックを考える
b. ポイントとなる感情は「欲望」である。欲望を数値化するための報酬（パワーアップ、スコア、アイテム、ボーナスなど）を設定する
c. 欲望を報酬で誘導すればコンテンツへの導線が可能となる
d. 常に欲望を持ち続けさせる構成と進行を構築する
e. 欲望と直結している報酬に価値を与える（5-A参照）
f. 報酬の多様な用途を設定する（アイテム購入や課題解決、レベルアップ、アイテム交換など）
g. 報酬をレベルアップ（誇張化）できるようにする
h. 報酬を自慢できる場所を作る
i. 報酬を現実世界でも使用可能とする場を作る

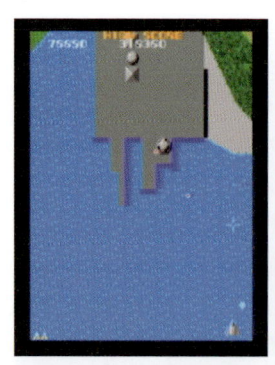

ⓒNBGI
【bの例】「ゼビウス」から。特定の場所に向かってブラスター(地上攻撃用の武器)を撃つと、隠れキャラクターの「スペシャルフラッグ」で見つかることがある。これを取ると1000点のボーナス得点とともに自機のストックが1機増えるが、フラッグを探している間は敵の攻撃を見落としてミスをしやすい状況になりがちなので、成功させるには相応のリスクをともなう。

ⓒSEGA
【cの例】「ソニック・ザ・ヘッジホッグ」
アイテムのリングがある場所を追いかけるようにして進んでいくと、その後もどんどんリングをユーザーが発見できるように、欲望に直結するような導線があらかじめ計算され作られている。

原則5-C　ライフログの活用

　ライフログとは、ユーザーの生活行動や生活の特徴をデジタル的に記録することである。筆者が開発に関わってきたゲームは、家庭のテレビにつないで遊ぶ据置型のゲーム機であった。携帯型ゲーム機のソフトも多数開発してきたが、あくまでも「外に持ち出せるゲーム機」という位置付けでしかなかった。

　これまでは、そうした環境下で取得できるユーザーの情報だけであったが、今では、携帯機器（スマートフォンやタブレット端末など）の登場によって、ユーザーの多様な生活情報（ライフログ）を取得できるようになった。このライフログをコンテンツに応用することで、より個人の嗜好に寄り添ったコンテンツを設計できるようになった。

　ライフログを活用する方法論やアプリデザインの書籍は多数発行されているので、本項ではゲームニクスの「現実と仮想のリンク」という視点で考察している。

① ユーザーの位置と日時
② ユーザーのコミュニティ
③ コンテンツ利用時の状況
④ その他の情報と機能

5-C-① ユーザーの位置と日時

　最近の携帯機器で代表的な機能がGPSである。GPSは現実世界におけるユーザーの位置情報を取得できる。加えて、移動距離やその位置にいた時刻も分かる。これらの情報から、以下のような状況を特定できる。

a. 生活圏の把握
　→仕事場、家庭、レジャー、田舎、都会
　　その場所が仕事場なのか、家庭なのか、といったことは、ユーザーに情報として入力してもらえばよい。もちろん楽しみながら進んで入力したくなるような仕掛けは必要である
b. 行動範囲の把握
　→移動距離、滞留時間、移動頻度
　　メインとなる行動範囲（主行動圏）と、それを補う行動範囲（準行動圏）を特定できる
c. 行動時間の把握
　→午前、午後、夜、休日の移動場所と滞留時間や、ユーザーの生活パターン、行動原理を推察できる
d. 行動手段の把握
　→徒歩や電車、自動車といった移動手段を、移動時間と距離から推察できる

e. a〜dの情報をコンテンツ内の要素とリンク（5-A参照）できれば、面白い仕掛けを考えられる
f. a〜dの情報を現実と連動させれば、思いがけないものを偶然発見する能力を見い出すきっかけになる
g. a〜fの情報をコンテンツ内に取り込むことで面白くなる要素を考える

以上のように、位置情報（場所・頻度・地図との照合）、日にちと時間（滞留時間・行動時間）だけでも、さまざまなことが分かる。この現実世界の情報を仮想世界に取り込めば、現実世界だけでは体験できない驚きや感動、利便性をもたらすことができる。

5-C-② ユーザーのコミュニティ

現実世界におけるユーザーの人間関係のデータを仮想世界で活用する方法である。具体的には、住所録やFacebook、電話帳、ブログ、ツイッターなどを利用する。

人は社会的（ソーシャル）な生き物であり、人と人とのつながりを求めている。しかし一方では人と人の強い繋がりは多様な軋轢（ストレス）も生んでしまう。多人数との交流になると、そのストレスは大きくなっていく。しかし、匿名性がある仮想的な空間における緩やかな繋がりであれば、多人数と交流してもストレスが少なくて済む。5-A-③では「交流の距離感」を解説し、現実世界の要素を仮想世界に持ち込むときの交流のルールを示した。逆に、この特性を生かしたまま現実世界に持ち出せれば、現実世界では築けない心地の良い関係が生まれることになる。

現実世界では強いつながりを構成している、住所録やFacebook、電話帳といった人間関係を活用しながら、「曖昧で緩い人間関係の気持ち良さ」と「緩いつながりを基本にした利便性」を可能とするアプリやツールであれば、人を引き付けられるコンテンツになるだろう。

a. リアルな人間関係から結び付ける要素を確定する
b. 5-A-③を参考に人間関係の距離感を決める
c. その距離感を実現できるUIをデザインする
d. 現実では面倒な作業をデジタルに割り振る
e. 内部世界での緩い関係を、外部でも継続できるシステムを考える

5-C-③ コンテンツ利用時の状況

本項では5-C-①、②で取り上げたGPSや時計機能、コミュニケーション状態などを使って、ユーザーがどのような状況でそのコンテンツをプレイしたかをデータとして取得し、そのデータをどのようにして利用すればよいのかを解説する。

例えばキャラクターを育てるコンテンツの場合、どこでプレイしたか、何時から何時まで

プレイしたか（朝か夜か）、何曜日にプレイしたか、といった「プレイ中のユーザー状況」を仮想世界の変数に応用する。

　都心に行くことが多ければ、ゲーム内のキャラクターがおしゃれになったり、夜型ならば夜更かしを始めたりする。平日のプレイが多ければ、休日が待ち遠しいと発言する、といった具合である。

　もちろん、プレイオフ時でも状況データを取れるものの、プレイ時の方が確実に取得できる。ゲームの仕様で決めてしまえば、データを取得されたという抵抗感も小さい。そして、それがゲーム内容に反映されれば、ユーザーとコンテンツとの距離が近くなり愛着も増すことになる。

a. プレイ中に取得できるデータを検討する
b. そのデータをコンテンツの変数に応用する
c. ユーザーに寄り添うような変化を考える
d. 変数による内容変化をリアルタイムにコンテンツに反映させるとなおよい

5-C-④ その他の情報と機能

　携帯機器から取得できる情報は5-C-①、②で取り上げたものだけではない。携帯機器の使用状況から、どの店に行ったか、何を買ったか、誰とメールしたか、何を検索したか、といったユーザーの嗜好性も分かる。Siriの利用履歴から、ユーザーが調べる気象情報や鉄道運行情報、ニュースなどが分かる。

　カメラ機能、加速度センサー、ジャイロスコープといった端末機能の使用状況を、コンテンツに反映してもよい。

　他のサービスの利用状況や、端末機能の使用状況を生かしたコンテンツにすることで、あらかじめ想定された内容では得られない、驚き、発見、利便性、を提供できる可能性を秘めている。

　最後のまとめになるが、現実世界の面白さを仮想世界でどう再現するか、現実世界で取得できる情報を仮想世界でどう利用するか、どうすればユーザーに快適に体験してもらえるか、ゲームニクスの各項目を参考にして、あらたな驚きと感動を与えるサービスを提供してもらいたい。

a. ユーザーから取得できる状況を検討する
b. 5-Aと5-Bを参照して仮想世界に取り込む方法を検討する
c. ゲームニクスのノウハウでユーザーに驚きと快感を与えるコンテンツを作る

ご挨拶　『ビジネスを変える「ゲームニクス」』執筆協力にあたって

鴫原 盛之（しぎはら もりひろ）
フリーライター 兼 日本デジタルゲーム学会・コンテンツ文化史学会会員

　ビデオゲームを一度始めると、ついつい夢中になって遊び続けてしまうのはいったいなぜなのでしょうか？私は今までに多くのゲームをプレイしてきた経験や体験から、「このタイプのゲームにハマる要因は、おそらくこれなのだろう」という漠然としたものは持っていました。それゆえ、それを元にゲーム・エンタメ系の雑誌やニュースサイトで度々コラムなどを執筆してきました。しかし、何の学問も修めていない身では、その訳を理路整然と説明することは、まったくもってできずにおりました。

　そんなおり、ゲーム開発の現場で長年にわたりご活躍され、現在は大学教授というお立場のサイトウ先生から本書の執筆を手伝えないかという旨のご連絡をいただきました。まさか自身の体験が学術書に反映される機会があろうとは夢にも思っていなかったので、まさに無上の喜びでした。お声掛けいただいた先生には感謝の念に堪えません。

　本書で小生が担当させていただいたのは、ゲームニクスの実践例を説明するのにふさわしいゲームのセレクト、およびゲーム画面の撮影とその説明全般の執筆です。子どもの頃に駄菓子屋でいわゆる「ブロック崩し」に出会ってから三十余年、今までに体験した幾多のゲームの中から、これはと思うタイトルを探し出して、読者の方の理解を手助けできるものをお見せしようと努めたつもりです。

　また第2章の原則3では、かつてアーケードゲーム専門誌のライターやゲームセンター店長を務めた経験なども踏まえ、アーケードゲームにはインカムを上げるためのさまざまなノウハウが詰まっていることをみなさんに伝えるべく、僭越ながらコラムも書かせていただいた次第です。

　今回のお仕事を通じて、幼い頃からゲームを通じて楽しい時間を過ごし、数々のいい思い出を作らせてもらったことに対する恩返しが少しはできたのではないかと自負しております。本書がゲーム開発者はもとより、各分野において物づくりに携わる方々のお役に少しでも立てたのであれば、執筆協力者としてこれほど嬉しいことはありません。

　末筆になりましたが、画面写真の掲載にあたり快くご協力をいただいた各メーカーのご担当者様には、この場をお借りして厚く御礼を申し上げます。今後とも、日本が世界に誇れるゲームあるいはゲーム文化を後世にまで末永く伝えるべく、引き続きお力添えをいただければ幸甚です。ともに頑張りましょう！

著者略歴

1993年に「月刊ゲーメスト」（新声社）の専属ライターとしてゲーム媒体での執筆活動を開始する。その後、ゲームメーカーの営業やゲームセンターの店長などを経て、2004年よりフリーになる。主な著書は「ファミダス ファミコン裏技編」「ゲーム職人第1集 だから日本のゲームは面白い」（以上マイクロマガジン社）、「『ここだけ』にしたくないゲームの話」（マイナビ；Kindle版）、共著「デジタルゲームの教科書」（ソフトバンククリエイティブ）の他、ゲーム関連書籍や攻略本などを多数執筆。近年はアーケードやソーシャルゲームの開発協力も行っている。コンテンツ文化史学会、日本デジタルゲーム学会会員でもある。

・不定期連載コラム：「なぜ、人はゲームにハマるのか？」
http://gadget.itmedia.co.jp/gg/articles/1302/25/news057.html

ビジネスを変える「**ゲームニクス**」

3章

ゲームニクス応用

1　スマホ・アプリ応用

研究成果（音声合成）そのものをエンターテインメント化
KDDI研究所の「ぺらたま」

　筆者が企画して開発に関わったゲームニクスの応用の一つに、KDDI研究所が開発したアプリケーション・ソフトウエア（以下、アプリ）「ぺらたま」がある。ぺらたまは、温泉たまごの突然変異により生まれたキャラクター「ぺらたま」にタッチしたり、おしゃべりを楽しんだりしながら、進化させていく育成ゲームである。

　ぺらたまは、KDDI研究所 開発センター アプリケーションプラットフォームグループ 開発主査 藤田顕吾氏（所属は2013年3月時点）などが開発したスマートフォン向けのアプリである。日本語音声合成ソフトウェア「N2」を用いており、米Google社のソフトウエア基盤「Android」を搭載した端末単体で動作する。

　今回のポイントは、音声合成という技術そのものを、エンターテインメント化している点にある。KDDI研究所におけるぺらたま以前の取り組みは、一般的な音声合成の応用と同じように、単に音声を発するキャラクターとして開発していたものだったが、ぺらたまでは、研究テーマそのものがアプリとして昇華されているのである。

■ゲームの要素が邪魔にならないように

　筆者の元には、ゲームニクスをアプリに取り入れたいという相談や要望が企業から多く届く。しかし、こうした要望を持つ企業の取り組みが、スタートの時点で、既に間違っていることが多い。

　その代表的な例が、既存のゲーム・ルールの中に、それらの新規アイデアを取り込んでいくアプローチである。ゲーム要素を利用してユーザーにアプローチできると考えるのだ。今回の例でいえば、ゲーム的なキャラクターに音声合成などの要素技術を組み込もうとしていた。

　例えば、教育向けアプリにおいてよくありがちな間違いは、ひとつの問題を解くとダンジョンの扉が開いて、敵が徘徊しているダンジョンを抜けたら次の問題が提示されたりする、といった仕掛けを導入することである。教育向けアプリを使って学習したいユーザーにとって、ダンジョンで敵と闘いながら進む行為自体は学習に結びつかないため、早く次の問題を解きたいユーザーにとっては単なる余計な行為になってしまう。

　筆者自身が開発に関わった例では、任天堂のゲーム機「ファミリーコンピュータ」向けに、東京書籍が1986年に発売した「けいさんゲーム算数3年」などがある。楽しみながら計算ドリルをこなすというコンセプトで、2桁以上の掛け算を解くために、自動車を運転し、敵の車をよけながら道路上に置かれている答えを拾っていく、といった内容のゲームである。

　しかし、問題を解いて答えがわかったとしても、自動車をうまく運転できない限り答えを拾うことができない。これでは、ゲームとして短期的にはおもしろがってもらえるかもしれないが、教育ソフトとしてみると、ユーザーにとって余計な手間が増えるだけで、単純に問題を示して解いてもらうだけのゲームでよいのではないか、とユーザーに受け止められかねない。ゲームならではの楽しさや、人を夢中にさせる仕組みを利用して、教育の効果を高めようとしているのに、そのゲームの要素が邪魔に感じられるようでは、意味が無い。

　本来目指すべきなのは、「教学」が持っているロジックそのものをルールに落とし込んでゲーム化することである。ゲームの操作が上手になることが教学の理解と学習につながるからだ。この点については「5-B-②:ゲームジャンル」において解説している。

■機械ならではの音声の面白さを前面に

　そこで「ぺらたま」では、音声合成という技術の本質そのものを、エンターテインメント化することをテーマにした。

　KDDI研究所では、日本語音声合成ソフトウエアであるN2を開発し、2011年9月に、その販促を目的とするAndroidアプリとして、「ささやくヤーツ」を投入した。ささやくヤーツは、音声通知アプリである。独特の口癖を持ったキャラクターが、ショート・メッセージ・サービス（SMS）が届いた時や、フォローしているTwitterアカウントに新しいツイートが投稿された時に、自動的にその内容を読み上げる。スマートフォンの電池残量が少なくなった時や、電波状況が圏外になった時には、音声で知らせてくれる。コンシェルジュ機能として音声合成を使用するというアプローチである。

しかし、音声合成である以上、発される音声が人間が話しているようには聞こえず、どうしても機械が擬似的に話している不自然な印象が残っていた。こうした課題を解決するために、KDDI研究所から筆者に相談が持ち込まれ、その次のアプリケーションの企画に協力することになった。

筆者がまず決めたのは、機械が話しているような音声そのものを前面に押し出すことだった。現在の音声合成技術をどのように使っても、人間と同じような発音で話すことはできない。そこを逆手に取ったわけだ。

音声合成技術のシステムを詳細に聞いていくと、その特徴が、話速や声の高さを容易に変更できる機能にあることが分かった。そこでぺらたまでは、この特徴を生かすために、話速や声の高さを変えたり、ロボット調の効果を付与したりする機能を基本にした。もともと、音声合成ソフトウエアのN2が持っていた、話速、声の高さ、抑揚を変化させられる機能をそのままゲーム化したのである。

発される音声の高低や抑揚を変える行為をルール化し、ビジュアルに置き換えることで、音声合成ならではの極端に機械的な音声を聞く行為自体をエンターテインメントにした。結果として、このアプリケーションを体感してもらうだけで、N2の研究成果を楽しみながら理解してもらうことができた。

以下に、その詳細を紹介しよう。

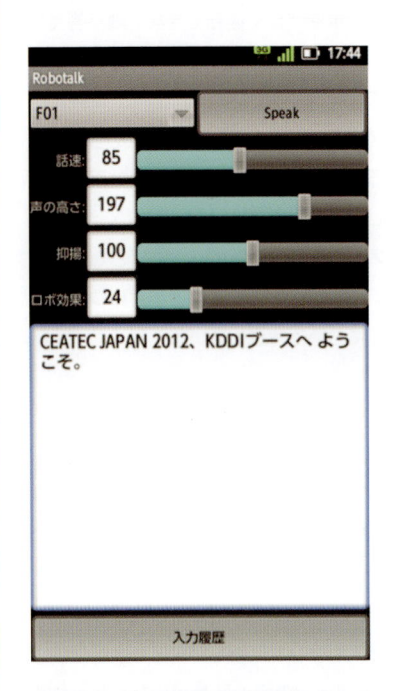

【N2のツール上の画面】「話速調整」「声の高さの調整」「抑揚調整」の3つの項目を調整して音声を作り上げる。一番下の「ロボ効果」は今回の企画用に作った、特別なフィルタ機能である。

■「ぺらたま」のゲーム内容とゲームニクス解説

「ぺらたま」は、温泉たまごの突然変異により生まれたキャラクター「ぺらたま」にタッチしたり、おしゃべりしたりしながら、進化させていく育成ゲームである。

常時ヘルプウィンドウ

【ぺらたまのメイン画面】

　画面右上が、次に向かう方向が分かる部分で、ここをタップすれば音声調整の画面に移動する。左上の「おみくじ」は占いで、毎日更新され、ぺらたまの音声で占ってくれる（「3-D-⑤：飢餓感をあおる要素と構成を導入する」参照）。

　画面中段には「現在のエネルギー残量」を提示。その下には「現在の育成段階」「憶えた言葉の総数と現在憶えている数」を示している（「3-D-①：全体像と現状を提示する/3-D-②：達成率を表示」を参照）。

　ぺらたまの音声は、進化するにしたがって、次々に変わっていく。その音声は、ぺらたまが浸かっている四つの温泉の成分で構成されている。

【ぺらたまの音声調整画面】上下が音声合成の高低、左右が音声合成の話速の調整である。それぞれはソプラノ/テノール、のんびり/せっかち、と分かりやすい名称にしている（「1-A-①:画面デザイン時の注意点」参照）。

　その温泉の成分は、上下の移動で声の高さを表す「テノール湯」と「ソプラノ湯」、左右の移動で声の速さを表す「のんびり湯」と「せっかち湯」である。これらの成分の配合を調整し、目標となる配合が達成されるごとに、新しい姿と声質をもったぺらたまに進化していく。
　現在育てているぺらたまを変化させるために、どちらの方向に調整していけばよいかを、画面上に示される卵の方向にした。（「4-A-③:直近目標の設定」の例であり、それを示す画面そのものが「4-A-④:中間目標の設定」を示唆する例）
　メイン画面と音声調整画面の切り替えには「ポコ、ポコ、ポコ」と潜るような効果音を入れて、画面の切り替えを気持ち良く感じるような工夫も盛り込んだ（「3-A-⑪:効果音でリズムを調整」参照）。
　ぺらたまが話す声を聞くだけで、ユーザーは進化に適した成分を把握できる。しかし、ぺらたまが話すたびに、ぺらたまのエネルギーを消耗する。これが0になると、話さなくなる。エネルギーを消耗した場合は、温泉につかって回復を待つしかない。スマートフォンアプリなので、一回のゲーム時間を数分で完結させるための仕掛けであるとともに（「3-A-②:ユーザーによるテンポのコントロール」参照）、画面そのものがパラメーターの表示である（「3-D-④:パラメーターを見せる」参照）。これらの要素は、単純作業を楽しくする役割を果たしている（「3-A-⑦:単純な作業を盛り込んでテンポを調整」参照）。
　ぺらたまは、何度か進化を繰り返すと、卵からかえって、いろいろなキャラクターが生まれてくる。その進化の様子は、図鑑に記録され、いつでもユーザーが見られるようになる（「3-D-⑦:コレクション性の導入」参照）。また画面上では進化後のシルエットを見ることで、あとどれだけの数のキャラを進化させるとよいかが分かるようになっている（「3-D-⑥:拡張

性を暗示して期待感を持たせる」、および「4-A-④:中間目標の設定」を参照)。もちろん総数と現在数も分かるように表示している。

　こうして、卵を育てていろんなキャラクターを孵化させて揃えていくのが、このアプリの遊び方である。進化したキャラクターはいろんなタイプの音声で話すので、音声合成システムの"ショウケース"にもなっている。

【ぺらたまの図鑑画面】

毎日変化する
音質の方向性を示す

TAMA/Energy
エネルギー残量
育成段階・覚えた言葉の数

　以上のような進化とふ化という遊びの他に、いろんな言葉を覚えさせるという別の遊び方がある。

　ぺらたまが浸かっている温泉の周りには、山菜が生えてくる。ユーザーがタッチ・パネル上で、これらのキノコやタケノコに触ることで、ぺらたまに食べさせることができる。ぺらたまは、これらのキノコやタケノコを食べることで、新たな言葉を覚えていく。ユーザーが草など、キノコやタケノコ以外の植物に触れると、「キノコ！」などという音声によって、キノコやタケノコへのタッチを促す。こうした操作を、日常のちょっとした空き時間に継続することで、ぺらたまを育てていく。こうして音質が異なるキャラクターがいろんな言葉を覚えていく。もちろん、言葉図鑑もあるので、覚えた言葉を集める楽しみもある。加えて、特殊な行為でしか覚えない言葉もあり、ユーザーにとって、それらはどのようにしたら覚えられるのか、その方法については、偶然知っていくことになる（「3-B-①-h:ストレスと快感のバランスを取る「変動比率」」参照)。

■約5分間で基本的な動作をほぼ習得

　これらの操作は、マニュアルなしで実現することができる。その時々で必要な操作を促すために、最初は操作できることを限定させて、タッチすべき表示を点滅させるなどの工夫を盛り込んだからである。こうしてユーザーは、遊びはじめてからの約5分間で、基本的な動作をほぼすべて習得できる（「2-B-①:基本的な操作方法を最初に提示する」参照）。

　もちろんこれらは、画面右下のロボットが音声合成によって案内する。ロボットは解説キャラでもあり、ゲームスタート後のヘルプキャラクターでもある（「2-B-⑤:ヘルプキャラクターの活用」参照）。

　ロボットの横のウィンドウは常時ヘルプウィンドウであり、全画面に共通で表示している（「2-B-⑥:ヘルプメニューの種類と工夫」参照）。

■目標の10万ダウンロードを突破

　音声合成技術や、ぺたたまなどの応用の開発には、「KDDI ∞ Labo」と呼ばれる、KDDIにおける、スタートアップ向けの支援プログラムが活用されてきた。このプログラムは、世界に通用するインターネット・サービスを創出することを目的にしている。プログラム内では、SNSを利用したサービスが多く、ぺたたまのようなゲームは珍しかったという。そのため、結果を出せるのか心配する声も聞かれたが、ふたを開けてみれば、良好な成果を挙げることができた。

　ぺたたまのダウンロード数は、当初の目標であった10万を超え、既に約13万に達している。2012年7月にGoogle社のコンテンツ配信サービス「Google Play」に投入し、同年9月にはKDDIの同様のサービスである「auスマートパス」にも投入することで、同年11月に10万ダウンロードを突破した。

　好調な一方で、実は、筆者からKDDI研究所に伝えたゲームニクスのアドバイスがすべて反映されているわけではない。例えば、もっと快適な操作感で山菜をすばやく食べさせたいといったものである。機能はすべて搭載されたが、「操作の快感」という水準にまで到達していないのが現状である。細かな作り込みによって、さらに面白くできれば、口コミ効果でユーザー数がさらに増えるはずだ。もちろん、長期で遊んでくれるユーザーも増加するだろう。メニュー類を動的に表示することで、操作を促すことや（「2-A-②:出現時の表現で操作を誘導」参照）、ワクワク感（「3-A:ゲームテンポとシーンリズム」参照）を演出することもまだ十分とはいえない。

　ただし、当初の取り組みの目的は、音声合成技術そのものをアプリケーション化することであり、普及の面まで含めて実現できている。KDDI研究所にとって、音声合成技術の活用に興味を持つ顧客に対して、ぺたたまを10分も使ってもらえれば、細かい説明なしで音声合成技術をアピールできる水準にある。

　しかも、ぺたたまはクラウド側にあるサーバーと通信することなく、スマートフォンの中だけで機能が完結している。つまり、サーバーとの通信で遅延が発生しない。ユーザーがタッチ・パネルに触った瞬間に、その場で音声を合成してくれるわけだ。この応答のよさを宣伝

するのにも、ぺらたまは一役買った。

　ぺらたまの開発では、コーディングをKDDI研究所内ですべて開発した。ぺらたまが証明してみせたのは、通信インフラを手掛ける"お堅い"企業でも、ゲームという"やわらかい"アプリの開発ノウハウを吸収して活用できるということだ。これは、ゲームニクスを普及させたい筆者にとって、大きな経験になった。

　KDDI研究所にとっても、ぺらたまの開発によって、よりユーザーを意識し、初心者でも簡単に使えるシステムを開発する柔軟性が身に付いたという。例えば、ボタンを指でタッチすれば音が必ず鳴る（「2-A-③：操作に対して反応を与える」参照）、という仕組みは、開発担当者にはなかった発想だった。一見すると些細な改善点だが、ゲームニクスにおいては、こうした点が重要で、一見、無駄と思われがちな工夫に手を抜かずに取り組み続けるのが重要である。

（編集協力：加藤 伸一＝テクニカルライター）

2　タブレット応用

ゲームニクスの活用で
誰もが使えるタブレットを実現

　NTT東日本のタブレット端末「光iフレーム2」は、著者が協力しているバンダイナムコゲームスのゲームメソッドコンサルティング「スペシャルフラッグ」によって大きく変わった事例である。以下に、光iフレーム2の特徴と、ゲームニクスとどのような関係があるのかを列挙する。

■名称の統一

　改善前は、同じ機能や場面を指す言葉でも、状況によって名称がばらばらだった。例えば、メイン・メニュー画面。ウィジェット・メニューやドック、ホームなどシーンごとに異なる表現が混在していた。それをホームに統一した。
　これは、「1-A-①：画面デザインの注意点」の項目で定義している。特定の業界においては当たり前の名称でも、一般には知れ渡っていなかったり、理解できなかったりするものがある。その点に注意する。教育コンテンツの場合などは、読みにくい文字に「ルビを振る」ことにも気を配りたい。

■ホーム画面

　当初、上下左右に矢印が表示される場合があった。移動を意味すると思っていたが、ウィジェットを配置できるという意味だった。これはまったく分からなかったので、廃止した。
　これは、「1-A-⑤：メニューや各パーツの形状管理」の好例である。
　ここで定義している配置の法則は、人間社会の一般的な慣例に基づいている。ユーザーのメンタルモデルは一般的な慣例をもとに形成されるので、「一般的な慣例＝一般的なユーザーにとっての直感的な操作法」になる。ゲーム業界の慣例では上下左右に矢印がある場合は、「そちらの方向に画面が移動する」という意味となっている。30年もの間、世界で日本のゲームが遊ばれてきたので、そのルールが世界共通のプロトコル（約束事）になっていると考えてよい。また、当初、ホーム画面では、アプリのアイコンを格子状に並べていた（図1）。しかし、この構成だと、ホーム画面が隣にも存在していることが分からないので、現在の形に変えた。また、ホーム画面の下側には、よく利用するアプリ群を表示するようにした。これもパソコンで多用される手法で、世界共通のプロトコルである。
　この他、アイコンの名称をどのユーザーにも分かるようにした。例えばブラウザーを「インターネット」に変えた。
　これも「1-A-⑤：メニューや各パーツの形状管理」の好例だ。特に忘れがちな、メニューのループの可否の重要性に配慮している。

【図1】 改善前

隣りのアイコンの一部を見せて、その存在をユーザーに暗に知らせる

改善後

両手で持って親指がくる位置にソフトウエアボタンを配置

Webブラウザーをあえて「インターネット」という名称にした

■画面の遷移

　画面遷移を繰り返していると、ユーザーが今、自分がどの画面にいるかが分かりにくかった。そこでホームボタンをハードウエアボタンとして準備し、押せば必ずホーム画面に戻るようにした（図2）。(2-B-⑥：「ヘルプメニューの種類と工夫」参照）

【図2】

ホームボタンをハードウエアボタンとして用意

また、隣の画面にアイコンが存在している場合は、そのアイコンの一部をあえて見せるように配置して、次ページの存在をユーザーに提示した（前ページの図1参照）。(1-A-④:「画面デザインの原則」参照)

　トップメニューを頂点とする階層（ツリー）構造をしっかりと設計し、決定の操作を1回実行するたびに1階層ずつ深く進み、キャンセルの操作を1回すると1階層だけ上に戻る構成を、いかなる場面でも徹底する。これで、コンテンツを操作しながら、無意識のうちにコンテンツ全体を理解できる。

　これは「1-A-②:決定とキャンセルの統一」と「1-A-③:階層構造の徹底」に相当する。

　こうした階層構造を徹底した上で、1プッシュでトップメニューに戻る「ホームボタン」を設置するかどうかを検討すべきである。iPhoneの場合、すべての戻る行為がホームボタンに集約されてしまっているため、コンテンツの途中で少し戻したい場合も、ホームに戻されてしまう。このため、作業中に混乱する恐れがある。ホームボタンを押すと、最初からやり直す必要があるので、ユーザーを困惑させている。

　ただし、「ポーズ状態」は、前述の階層構造と別の「流れ」を構築できる。そこで、ポーズをうまく設計するとユーザーの利便性の向上につなげることができる。この方法は、「2-A-⑥:ポーズ・セーブ・ロードの利用」で解説している。

■横側両サイドにあるソフトウエア・ボタン

　光iフレーム2は横にして両手で持って操作する。そこで、光iフレーム2を両手で持った際に親指が来る位置にソフトウエア・ボタンを配置した。指を検知する範囲は、ボタンよりも縦方向に大きくした。

　これは、「1-B-⑤:指タッチ入力」で指摘している。ハードウエアの持ち方と指操作の関係は重要である。操作中に持ち替えさせたりするようなボタン配置は厳禁であり、携帯機器の場合は極力片手持ちのまま作業可能にすることが望ましい。

　また1-B-⑤内で、ボタンの大きさとタップ領域は必ずしも一致させないことで、操作性が高まることを紹介している。一般的には実際のボタンと同じか、それよりも大きくした方がよい場合が多い。携帯機器の場合、ユーザーは移動しながら手で持って操作するので、指の位置がふらふらと安定していないことが多く、タップ領域を大きく取った方がよい。
だが、隣のボタンと接している場合は、ボタンの大きさよりも小さい方が良い場合もある。

■初心者と上級者への配慮について

　光iフレーム2は老若男女、デジタル機器に不慣れな人から慣れた人まで、さまざまなユーザーを想定しているので、初心者と上級者への配慮を施した。

　初心者向けには、画面で見える情報だけで操作できるようにし、シングルタッチだけで操作できるようにした。また、画面から直接アクセスできる機能に関しては、初段階に必要とされるものだけに絞った。アイコンの移動や削除といった、ある程度リテラシーが高いユーザーが必要とする機能は、長押しやフリック操作に割り振り、上級者を満足させるように

した。

　また、ホーム画面において、最初に見せるアプリとして、ユーザーが使いたいと思うものを優先的に配置した。

　サービス提供者としてユーザーに認知させたいアプリ（例えば、契約企業のアプリ）を「便利ツール」としてまとめて格納した（図3）。便利ツールのアイコンは箱で、タッチするとあたかもびっくり箱を開けたように、格納されたアイコンが上下にスクロールしながら登場する。

【図3】

ユーザーが使いたいと考えられるアプリを優先的に配置

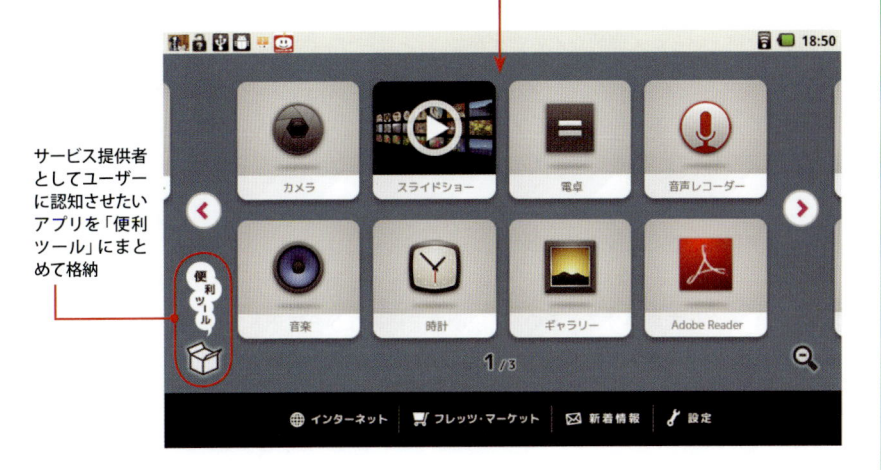

サービス提供者としてユーザーに認知させたいアプリを「便利ツール」にまとめて格納

　これらの工夫は
「4-B：段階的に難易度を上げる」
「4-E：習熟度に応じてメニューなどを変える」
の応用である。

　まずは「4-B-⑤：平均的な習熟度のユーザーを決める」
次に習熟度によって、「4-E-②：習熟度に応じてゲーム内のメニューを変更する」や「4-E-①：習熟度に応じてトップメニューを変化させる」で紹介した手法を取り込んでいく。

　最初から全てのメニューを見せておくことが親切であると考えがちであるが、多機能な製品や複雑な内容がある場合は、最初は利便性が高い基本的なメニューだけ表示しておく。そして、ユーザーの習熟度を見ながら徐々に増やしていった方が使いやすい。

　メニューが増えたときは「ほら、あなたが使いこなしてくれたのでメニューが増えましたよ」といった演出を施して、「使いこなしている」感をユーザーに与えるとよい。

　この他、そのメニューを最初に操作する時は、操作の流れを体験できるようなチュートリアルを設ける。その中で、多様なヘルプを駆使しながら操作をユーザーに体験させるとよい。

この部分については、
「2-B-①:基本的な操作方法を最初に提示する」
「2-B-②:ステージ初期に基本操作を繰り返し体験させる」
「2-B-⑥:ヘルプメニューの種類と工夫」
を参照してほしい。

そして、「5-A-①:現実世界を仮想世界に取り込む際の基本事項」で指摘しているが、サービス側の勝手な都合の押し付けは避けなければならない。それが必要な場合は「そう感じさせない」工夫が必要である。

「ユーザーが制御可能な、信頼できる世界」。これがユーザーが望むバーチャル（仮想）空間である。これにより、「デジタルには感情がなく正確である」と印象をユーザーに与え、「曖昧や嘘、欺瞞といった人間的な不安定さがない」とユーザーに感じさせる。これが、こういったサービスの大前提である。デジタル・サービスの良さは、実はこの「人間特有の曖昧さや欺瞞がない」ことにある。人間味を付与して温かみを出すとしても、この前提を理解することが重要であり、この前提を踏まえたうえでの人間性でなければならない。

■クレードルに配置した際の画面表示

光iフレーム2は、もともとフォトフレーム的な要素を持っていた。そのため、ユーザーはフォトフレーム化を期待する。その際、説明書を読みながらフォトフレーム・モードにする仕様では、ユーザーに優しくないので、クレードルに置くと自動的にフォトフレーム機能が立ち上がるようにした（図4）。

クレードル設置時には、フォトフレーム機能のほか、時計機能とプッシュ型の情報配信機

【図4】　クレードルに置くと、自動的にフォトフレームモードになる

能が起動する仕様にした。

　時計に関しては、背景色を黒、時刻を白文字にした（図5）。これは、寝室などの暗い部屋でも利用しやすくするためだ。仮に背景色を白、時刻を黒文字にすると、明るすぎて暗い部屋では落ち着かない。なお、フォトフレーム機能と時計機能は、画面をタッチすれば切り替わるような仕様にした。

【図5】

プッシュ型の情報配信

［フォトフレームモード］　　　　　　［時計モード］

プッシュ型の情報配信（新着情報）　　背景色を黒にし、人間への刺激を抑制

　プッシュ型の情報配信機能は、交通情報や天気予報、セール情報などを自動的に光iフレーム2に配信する機能である。当初は、こうした情報を画面の右から左に流すマーキー型の表現を採用していた。しかし、マーキー型の情報提示が有効なのは、ユーザーの視点がほぼ固定されている場合だけ。例えば、新幹線の車内などである。

　これに対し、光iフレーム2の利用シーンは、何か別の作業をしながらチラッと見る、いわゆる「ながら見」の時間が圧倒的に長い。そのため、マーキー型の表示では、ユーザーに関心を持ってもらえないし、その内容も理解してもらえない。

　そこで、情報に関連する写真ベースの情報を表示するようにした。しかも、長時間表示するのではなく、すぐにひっこませる。そのため、ユーザーの邪魔にならずに、情報が到達したことを暗にユーザーに知らせることができる。ただし、情報の詳細をじっくり見てもらえるように、「新着コーナー」に情報がたまるようにし、同コーナーからユーザーが新着情報を閲覧できる仕組みにした。

　こうした工夫では、ハードウエアの特性を理解したうえで、サービスの構築に配慮している。これが、「1- B 」で紹介した、「入力デバイスの特性に対応したUI設計」である。

■アプリの画面構成について

　異なるアプリでも、同じような画面構成にした（図6）。これで、ユーザーは一つのアプリで操作方法を覚えれば、他のアプリでも躊躇せずに操作できるようになる。

　こうした工夫は、「1-A-④：画面デザインの原則」で指摘している。画面構成だけでなく、ボタンの形、階層によるボタンの大きさの徹底、コンテンツ内における色の区別の配慮に気を配ると、コンテンツ内容をより直感的に理解できるようになる。

このほか、選択できる項目を縦に並べ、その横に項目の内容を提示していることにも注目してほしい。

【図6】

「地域情報」のアイコンをタップ

「今さら聞けない・・・」をタップ

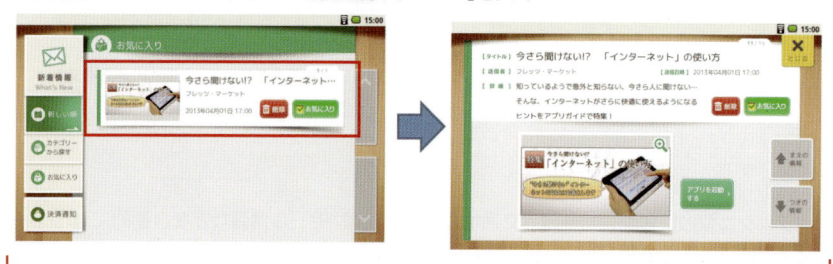

いずれの場面でも、画面デザインはほぼ同じ

■段階的な機能拡張

　アプリのダウンロード数やクレードルへの着脱回数など、ユーザーの利用状況を検知し、その経験値に応じて、新しい機能を利用できるようにした。

　例えば、8個以上のアプリを光iフレーム2内にダウンロードした場合、9個目のアプリはとなりのホーム画面に配置されていることを教える。つまり、アプリの数に応じて、ホーム画面のページ数が増えていくことをユーザーに伝えるわけだ。

　その後、ユーザーの経験値が増えると共に、アプリの削除方法や整理方法をユーザーに教える。また、ユーザーへのご褒美として、壁紙のプレゼントなども行うようにした（図7）。

　この工夫は、「4-E：習熟度による展開分岐」の応用である。

　　「4-E-①：習熟度に応じてトップメニューを変化させる」

　　「4-E-②：習熟度に応じてゲーム内のメニューを変更する」

を参照して、ユーザーの「使いこなしている」感を向上させることは、ユーザーの満足度の向上やコンテンツへの愛着につながる。

【図7】

ユーザーへの「ご褒美」として、壁紙をプレゼント

■ 人間味の導入

最新バージョンでは、光iフレーム2に「人間味」機能を与えた（図8）。これは、光iフレーム2を単なるデジタル機器ではなく、家族として、愛着を持って利用してもらいたいからだ。具体的には、ユーザーからの問いかけ（操作）に対して、正対する反応を返すだけではなく、端末からも積極的に「ユーザーにとって有益であろう情報」や、「端末自身の使い勝手」について、利用者に向けて「言葉」を発信するようにした。これは家族と会話をしているときに、相手が（聞き）返す以上に、予期せぬ話題が生まれることを楽しみにしている、という状態と同じである。

【図8】

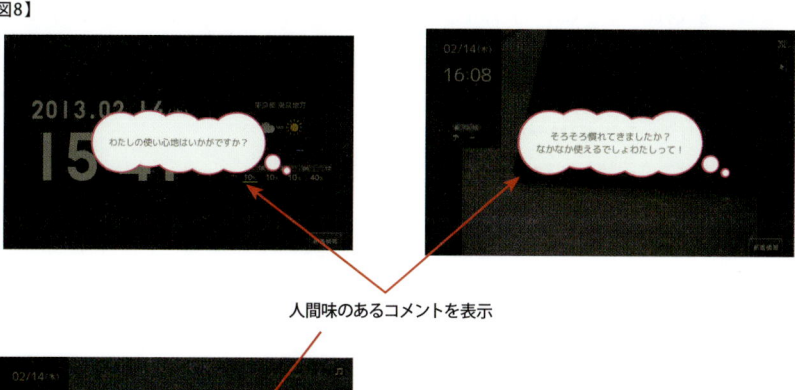

人間味のあるコメントを表示

言い換えれば、きちんと相手の話を聞いて指示通りに動くのではなく、自立した「個」として動き、よい相互作用を与える関係こそが家族だと考えたからだという。

　人間味に関しては、「5-A-①：現実世界を仮想世界に取り込む際の基本事項」を理解して、実行したほうがよい。人間味とまではいかないまでも、「3-D-⑨：デジタル感を排除したセリフを導入する」で指摘しているように、ただの「はい」「いいえ」などのデジタル的な二者択一の表現を極力避けて、「これにしよう」「違うと思う」などの「アナログ的」な表現にするだけでも、デジタル的な"冷たい"選択を迫られている印象を無くすことができる。

　以上が、ゲームニクス5原則に当てはめた場合の指摘である。光iフレーム2には、さまざまなゲームニクスの要素が入っているが、以下の要素も盛り込むと、よりユーザーを夢中にできると思っている。

　例えば、「3-A：ゲームテンポとシーンリズム」と「3-B：ストレスと快感のバランス」は、光iフレーム2を用いたサービスとの親和性はないかもしれないが、「3-C：発見する喜び」と「4-A：目標設定」については、導入の余地がある。

　例えば、「あなたの使いこなし度は60％」などと表示して、現在の利用状況をそれとなくユーザーに伝える。その表示部をタップすると、「ツール使いこなし度」「サービス使いこなし度」といった、いくつかのパラメーターがグラフやダイヤグラムで表示されれば、ユーザーは、「ああ、このあたりはまだ使いこなしていないんだな」と考える。そして、その使いこなしていないパラメーター表示部をユーザーがタップすると、そのパラメーターに影響するアイコンのみが表示されるなど、「使いこなすことの目標を立てられるようなユーザーステイタスの表示」があってもよいかもしれない。

　また、「5-A：現実世界の取り込みと仮想世界の持ち出し」を考えて、光iフレーム2を通じたサービスの価値を、現実世界、つまり光iフレーム2を使わない場合でも、利用できるようなことを考えれば、サービスへの熱中度はさらに増す。「5-C：ライフログの活用」なども上手に取り込んでサービス内容に変化をもたらせることができれば

・私だけの光iフレーム2
・私に寄り添った光iフレーム2

といった感動をユーザーに与えられる。

3 リハビリ・ヘルスケア応用

ゲーム制作のノウハウで
つらいリハビリ運動を楽しくする

「リハビリウム 起立くん」は、筆者は絡んでいないものの、リハビリにゲーム制作のノウハウを適用した好例である。リハビリというつらい作業を、高齢者などにいかに楽しく続けてもらうか。その解決策として、ゲーム制作のノウハウに目を付けたわけだ。

「福岡市委託事業シリアスゲームプロジェクト」の一環として九州大学芸術工学研究院 講師の松隈浩之氏らの研究グループが中心となって開発し、実際に医療施設やリハビリ施設で効果を実証した後、メディカ出版が製品化した。Kinectによってユーザーの動きを検知する仕組みだ。

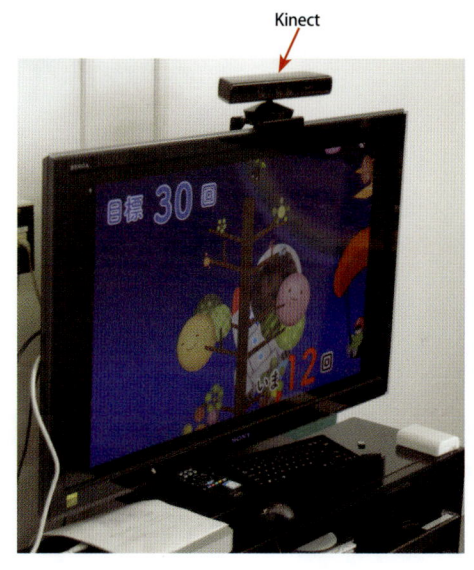

起立くんは、いわゆるシリアスゲームの一種に相当する。シリアスゲームとは、医療や教育、環境破壊といった社会問題などの解決を目的としたゲームを指す。さまざまなシリアスゲームのプロジェクトを見てきたが、起立くんは「やってみたくなる」「やってて楽しい」といったゲーム的な要素が適度に、かつ効果的に取り込まれた事例である。そこで、製品版を筆者が試して気がついた点を列挙したい。

九州大学が開発したプロトタイプは、あくまでも人を起立させる部分に注力して制作された。一方製品版は、その他の部分まで作り込まれている。

例えば、製品版では、プレーヤー自身の映像が画面に出る。これにより、ユーザーがゲームに対して親近感を抱き、リハビリへの参加意欲向上につながる。

この他、以下の特徴を持っている。それぞれを、前章までで説明してきたゲームニクス5原則と照らし合わせてみる。

●画面が動的で音楽も流れて楽しい。特に「エンジョイモード」では、派手な演出が盛り込まれている。
（3-A-⑥：音楽でテンポを調整）

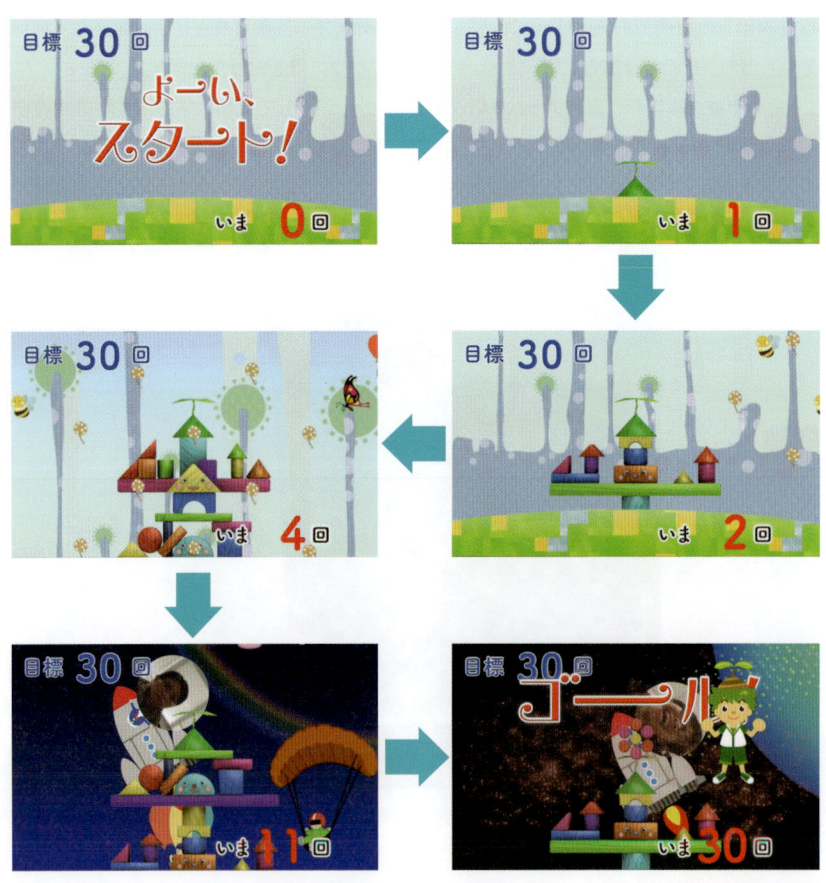

図は、エンジョイモード。ユーザーの起立回数が増えるごとに、物体が高くなっていく。高くなるほど、映像や音の演出が派手になり、目標回数に到達すると、最も派手に祝ってくれる。

● 「トレーニングモード」では、動作を促すキャラクターがいるので、ユーザーはその動きに合わせて運動しやすい。加えて、「立ってー、座ってー」と言ってくれるのでマニュアル代わりになっている

（2-B-⑤：ヘルプキャラクターの活用）

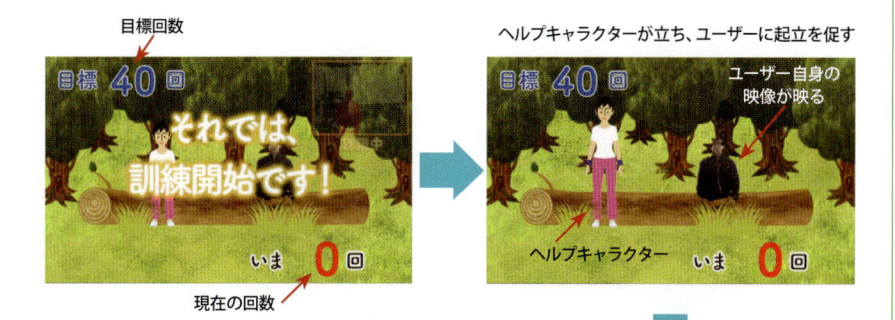

目標回数

ヘルプキャラクターが立ち、ユーザーに起立を促す

ユーザー自身の映像が映る

現在の回数

ヘルプキャラクター

今度はヘルプキャラクターが座り、ユーザーに着席を促す

再びヘルプキャラクターが立ち、ユーザーに起立を促す

目標回数に到達するまで、この一連の作業を繰り返す

図は、トレーニングモード。Kinectのカメラでユーザーを撮影して画面に表示し、その隣にはヘルプキャラクターであるインストラクターを配置する。インストラクターが立ったり座ったりすることで、ユーザーが同じ動作をするように促している。

● 起立した回数が画面に出るので分かりやすい

（3-D-②：達成率を表示）

●毎日起立運動をこなすことで、世界遺産のスタンプというご褒美をもらえる。日本から始まって、日本制覇後には世界のスタンプ入手へと広がっていく。コレクションの収集が2段階になっているのもよい

（3-D-⑦：コレクション性の導入）

1日一回でも起立運動を行えば、世界遺産のスタンプをもらえる。

- 立ち座り運動の回数で、レベル（段位）が上がっていく
  （3-D-④：パラメーターを見せる）

起立運動の回数が増えるごとに、段位が上がっていく。

- ランキングが表示されて競争意識が高まる
  （3-D-⑪：発表できる場の提供）

待機画面ではランキングを表示し、競争心を刺激する。

- 成績を紙に印刷できる
  （5-A-②：仮想世界の価値を現実世界で利用）

　こうしてみると、さまざまなゲームニクスの要素を盛込んでいることが分かる。
　ただ、他にもゲームニクスの要素を入れる余地がある。以下、ゲームニクス5原則に則って、その部分を列挙する。

原則1：直感的で快適なインターフェース

　起立くんでは、ユーザーがカードをかざすだけで個人を識別して、すぐ始められる。コンテンツも単純明快なのでメニューも少なく、直感的なインターフェースはそれほど必要ない。それでも、より直感的で快適にする方法がまだある。

● 決定時のボタンの反応と効果音を付与する。これで、操作しているだけでユーザーはワクワクする。

● 起立くんは、その名のとおり、起立運動がメインモードだ。だが、ほかの動作モードと同じ重みづけでレイアウトされている。そこで、「1-A-①：画面デザイン時の注意点」や「1-A-④：画面デザインの原則」にのっとって、起立運動以外の動作モードを「メインとなるコンテンツ部分」「個人情報部分」「おまけ部分」に分類・重みづけしてレイアウトしたほうがグッとよくなる。「1-A-⑥：階層とメニューの色管理」を参考に、それぞれのメニューボタンの色も変えた上で、プレー画面もその色に合わせてデザインすると、現在プレーしているモードが容易に理解できるし、画面にメリハリが出てよい。

原則2：マニュアル不用のユーザビリティー

● たくさんの人がいるリビングや運動室で利用するので、樹が伸びたり、キャラが屈伸運動したりするデモを待機中に流すと、それを見た高齢者が「私もやってみよう」と思う。これは、「2-B-③：デモでルールを解説する」で紹介している。

● 「2-A-①：デザインや音、アニメーションで操作を誘導」や「2-A-③：操作に対して反応を与える」を駆使してメニュー選択時のボタンの反応などをもっと演出すれば、ワクワク感を演出できる。

　指導員が付き添って指導しながら、高齢者が操作するので、マニュアル不要は想定していないと思われるが、もしマニュアル不要のユーザビリティーを目指すなら、「最初に触れるところで操作方法の基本を提示」や「ヘルプメニューの種類と工夫」を参考にして作りこむべきである。

原則3：はまる演出

　本来の企画が、「立ち座り運動と音楽や画面の動きをシンクロさせて、単純でつまらない作業を楽しく」というものなので、画面と音楽やセリフの同期でテンポとリズムを生みだす工夫をしている。さらに、以下のはまる演出のノウハウを適用すれば、魅力的になる。

● 屈伸運動では、決められた動作を均等に行う方がよいとされるので、画面内に一定で動く「リズムライン」とタイミングが分かるポイントを表示すれば、視覚的にそのタイミン

グを理解できる。加えて、タイミングよく屈伸すると「ピン」「ピン」と心地よい音が鳴れば、達成感と快感度が増す。これは、「3-A-⑨：シーンリズムの調整で快感を演出」を参考にすればよい。

● 「エンジョイモード」の演出は派手だが、「トレーニングモード」の演出は少々地味である。そこで、起立運動の回数が、10回、20回と節目を迎えたときに、パッパラパッパーと軽いファンファーレが鳴るようにするとよい。最後の30回を達成したときには、もっと派手なファンファーレを鳴らすと快感が増幅される。周りで見ている人たちも、「次は私が」となるだろう。これは、「3-A-⑪：効果音でリズムを調整」を参考にするとよい。

● 「トレーニングモード」において、一回起立するたびにキラリラリーンと星が散るような演出を施し、10回や20回達成時の節目にはキラキラと星が光る演出、最後の30回達成時には派手に星が光る演出を施せば、ユーザーの気分は高揚する。これは、「3-A-⑫：アニメーションでリズムを調整」を参考にすればよい。

● 10回、20回と達成することによって音楽の内容が変化すれば、さらなるテンポ感と達成感が演出できる。これは、「3-A-⑥：音楽でテンポを調整」を参照にすればよい。

　起立くんは、ゲームでは不可欠な「3-B：ストレスと快感のバランスを取る」の要素があまりない。ゲームではないので不要ではあるが、ユーザーをリハビリ運動に没頭させるには、この要素を盛り込んだほうがよい。
　例えば、前述のように、画面内にリズムを示す線を表示し、その線を見ながら一定のタイミングで屈伸すると「ピン」「ピン」と音が鳴る仕様にすると、気持ち良いとユーザーは感じる。このため、ユーザーは「この気持ちよい音を出したい」という「ストレス」を感じる。そして、うまくいくと気持ちよい音が鳴る。このストレスと快感のバランスをうまく調整できるように、画面内の演出やレイアウトを設計すればよい。（「3-B-①：ストレスと快感のバランスを取る」を参照）
　もちろんミスした時は何がダメだったのか、その原因を可視化して提示する必要がある。（「3-B-②：ミスとストレスの因果関係の明確化」を参照）
　「3D意欲を持続させる仕掛け」の要素に関しては、毎日継続して起立運動に取り組むほど、世界遺産のスタンプが増えていく仕掛けが既に盛り込まれている。その上、一回あたりの屈伸回数を増やすほど、レベル（段位）が上がる仕組みを盛り込んでいる。
　だが、現状のままでは、スタンプを増やすことや等級を上げることがユーザーの「中間目標」になるまでには至っていない。そこで、ユーザーが獲得したスタンプやユーザーの現在の等級の情報を、起立運動前に確認できるようにすれば、「私は目標に向かっている」と、ユーザーは感じるようになる。
　それには「3-D-①：全体像と現状を提示する」と「3-D-②：達成率を表示」で紹介した確

認用の専用画面を準備して、起立運動の開始前に提示するとよい。
　加えて、取得できる世界遺産のスタンプの種類などをあらかじめすべてユーザーに提示するのではなく、一部をあえて「？」マークなどで隠しておけば、「がんばれば日本だけでなく、世界中の世界遺産のスタンプをもらえそうだ」と、ユーザーに期待感をもたせられる。これで、継続利用を促せる。これは、「3-D-⑥：拡張性を暗示して期待感を持たせる」を参考にしてほしい。
　「3-D-⑨：デジタル感を排除したセリフを導入する」のノウハウも活用した方がよい。現在、選択肢はすべて「はい」「いいえ」なので、「よし、始める」「やっぱりやらない」といったように場面ごとに専用の「はい」「いいえ」に相当する選択肢を準備する。これで、ユーザーが親近感を抱くようになる。しかも、「いいえ」を「今回はやめておく」に置き換えると、ユーザーはなんとなく実行しなかったことに後悔するので、「やっぱりやるか」という気持ちにする効果もあるだろう。

原則4：段階的な学習効果

　段階的な学習効果については、現状の起立くんでは、目標が分かりにくい。もちろん、ユーザーに目標を押し付けてストレスになると逆効果なので、ユーザーの自主的な目標意識を引き出す仕掛けが必要になる。「4-A-①：スタート時のつかみ」や「4-A-②：最終目標の設定」、「4-A-④：中間目標の設定」を参考にするとよい。
　この他、目標を持って臨む人と漫然とした思いで臨む人が、動作モードを自分で選択できる仕様にする方法もある。「4-D-①：習熟度に応じて課題や障害を変える」や「4-E-②：習熟度に応じてゲーム内のメニューを変更する」を活用するのである。

4 教育・学習機器応用

ゲーム由来のノウハウで
子供の学習意欲を高める

　ゲームニクスの実践例として、教育・出版・通信販売事業を手がけるベネッセコーポレーション（以下、ベネッセ）のデジタル学習機器「ひらがなかたかな かきじゅんマシーンG（グレート）」「漢字計算ミラクルタッチ」の事例について考察する。

　両製品は同社が会員向けに提供する通信教育サービス「進研ゼミ小学講座　チャレンジ」の特典教材として配布されたものである。

　「チャレンジ」のような通信教育は、塾や学校などの学習と比べて、自分のペースで進められるメリットがある。一方で、通信教育は強制力が伴わないため、学習者のモチベーションが続きにくい点も否定できない。

　そのため、特典教材の開発において「モチベーションの維持・管理」は重要な課題の一つだった。また特典教材の中には、定番商品として改訂を繰り返した結果「機能が多すぎて使い方がわからない」という課題を抱えるものもあった。

　そこでベネッセでは、前述した二つの特典教材を開発する上で、著者の監修を受けながら、ゲームニクス的な要素を取り込むことで、質向上を目指した。プロジェクトは同社の開発チームが主導し、外部企業の開発協力を得て進められた。

事例1：ひらがなかたかな かきじゅんマシーンG
■製品概要と開発背景

　本教材は未就学児童に対して、小学校入学前にひらがな・かたかなの字形や正しい書き順を覚えてもらうことや、身近な言葉を覚えて語彙を増やしてもらうことを目的に、「進研ゼミ　チャレンジ1年生　4月号」の特典教材として送付されたものである。

　過去10年間でさまざまな改訂がなされてきた定番の教材シリーズで、2012年度までは「かきじゅんマシーンSP」が提供されていたが、2013年度の教材改訂に伴い、新たに「かきじゅんマシーンG」を開発した。

　サイズは文庫本より一回り大きく、ニンテンドーDSのような折りたたみ式になっている（図1）。ふたを開くと、本体中央に40×40画素のタッチパネル液晶（モノクロ）がある。ふたには「ひらがな・かたかなシート」を挿入可能で、センサーでどの文字が押されているかを識別できる（図2）。

　シートには表面と裏面があり、それぞれひらがなとかたかなが印刷されている。また7月号付録として「漢字シート」が届き、小学一年生で習う漢字学習にも対応している。

　基本となる「なぞりがき」モードでは、お手本カードの文字を付属の「すらすらペン」でタッ

チすると、文字の形状がタッチパネルに表示される。これをペンでなぞっていき、筆順が正しければ正解アニメーションが表示される（図3）。お手本なしで書く「きれいにかこう」モードや、複数の文字を連続して書いていき、「ことば」を覚える「ことばはかせ」モードなども収録されている。

　他に赤外線通信機能を備えており、本機を二台用いて「しりとり遊び」「神経衰弱」などの対戦ゲームも楽しめる。本体には赤外線通信を行う、「つうしんボタン」が配置されている。

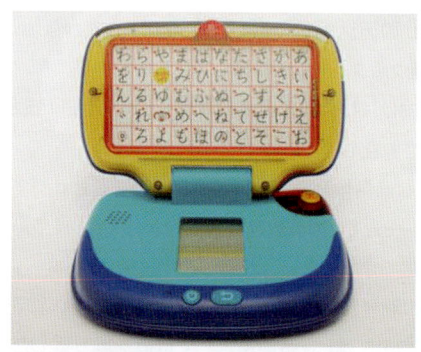

【図1】本体写真。ベネッセの資料から。以下、同。

ひらがなシート　　　　　　　　　　　かたかなシート

【図2】各種シート　　　　表裏の関係にある

【図3】正解アニメーション

■外部機器との連携

　本機の特徴の一つに、イメージキャラクター「コラショ」を活用した卓上時計「めざましコラショ」と、デジタル時計としても使える「おでかけウォッチ」との連動機能を備えている点がある（図4）。

ユーザーに対して、複数の電子機器を組み合わせて使用させることは、大人向けの製品でも難易度が高い。本機の対象ユーザーが未就学児童から小学1年生であることを考えると、非常に珍しい仕様だと言えるだろう。

　このうち「ウォッチ」との連動は「かきじゅんマシーンG」で追加された機能である。「かきじゅんマシーンG」で作成した「ことば」や「おてがみ」を「ウォッチ」に保存し、「ウォッチ」同士でメッセージを交換する（図5）、「かきじゅんマシーンG」のご褒美アイテムを「ウォッチ」に保存し、お互いに交換する、などの機能が備わっている。

　このように「かきじゅんマシーンG」は、単体で学習機能を促すだけでなく、コミュニケーションツールとしての機能が強化された教材となっている。この背景には、国語教育の「書く力」分野で、指導傾向が従来のやみくもに書かせる方針から、「相手を意識する」「何かの目的を持って書かせる」という方針にシフトしていることがある。

　そこで本機においても、「ともだちにメッセージを伝える」行為を通して、書くことに対する子どもの意欲を引き出し、学習効果を高める狙いが込められたのである。

卓上時計「めざましコラショ」　　「おでかけウォッチ」

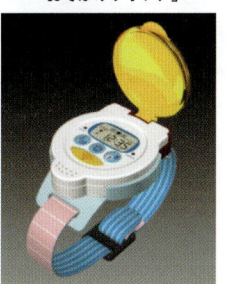

【図4】両機器の写真

べんとうをたべる

【図5】交換機能

「かきじゅんマシーンG」で作成した「ことば」や「おてがみ」をウォッチに保存し、「ウォッチ」同士でメッセージを交換できる

■商品の課題とゲームニクスの活用点

　一方で「かきじゅんマシーン」シリーズは過去の商品改定にともない、徐々に機能が追加されてきたため、従来機の「SP」において、以下の課題が指摘されていた。そこで、次世代機の「G」の開発にあたり、ゲームニクス理論に基づいて以下の要素が加えられた。

【課題点】
① モードがたくさんあり、ユーザーがどこから始めてよいか迷う
② ユーザーへの働きかけやナビゲーションがなく、メニュー画面で各モードが並んでいるだけで、静的な印象を与える
③ ゴールや目標が存在せず、ユーザーが飽きたら終わり
④ 友達同士での通信遊びが、あまりされていない

【改善点】
① スタート時に制御演出を加え、チュートリアル的な要素で学習者を引き込む
② 操作に対するナビゲーションと、達成感を与える演出を導入する
③ アイテム交換をはじめ、通信したくなる施策を加える

■ スタート時の制御演出

　商品に対するユーザーのモチベーションが最も高まるのは、はじめて製品を触る時であり、この点は大人も子どもも変わらない。逆にはじめて触った製品で、思うように操作できなければ、モチベーションは急速にしぼんでしまう。

　そこで「かきじゅんマシーンG」では、初回から3回目の起動時まで特別な制御をかけ、チュートリアルを兼ねた導入シナリオを設定した（表1）。イメージキャラクターのコラショとユーザーが対話しながら、学習を楽しく進められるように、アニメーションや演出などが工夫された。このように、操作の初期には、こうした制御をかけて、制作者が意図した操作手順をユーザーに体験させていく手法は、非常に効果的である。もちろんその制御がユーザーのストレスにならないような配慮が必要である（「2-B-①:基本的な操作を最初に提示する」内に示した、ツール系の例を参照）。

【表1】

段階	うながしたい活用	かけたい制御
①起動時	初期設定をさせる	初期設定
②	なぞりがきをしてもらいたい	おすすめれんしゅう。ひらがな3文字
③	ことばはかせもやってもらいたい	★3回目まで 「もういちどコラショからのおすすめれんしゅう」「ことばはかせ」 →終了したらレベルアップさせる
④	目標を持たせたい	話すコラショレベルをいう ★3回目まで 「ことばはかせレベルアップまであと3(2,1)つだよがんばろう！」
⑤	メニュー画面を見る。まずはなぞり、またはつうしん（友達orめざましコラショ）をしてもらいたい	「きれいにかこう」部分を押せなくする。押すと「なぞりがき」ボタンが点滅し「はじめはこっちからやろう」と音声を流すか、メッセージ表示をさせたい

■ ナビゲーションと達成感の演出

　塾や学校での学びと異なり、家庭学習では学習者のモチベーションが学習継続の大きな要素を占める。特に本製品のような未就学児童向けの教材では、より丁寧な導線設定や、

活用ガイダンスなどの施策が求められる。

　そこで「かきじゅんマシーンG」では学習者の動機付けのために、コラショが起動時に毎回、異なるコメントを話す機能が加わった（図6）（「3-D-⑤-e：「飢餓感をあおる要素と構成を導入する」内の「日々変化する要素を組み込む」参照）。

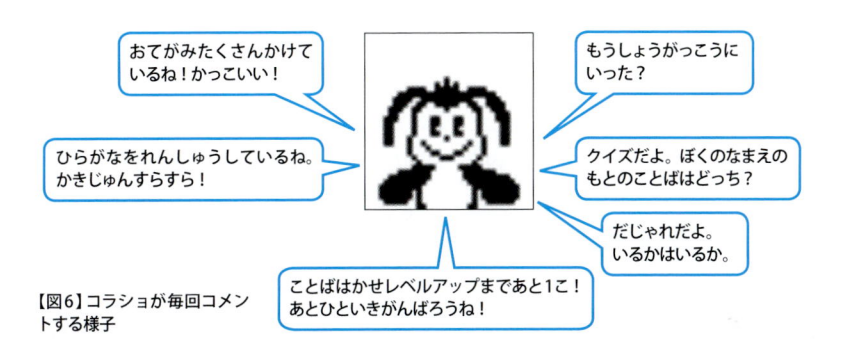

【図6】コラショが毎回コメントする様子

（吹き出し内容）
- おてがみたくさんかけているね！かっこいい！
- ひらがなをれんしゅうしているね。かきじゅんすらすら！
- もうしょうがっこうにいった？
- クイズだよ。ぼくのなまえのもとのことばはどっち？
- だじゃれだよ。いるかはいるか。
- ことばはかせレベルアップまであと1こ！あとひといきがんばろうね！

　主なコメント内容には、「とりくみに対する励まし」「おすすめコンテンツ」「現在の達成状況」「ことばクイズあそび」「使用者との簡単な会話」などがある。また内容に応じたアニメーションや音声が流れる（「3-A-⑫：アニメーションでリズムを調整」参照）。

　また現在の状況とゴールを意識してもらうために、新たに「ことばアルバム」機能が加わった。これは本製品で習得する全140個のことばのうち、すでに使用者が覚えたことばの一覧リストを確認できたり、ご褒美に相当する「コラショアニメ」（コラショがさまざまなアクションをする）を見られたりする、というものである（図7）（「3-D：意欲を持続させる仕掛け」参照）。

　この他、覚えた言葉の数によってレベルが上がる「もじ勝負・早押し・もじあわせ」といったご褒美コンテンツ（ミニゲーム）を遊べるようになる、レベルアップ時に最高レベルに到達すると、達成感を演出するアニメーションが出現する、などの機能も加えている（図8）（「3-B-④：快感要素の基本事項」参照）。

【図7】ことばアルバム
「ことばアルバム」では、現在の自分のレベルと、覚えた言葉の数、残りの言葉の数を見られる。

【図8】ご褒美
レベルアップ時と、最高レベル到達時に達成感を与えられるように、専用のアニメーションを設定する。

■通信したくなる施策

「かきじゅんマシーンSP」においても通信あそびなどの機能が備わっていたが、ユーザー調査で積極的に使用されていないことがわかった。

これには「子どもが気軽に持ち運べるサイズではない」「通信したくなる要素が乏しい」「通信という行為自体の難易度が高い」などの問題があると考えられた。このうちサイズについては、新たに「おでかけウォッチ」を介することで解決が図られたが、他の2つの要素についてはソフトウエア面での対策が求められた。

そこで「かきじゅんマシーンG」では新たに「ことばはかせ」「ことばこうかん」という機能が加わった。「ことばはかせ」はコラショと一緒に、さまざまなことばを学べる機能で、新しいことばを正しく書けるようになると、内容に応じたコラショアニメが「コラショができることが増えた」という形で再生される（図9）（「3-D-⑦：コレクション性の導入」参照）。

その後、コラショが覚えた言葉を「ことばアイテム」として「おでかけウォッチ」に保存し、ユーザー同士で互いに通信すると、ことばアイテムを交換できる。これにより、互いのコラショアニメが、どんどん増えていき、コレクションできる仕組みになっている（「5-A-②：仮想世界の価値を現実世界で利用」参照）。

【図9】ことばはかせの写真

また「ことばこうかん」を続けるうちに、双方の使用者に対してランダムに「ひみつのあんごう」を与える機能も加えられた（図10）。「ひみつのあんごう」を入手すると「おまけアイテム」がもらえ、通常よりも豪華なアニメーションを見られるようになる。このようにランダムなご褒美要素を加えることで、通信遊びに対する欲求を高めている（「3-C：発見する喜び」参照）。

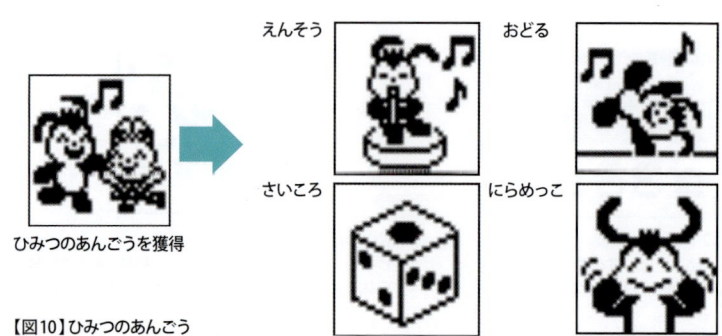

【図10】ひみつのあんごう

もっとも、周囲に通信できる友達がいない利用者にも配慮して、あくまでも＋αの要素に留められている。そのため「ことばはかせ」の達成条件には反映していないことがポイントである。

　かきじゅんマシーンGにこうした機能を盛り込み、開発を進めると、ユーザーテストを通して、互いの利用者がきちんと「おでかけウォッチ」で通信できる姿勢を取らなかったり、通信接続中に腕を動かすなどして通信が途切れたりする頻度が高いことが分かった。

　本来であれば、通信中に画面表示や音声ガイダンスなどを発したいところだが、ハードウェアの仕様面から通信中には他の処理を実行できないという制約があった。そこで通信前に「思わずじっとしたくなるような、期待感を高める効果音」を流すことで、通信エラーの発生率を下げる工夫がなされた（「3-A-⑪：効果音でリズムを調整」参照）。

■利用者の感想

　「かきじゅんマシーンG」では開発と並行してユーザーテストが行われ、その内容が開発に反映された。

　ベネッセでは教材開発を行う上で、一般の会員親子を対象に、さまざまなユーザーテストを行っている。テストは「PPモニター」と「来社モニター」など多岐にわたる。前者では、約100組のモニター家庭に試作機を届けて2週間程度利用してもらい、使いやすさや学習効果などについてアンケートに回答してもらう。後者では、4組ほどの親子に来社してもらい、デモボードや試作機を使ってもらい、使いやすさなどについて観察したり質問したりする。

　かきじゅんマシーンGでは、先行してデモボードでコンテンツを作り込み、3回の来社モニターの結果を試作品作りに反映した。おでかけウォッチでも同様に、来社モニターを経て試作品を作った。試作品が完成すると、PPモニターを通して、さらにさまざまな意見を集約したという。

　その結果、「箱から出すところから使い始めるまで子どもにやらせてみたら、私が説明書を読んでいる間になんとなく取り組み始めていてビックリしました。とても分かり易い機能になっていました」「私が説明書を読んで使い方を教える前に、自分なりに機械を動かして操作していました。赤外線通信も、自分ひとりでやり方を理解して使うことが出来ました。通信を覚えてからは夢中で遊んでいました」など、総じて高評価が得られた。

事例2：漢字計算ミラクルタッチ
■製品概要と開発背景

　「漢字計算ミラクルタッチ」は、「進研ゼミ チャレンジ3年生 4月号」に付属するデジタル教材である（図11）。小学三年生で習う1年分の漢字200文字と、小数・分数をふくむ計算問題が収録され、1年を通して使用できる。「かきじゅんマシーン」シリーズと異なり、過去のデジタル教材の経験を活かして、2013年度より新しく登場した。

本機はスマートフォン型の形状が特徴で、本体中央に縦96画素、横60画素のタッチパネル液晶（モノクロ）を備えており、画面を指でタッチしたり、スライドしたりして操作できる。

筐体サイズも、表面積はiPhoneより若干全長が長い程度である。ただし、単三形電池3本を主電源として使用するため、厚みは約3倍程度になっている。

本体下部には中央に「ホームボタン」、左側に「もどるボタン」、右側に「アラームボタン」が配置されている。ホームボタンを押すと他の画面からメニュー画面に戻れるほか、待ち受け画面との切り替えができる。また電源ボタンも兼ねており、オフ状態で押すと電源が入り、オン状態で長押しすると電源が切れる。

もどるボタンを押すと1つ前の画面に戻る。モードによっては画面内に「戻る」相当のボタンが表示されることもあり、この場合は「戻る」ボタンを押すことで、1階層前の画面に戻せる。週末などで家庭学習をお休みしたいなどのために、アラームボタンを押すと後述する「1日1チャレアラーム」機能をオン/オフできる（「1-A-②：決定とキャンセルの統一」と「1-A-③：階層構造の徹底」参照）。

このほか、本体には黄色・緑色・赤色のランプが、左から順に搭載されている。電源をオンしたときや、「1日1チャレアラーム」が鳴っているときに点灯し、ランプの色で保護者などが、子どもの学習状況を直感的に把握できるようになっている（「1-A-⑦：映像や音の変化の活用」参照）。

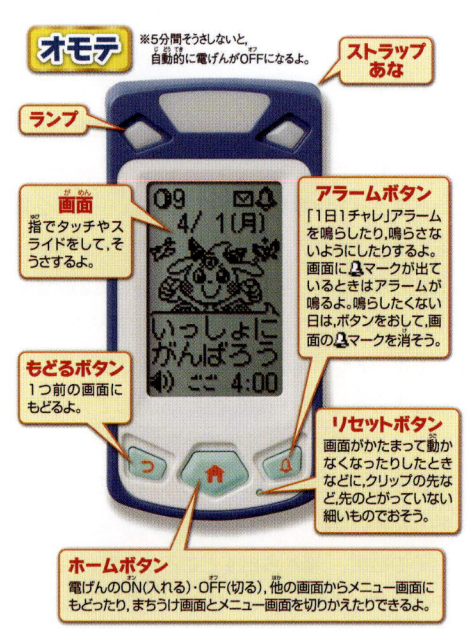

【図11】「漢字計算ミラクルタッチ」の取り扱い説明書から。以下、同。

■教材コンセプトと内容

本機は「基礎学力の定着」を促す「漢字計算」モードと、「学習習慣の定着」を促す「1日1チャレ」モードがあり、基本の動作モードになっている。

「漢字計算」は学習者が主人公になって、漢字や計算問題にちなんだミニゲームをクリアしていくストーリーモードである。学習者はゲームを進めながら、ダークマジカルによって奪われた9つの魔法アイテムを取り戻し、「まほうじま」に平和を取り戻していく。ストーリーは学校の授業進度にあわせて、1年間かけて進んでいく（図12）（「3-D：意欲を持続させる仕掛け」参照）。学校で採択した教科書タイプに応じて、月号に出現させる単元を選出し、個別利用に適した問題の設計に取り組んでいるという。

【図12】漢字計算モード

　一方「1日1チャレ」は、通信教材「チャレンジ」で家庭学習をするモードである。同社では会員が1日1回15分間、「チャレンジ」で家庭学習することを「1チャレ」と呼んでいる。本機はタイマー機能を内蔵、毎日決められた時刻に「1日1チャレアラーム」が鳴って、ユーザーに学習を促す（図13）。

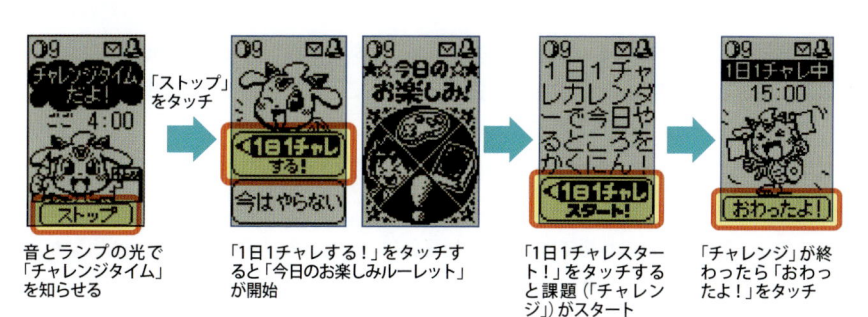

【図13】1日1チャレアラーム

音とランプの光で「チャレンジタイム」を知らせる　→　「1日1チャレする！」をタッチすると「今日のお楽しみルーレット」が開始　→　「1日1チャレスタート！」をタッチすると課題（「チャレンジ」）がスタート　→　「チャレンジ」が終わったら「おわったよ！」をタッチ

【図14】コイン

　アラームを止めると、「1日1チャレ」をするかどうかを選択する。ここで「する」を選択すると、「今日のお楽しみルーレット」が始まる。このルーレットを終えると、ご褒美である「今日のお楽しみ！」が始まる。今日のお楽しみ！が終わると、今度は勉強モードに移行する（「3-B-④：快感要素の基本事項」参照）。

　そして、事前に設定した勉強時間が表示されてカウントダウンが始まる。勉強時間が終了し、「おわったよ！」をタッチするとご褒美のコインが加算される（図14）。このコインがたまると、さまざまなミニゲームを遊べたり、アイテムを購入できたりする（「3-B-①の「ストレスと快感のバランスを取る」参照）。

　ミニゲームの中には、本機を2台持ち寄って通信対戦できるものもあり、本体の識別と通信は内蔵のRFIDを用いて行う。なお、両者が確実に接触するように、本機背面に世界観に

あわせる形で、凹凸のくぼみがつけられている（図15）。

　この他、「チャレンジ」に年間4回付属する紙製の「メダル」に記載されたミラクルコマンドを入力すると、新しいモードが使用できるようになるモードもある（図16）（「5-A-①：現実世界を仮想世界に取り込む際の基本事項」参照）。

【図15】通信のやり方

【図16】メダル

　ユーザーとゲーム世界を結ぶ仲介役としてドラゴン型モンスター「リドラ」も登場し、これが利用者の学習履歴によって待ち受け画面上で成長していく（「3-D-⑤：飢餓感をあおる要素と構成を導入する」と「3-D-⑥：拡張性を暗示して期待感を持たせる」参照）。

　なお、前述のランプの色は「1日1チャレ」に対応している。緑色は「チャレンジ」に順調に取り組めているとき、黄色は3～5日ほどお休みしているとき、赤色は6日以上取り組めていないときに、それぞれ点灯する。

　このほか黄色・赤色の状態では、待ち受け画面に表示されるリドラのアニメーションが変化する。さらに、赤色点灯時は後述するアドバイスメールが届くことで、利用者のモチベーションを活性化させる工夫がとられている（「1-A-⑦：映像や音の変化の活用」参照）。

■商品開発の過程

　前述のように、本機は新規教材になったため、企画段階から著者（サイトウ）が監修に入り、開発中のコンテンツをデモボード上でテストしながら、ゲームニクス的な要素を強化していった。

　まず、2012年1月に企画書や仕様書ベースで監修を行った。次に、3月にα版のコンテンツをプレーしながら、不足している要素を指摘した。続いて、8月に最終的な監修を施した。監修内容は多岐にわたるが、ここでは基本となる「漢字計算モード」のミニゲームのデザインについて解説する。

　ゲームニクスでは「3-D-①：全体像と現状を提示する」「3-D-②：達成率を表示」「3-D-③：スコア（得点）を見せる」「3-D-④：パラメーターを見せる」といった、ユーザーの技量や、やり込み度に報いるといった手法を解説した項目が存在する。

　本機でも学習者が「漢字計算」モードを選ぶと、はじめに「まほうじまは9つのワールドに分かれて、それぞれに敵が待っている」「9番目のエリアで最強のボス、ドン・アルデバが待

ち受けている」「エリアごとに漢字と計算問題で対戦する」「しまの平和を取り戻したら、魔法の遊園地『ミラクルランド』がオープンする」などの情報が、シナリオ仕立てで示される。これらが全体像の提示に相当する。

　各エリアの制覇状況はメニュー画面で一覧表示される。漢字と計算問題で、それぞれ最後に間違えた20問が「ニガテクリア」にまとめられ、すぐに選択できる。これで、子供は自分が今どの段階にいるのかが分かる（図17）。

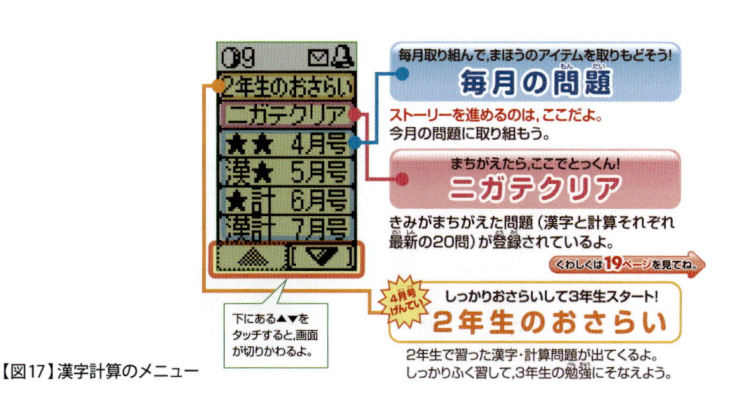

【図17】漢字計算のメニュー

　各エリアは漢字と計算問題のそれぞれで、ステージ1から3に分かれており、順々にクリアしていく。ステージ3までクリアするとエリアが制覇され、ストーリーが進む。これも、子供が自分の状況を把握できるようにすることに一役買っている。

　ユーザーの技量ややり込み度に報いる機能として、やり込みたいユーザーを対象にした、60秒で解ける問題数を競う「スピード」ステージを選択できるようにした（図18）。スピードステージは「できる子」の優越感を満足させるためのもので、ストーリーの展開には関係しない点がポイントである（「4-D-①：習熟度に応じて課題や障害を変える」参照）。

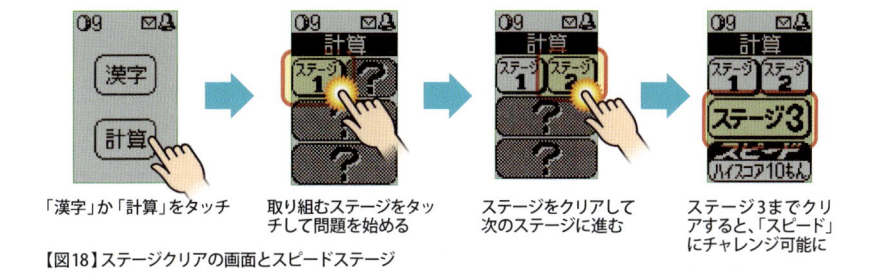

【図18】ステージクリアの画面とスピードステージ

　これに対して、勉強が苦手な子に向けては、「2年生のおさらい」問題も選べる。この「おさらい」エリアを選ぶには前述の「ミラクルメダル」が必要で、ウラ技的な内容となっている。あえて「スペシャル感」を出すことで、子どもの劣等感を減らして、「ちょっとやってみようかな」と思わせるつくりになっている点も重要な要素である。

「漢字計算」モードを選んだ学習者は、いわゆるドリル形式の問題を解くのではなく、読み書き・計算に基づいたミニゲームに挑戦していく。

このミニゲームでは、コインを消費して獲得するご褒美的なミニゲームとは異なり、教えたい内容に適したゲームデザインになるように心がけた。

分数の計算であれば、分数の概念が視覚的にわかる、操作を通して直感的に学べる、などである。例えば、「ジュースを入れる」というミニゲームでは、あらかじめジュースの入ったコップを表示しておき、解答に応じて指をスライドさせ、ジュースの量を調整することで、解答できるようにした（図19）。「1/5の3こ分」という問題では、3/5の目盛りになるようにジュースの量を調整する、といった具合である（「1-B-⑤：指タッチ入力」参照）。

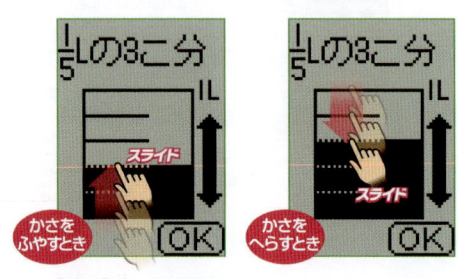

【図19】ジュースを入れる

もっとも開発中のユーザーテストでは、画面を見ただけでは操作が連想できないケースが見られた。そこでコップの中にあらかじめジュースが適量入っており、ジュースの量で解答することが連想できるようにした（「2-A-②：出現時の表現で操作を誘導」参照）。

また操作についてもコップの横に矢印を表示し、ジュースだけでなく、矢印部分を触っても増減するように工夫された。

他にポイントになったのが「操作アクション」である。本機の主な操作はタッチパネルで行うため、タッチやスライドといったアクションが基本となる。そのためミニゲームも、これらの操作をうまく反映させた題材になっていることが重要である。

そこで、まずブレインストーミングでミニゲームのアイデアを複数集め、次にそれらを操作タイプで分類した。続いてユーザーテストによる人気調査を経て、最終的な採用・不採用を決定した。

また開発段階では動作がスムーズにいくかどうか、気持ちよく遊べるかどうかが重視された。ハード面やソフト面の限界で難しいようなら、動作にこだわらずにカットすることを奨励した。ゲームの内容は同じでも、操作する行為自体が心地よければ、ゲームの印象が大きく変わってくるからである。

このほか演出のタイミングや効果音についても、テンポやリズムを向上させるために、詳細に内容をチェックした。例えば、漢字の部首を当てる問題において、部首をスライドさせたとき、ハードの制約から二種類の部首を重ね合わせて表示させることができなかった。その場合でも、スロットが回転しているような画像を一瞬、挟み込むだけで、見た目の印象が

大きく変わる（図20）。

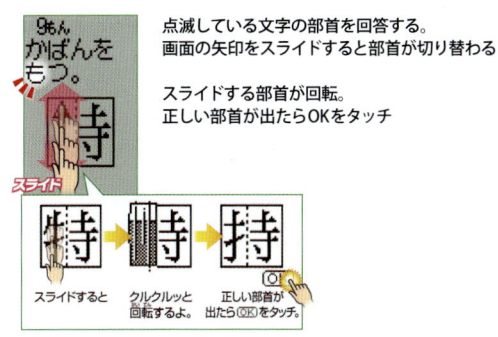

【図20】部首スライド

点滅している文字の部首を回答する。
画面の矢印をスライドすると部首が切り替わる

スライドする部首が回転。
正しい部首が出たらOKをタッチ

　効果音についても決定音とキャンセル音からはじまり、「シュッ」「ティン」「カチッ」といった、それぞれの操作の意味を強めるような効果音を多数制作した。
　問題を間違えた時の不正解音も、過去の教材では「ブブーッ！」などの低音にするケースが多かった。しかし子どもによっては、そうしたネガティブさを連想させる効果音が流れるだけで、学習を止めてしまうことがある。そこで、できるだけ軽い効果音にするよう配慮された。

■モチベーションを保たせる仕組み

　前述の通り本機には、雑誌「チャレンジ」を継続して学習してもらうためのフック的な役割が求められた。そのために大きな役割をはたしたのが「メール」機能である。
　これは学習者の活用度合いに応じて、本体にあらかじめ保存されたメール文書が次々に表示

【図21】メールの事例

メールが届くと、画面上にメールマークが表示される。加えて、メニュー画面に移行すると、「メールだよ」と音声で知らせてくれる。

されていくという仕様である（図21）。メールは、合計115種類が用意され、学習状況にあわせて細かく分岐しながら表示される。
　メールは多いときで週に1、2通、少ない時で月に1通程度送られ、メニューの「メール」欄で確認できる。このように、常に同じタイミングではなく、ある程度間隔を変えることも、利用者の期待感を醸造させる上で重要なテクニックである（「3-D-⑤：「飢餓感をあおる要素と構成を導入する」の「日々変化する要素を組み込む」」参照）。
　一日のうちのある決まった時間に、本機を手にとってもらうための仕掛けとして、前述の「今日のお楽しみルーレット」モードを導入した。ルーレットを回すと、「だじゃれ」「ものしりはかせ」「ゲーム」「サプライズ」の4項目のご褒美の中から一つを得られる。「1日1チャレアラーム」がなった時に「1日1チャレ」モードを選ぶとルーレットが回せる仕組みだ（図22）。

なお、このとき学習をすませてからルーレットを回すのではなく、ルーレットを回して、ご褒美を楽しんでから、学習に進むというフローを取っている。これも「最初にご褒美を与えて、その価値を理解してもらってから、課題に取り組んでもらう」という、ゲームニクスの実践例となっている（「4-B-②：難易度の上昇を調整する」参照）。

【図22】4つのご褒美

　この他、「学習を進めていくとイメージキャラクターのドラゴン『リドラ』がどんどん成長していく」「コインを消費してリドラの変身アイテム・食べ物・1日1チャレアラームのアラーム音を購入できる」などの「やり込み要素」も、モチベーションをあげるための施策として加えられた。これらのアイテムは3月から11月まで、毎月追加されていく。
　一方で、本機ではデータセーブのために4KバイトのEEPROMを搭載している。過去の教材ではボタン電池などを搭載した例もあったが、落下などでセーブデータが消去された、などの問い合わせが多くあった。本機では特に履歴データの消失がモチベーションの喪失につながりやすい。そのための保険の意味もこめて、EEPROMを搭載している（「3-B-⑦：セーブの安心感を伝える」参照）。

考察：ゲームニクスがもたらした効果

　このように「かきじゅんマシーンG」「漢字計算ミラクルタッチ」では、全面的にゲームニクス的な監修が加えられた結果、過去の教材よりも仕様が拡大した。「漢字計算ミラクルタッチ」開発スタッフによると、監修によって倍以上の開発工数がかかったのではないかという。
　もっとも、監修は総じて好意的に受け止められた。これにはゲームニクスが暗黙知ではなく、形式知として共有可能な状態になっていた点が大きい。
　通常ゲームのような人の感覚に訴えかける製品では、修正などの判断基準が個人の価値観にゆだねられるケースが大きい。熟練したゲーム開発者でも、改善案や根拠を明示することが難しい。そのため開発チーム内の意見対立や、延々と改修作業が続くなどの状況が発生しやすく、開発チームのモチベーション低下につながることもある。
　同社の教材開発チームでも、これまで「教材クオリティが低いことはわかるが、建設的な

改善案が示せない」などの状況が見られたという。しかしゲームニクスによって指針が共有されたため、意見対立などもなく、開発はスムーズに進んだ。

このメリットは、社外の協力会社とのコミュニケーション面にも効果を及ぼした。調整などの判断が明確で、根拠がしっかりしていたからだ。また「漢字計算ミラクルタッチ」では協力会社が普段からゲーム開発の受注を行っていたため、ゲームニクス的なメソッドにも普段から親しみがあった点もプラスに働いた。優先順位が低い修正案件であっても、先回りして対応してくれる、などの場面もあったという。

■ユーザーテストとの関係

前述の通り「かきじゅんマシーンG」と同じく、「漢字計算ミラクルタッチ」の開発においても、ユーザーテストが並行して行われた。小規模なものも含めれば、平均して2週間に1度は何らかのユーザーテストが実施され、開発にフィードバックされている。

このとき開発チームでは、ゲームニクス的な監修が入ったコンテンツと、入らないコンテンツでは、テストをしても子供たちの食いつきがまったく違うことに驚かされたという。この違いもゲームニクス監修に対するポジティブな評価につながっていった。

またユーザーテストは多くの場合、実際に子供たちがプレーしている様子を観察するフェーズと、インタビューやアンケートで回答してもらうフェーズにわかれる。この時も次第にメリハリがついた調査をできるようになっていった。

プレーの観察時間が増えた一方で、質問にゲームニクス的な視点からデザインされた内容がきちんと子供たちに届いているか、平たくいえば開発者側が意図した「心地よさ」を、きちんと感じ取ってもらえたかについて、集中して質問できるようになった。これによりユーザーテストの精度が向上し、製品の品質向上につながっていった。

このように、ベネッセコーポレーションで行われたデジタル学習デバイス開発では、ゲームニクスによる監修が大きな成果をもたらした。

このことはまた、ゲームニクスを十二分に活かした製品作りを行うためには、開発プロジェクトとユーザーテストを有機的に統合することが不可欠であることを示している。

すでに本書で説明されているとおり、ゲームニクスは任天堂のユーザーテスト機関「スーパーマリオクラブ」の運営ノウハウが母体となっている。そのことからも、両者を融合させる重要性が認識できるのではないだろうか。

（編集協力：小野 憲史＝ゲームジャーナリスト）

ゲームニクス応用のポイントと推奨する10のデザイン

ゲームニクスはチューニングを重視する

　ここではゲームニクスを導入する際の最重要点を挙げておきたい。それは完成後のチューニングである。

　ゲーム制作では、その仕様を決めてから長い時間をかけて完成させる。これはゲーム以外の分野でも同じであろう。ただし、ゲーム以外の分野では、その仕様通りに完成した時点で（多少の修正はあるにしても）作業はほぼ終了する。しかし、ゲームではここからのチューニングが最も重要なのだ。

　ゲームは、アクションに対してかならずリアクションがあるインタラクティブメディアであることは繰り返し述べてきた。それはとりもなおさず仕様書だけでは分からないこと、触ってみないと分からないことが多数あるということでもある。

　制作作業をほぼ終えた時点で、2/3くらいの達成度だと考えなくてはいけない。そこで、仕様を改善することをやめ、以後はチューニングのみに注力して磨きをかけていく。

　快適な操作感か。気持ちのよいテンポ感か。画面の切り替えのタイミングは適切か。全体の分岐と流れは適切か。

　以上のことは、それぞれの画面での作り込みも重要だが、最終的にはゲームプレイの印象で決まる。

　そこで、ほぼ完成してからが、ゲーム制作の本番になるのだ。

　その際、制作者自身が判断してはいけない。開発メンバーはゲーム内容を知りすぎていて、本来のユーザーが最終的にどのようにプレイして、どのようにアプローチするかを、正しく判断できないからである。

　ゲーム制作作業の残りの1/3を使ってゲーム内容をチューニングすることで、ゲームの価値が数倍になる経験を、筆者自身、何度も経験してきた。

　もちろんそれだけの時間と手間はそのままコストに反映される。しかし、当初からそれを見込んだスケジュールと予算組をすることを考えてほしい。

ゲームニクスを導入する際のデメリット

　これまでゲームニクスの「人を夢中にさせる要素」がいろんな分野で利用可能であり、効果があることを解説してきた。しかし導入にあたって注意点も述べておきたい。

　それは「ゲームニクスはユーザーの創造性（クリエイティビティ）を否定するところから始まっている」という点である。「ユーザーは自分で何も考えない」ということを前提にする。

ユーザーはゲームに対して、決して前向きでも意欲的でもない。スマートフォン向けアプリなどのように、すぐに他のアプリに切り替えられるようなものは、この傾向が顕著だ。

ゲームにも、素材やパーツを提供してユーザーに自由に遊んでもらう「積み木」のようなものがあった。こういったユーザーの創造性に委ねるゲームは、一部の少数ユーザーにしか受け入れていない。多数のユーザーは受け身だったのである。

そこでこの受け身なユーザーに対して、いかにも自分で望んで行動しているかのように錯覚させながら、いろんなことに挑戦してもらえるような仕組みを、ゲーム業界は構築していった。そしてユーザーのモチベーションを喚起させる原則3「はまる演出」の意欲を持続させる仕掛けから始まって、原則4「段階的な学習効果」の目標設定までの多様なノウハウを積み上げていく。

さらにはそれらが快適に操作できるように、原則1「直感的で快適なインターフェース」と原則2「マニュアル不用のユーザビリティー」も発達してきた。これがゲームニクスのメカニズムである。

これらの事柄は、ゲームでは、人間本来の自発性や創造性は最小限でよいことになる。そのため、教育的な活用場面では大きな問題になるだろう。

デジタル教材の場合、操作性が快適であることは必須である。デバイスの扱い方そのものには、創造性は不要だからだ。しかし、内容に関しては慎重になる必要がある。

ユーザーを一定の方向に導くのはいいのだが、どこまでがゆるやかな指導で、どこから強い自発性を求めるか、きちんと見極めながら教材開発をしなければ、創造性を生む教育にはならない。

小さな子供が対象であれば、ゲームニクスは最小限の方が良い。やり方が分からない方が、そこに「自分で考える」という創造性が生まれるからである。小さな子供であれば「操作性が悪い」などという発想はなく、操作を考えること自体が遊びとなる可能性は充分にあるし、コンテンツ制作をその方向性で熟慮する必要がある。

逆に高齢のリハビリ器具などには、ゲームニクス要素を潤沢に取り込む必要がある。なぜなら、創造性よりも取り組む行為そのものが重要だからである。

このように創造性と非創造性を、作り手側が充分に理解した上で、ゲームニクスをコントロールしなければならない。

推奨する10のデザイン

本書はゲーム制作のノウハウであるゲームニクスを、ゲーム以外の分野で応用してもらえるように企画されている。そこで、デジタル機器やスマート家電といった分野でゲームニクス応用する際に重要なポイントを、「推奨する10のデザイン」として最後にまとめておきたい。

1. ハードウエアとソフトウエアの連携をとる

　ハードウエアとソフトウエアは製品開発の両輪である。かならず双方の視点から総合的にデザインしなければならない。またそういったデザインが可能となる開発体制を築き上げなければならない。こうすることで不要な機能が盛り込まれたり、操作が混乱したりする危険性が減る。

　人間の生理的な欲求に基づいてハードウエアとソフトウエアをデザインする。ハードウエアを変更できない場合は、その特性を徹底的に追及して、ソフトウエアを改善する。

2. ボタンやアイコンの数を絞る

　製品やサービスを一目で判断してもらうために、シンプルであることが必須である。下手なデザイナーほど、操作パネルのボタンやアイコン類を増やそうとする。ボタンの大きさや形状、配置や色の整理、ボタンの押し具合の手触り感などにも配慮する。

3. ボタンの意味をモードによって変更しない

　ボタンやスイッチが少ない上、きちんと整理して配置しても、機能やモードごとにボタンと機能の関係が変わってしまっては、ユーザーは直感的に利用できない。

　電源ボタンや決定ボタン、キャンセルボタン、メニューボタンなどは用途を統一する。製品の仕様として、複数の決定ボタンやキャンセルボタンの導入を検討していても、開発過程で、同種の機能を割り当てるボタンをひとつにまとめるべきである。

4. キャンセルボタンを省略しない

　多くの設計者やデザイナーは、決定ボタンだけ増やして、キャンセルボタンを省略する傾向にある。これはコンピュータ文化の弊害である。キャンセルボタンを必ず設置する。キャンセルボタンの形状や色、配置なども、管理を徹底する。

　1回の決定で一階層ずつ奥に進み、キャンセルボタンを押し続けることで、基準となる画面、いわゆるホーム画面に戻れるようにして、キャンセルボタンに対するユーザーの信頼を得る。

5. アニメーションや操作音を軽視しない

　画面内の文字を読んで判断するのは、多くのユーザーにとって敷居が高い。そこで、アニメーションや操作音を適切に使用して、文字を読まなくても操作の見当が付くように、画面上でナビゲートする。

　例えば、ボタンの点滅やカーソルのアニメーション、その出現パターンや画面切り替えのタイミング、決定音やキャンセル音の演出を導入するのがよい。見た目が派手なだけで、ボタン類や操作が分かりにくいデザインにしてはいけない。

6. 操作のリズム感を重視する

　複雑な操作や面倒な手続きでも、心地よいリズム感が加わるとストレスは低下する。適切なアニメーションや操作音が有機的に作用すると、ユーザーの集中力が高まり、操作という行為そのものを心地よいと感じる。

　この前提条件として、画面を見ただけで操作が分かる必要がある。画面がガチャガチャ動くだけではストレスが倍増するだけだ。

7. 同時に複数の選択を強要しない

　複数の選択を同時に行なわせるのは、ユーザーにとって敷居が高い行為である。ひとつの画面で選択できる行為は、可能な限り一つに限定する。

　選択項目が増える場合は、画面枚数を増やして、複数の画面を遷移するデザインにする。前の選択を簡単に修正できるように、決定ボタンとキャンセルボタンを有効に活用する。ワンステップごとに決定していても、画面が切り替わらなければ、ユーザーにとってはひとつの行為に感じられる。

　全行程のうち現在の操作がどの段階にあるか、必ず画面に表示する。

8. チュートリアルを軽視しない

　必ずチュートリアルを用意する。優れたチュートリアルをデザインするのは非常に難しい。ユーザーにチュートリアルだと悟られないようにする。優れたチュートリアルは、製品を使いこなしていく行為そのものが、チュートリアルになるものである。

　優れたチュートリアルをデザインするには、製品の設計段階から、段階的な学習効果を狙う必要がある。

9. 学習効果を取り入れる

　初心者に全ての機能を最初から提示してはいけない。最初は単純な操作に限定し、段階的にユーザーに新しい機能やサービスを提案していく。こうして徐々に使いこなしていく喜びを体験してもらう。もちろん上級者を魅了させる仕掛けも、随所に施していく。

10. デジタル感をなくす

　デジタル機器では、所有することのみに喜びを感じる時代は終わった。これからは「デジタル感」を押さえて、人に寄り添う機器が求められている。たんなる「YES/NO」ではなく、ぬくもりがあるユーザー体験を実現する。

　以上の10項目は、「おもてなし感覚」が豊かな日本人であれば、誰でも実現できるものである。ぜひとも、高度なデジタル機器を世界に発信してもらいたい。

あとがき

　「幻冬舎新書」から「ゲームニクスとは何か」を2007年に出版してから既に6年の歳月が流れた。その間に、iPhoneやiPadが発売されて話題になったり、「ゲーミフィケーション」という概念が確立されたりするなど、直感的なインターフェースの重要性や、人を夢中にさせるゲームのメカニズムに注目が集まっている。

　加えて、近年では米国でゲームのメカニズムに関する著作も多数発刊され、そのうち代表的なものは日本でも翻訳されている。内容もゲームに関して詳細に分析されていて、さすがに理論の構築に長けた国だと感じる。しかし、その内容は定量化、定数化できることを基本にしており、ゲームニクスのように、「人を夢中にさせる」「思わず熱中する」といった、人の感情や印象という感覚的なものを対象にしたものは、現時点では見当たらない。例えば、何をもって「セクシーと感じるか」などは、人それぞれ違うものであり、人の感情や価値観を定量化、定数化することは難しい。しかし、日本の「茶の湯」は、人の感情のやり取りそのものを作法として様式化している。このように考えると、本書でまとめているゲームニクスも、日本特有のアプローチなのかもしれない。

　残念ではあるが、紙幅の都合で、「原則5-D：プレイデータの活用」について掲載できなかった。この項目は、ゲーム中に取得できるプレイデータの種類を分類し、それを基にしてユーザーの学習意欲や性格などを判断する手法である。これらに関しては、また別の機会に発表していきたい。

　ゲームという、インタラクティブなものを文章だけで解説するのは難しい。そこで、可能な限り、それぞれの項目において実際のゲームの事例を取り上げた。読者の方には、自ら遊んだ体験と共に、想像力で補完しながら、理解を深めていただければ幸いである。これらのゲームの事例の選出と、膨大な画面撮影に尽力していただいた鴫原盛之氏には、この場をかりて感謝の意を表したい。

　また、音楽理論に関してご教示いただいた野本由紀夫教授、その他、各ゲーム機の写真を提供してくれた、寺町電人氏と山崎巧氏、有限会社ツェナワークス、そして作業の遅れがちな著者にギリギリまでお付き合い頂いた日経エレクトロニクスの根津禎氏に、最後にお礼を申し上げたいと思う。

立命館大学 映像学部教授
サイトウ・アキヒロ

著者：サイトウ・アキヒロ

立命館大学 映像学部 教授。多摩美術大学在学中よりCMディレクターやアニメ・プロデューサーとして活動しながら、ファミコンの初期から任天堂を中心にゲーム・クリエーターとしても活動を開始。以後、最近まで多数のゲーム制作を指揮する。現在は、ゲームにおける「人を夢中にさせるノウハウ」の他分野での活用を提唱し、これを「ゲームニクス」と命名して実践している。その実践例は、カーナビや教具、スマートフォン用アプリなど多岐に渡る。著書に「ゲームニクスとは何か─日本発、世界基準のものづくり法則」（幻冬舎）などがある。

画像編集・解説：鴫原 盛之（しぎはら もりひろ）

フリーライター。1993年に「月刊ゲーメスト」（新声社）で執筆活動を開始。その後、ゲームメーカーの営業やゲームセンターの店長などを経て2004年より現職。主な著書は「ファミダス ファミコン裏技編」（マイクロマガジン社）や、共著「デジタルゲームの教科書」（ソフトバンククリエイティブ）などゲーム関連書籍や攻略本を多数執筆。アーケード、ソーシャルゲームの開発協力も行っている。

本書でゲーム・ソフト画像の掲載にご協力いただいた企業
D4エンタープライズ、Microsoft、インデックス、カプコン、コーエーテクモゲームス、サクセス、小学館、セガ、ソニー・コンピュータエンタテインメント、バンダイナムコゲームス、日本物産

本書でゲーム機画像の掲載にご協力いただいた方々
・クラシックビデオゲームステーション オデッセィ：http://www.cvs-odyssey.jp/
・有限会社ツェナワークス
・山崎 功

ビジネスを変える「ゲームニクス」

2013年6月17日　初版第1刷発行

著者	サイトウ・アキヒロ
発行人	林 哲史
発行	日経BP社
発売	日経BPマーケティング
	〒108-8646　東京都港区白金1-17-3　http://ec.nikkeibp.co.jp/
編集協力	小野 憲史（ゲームジャーナリスト）、加藤 伸一（テクニカルライター）
表紙デザイン	青田 孝久（日経BPコンサルティング）
デザイン・制作	日経BPコンサルティング
印刷・製本	図書印刷

©サイトウ・アキヒロ
ISBN978-4-8222-7659-1

●落丁本、乱丁本のお取り替えは日経BP社読者サービスセンターまでお願いします。
　電話03-5696-1111（平日午前9時～午後5時）
●本書の無断複写・複製（コピー）は著作権法上の例外を除き、禁じられています。購入者以外の第三者による電子データ化は、私的使用を含め一切認められておりません。